Thomas Kempe

Management wetterinduzierter Risiken in der Energiewirtschaft

GABLER EDITION WISSENSCHAFT

Schriften zum europäischen Management
Herausgegeben von
Roland Berger Strategy Consultants – Academic Network

Herausgeberrat:

Prof. Dr. Thomas Bieger, Universität St. Gallen;
Prof. Dr. Rolf Caspers, European Business School, Oestrich-Winkel;
Prof. Dr. Guido Eilenberger, Universität Rostock;
Prof. Dr. Dr. Werner Gocht, RWTH Aachen;
Prof. Dr. Karl-Werner Hansmann, Universität Hamburg;
Prof. Dr. Alfred Kötzle, Europa Universität Viadrina, Frankfurt/Oder;
Prof. Dr. Kurt Reding, Universität Kassel;
Prof. Dr. Dr. Karl-Ulrich Rudolph, Universität Witten-Herdecke;
Prof. Dr. Johannes Rüegg-Stürm, Universität St. Gallen;
Prof. Dr. Leo Schuster, Katholische Universität Eichstätt-Ingolstadt;
Prof. Dr. Klaus Spremann, Universität St. Gallen;
Prof. Dr. Dodo zu Knyphausen-Aufseß, Universität Bamberg;

Dr. Burkhard Schwenker, Roland Berger Strategy Consultants

Die Reihe wendet sich an Studenten sowie Praktiker und leistet wissenschaftliche Beiträge zur ökonomischen Forschung im europäischen Kontext.

Thomas Kempe

Management wetterinduzierter Risiken in der Energiewirtschaft

Mit einem Geleitwort von Prof. Dr. Wolfgang Pfaffenberger

Deutscher Universitäts-Verlag

Bibliografische Information Der Deutschen Bibliothek
Die Deutsche Bibliothek verzeichnet diese Publikation in der Deutschen
Nationalbibliografie; detaillierte bibliografische Daten sind im Internet über
<http://dnb.ddb.de> abrufbar.

Dissertation Universität Oldenburg, 2004

1. Auflage November 2004

Alle Rechte vorbehalten
© Deutscher Universitäts-Verlag/GWV Fachverlage GmbH, Wiesbaden 2004

Lektorat: Brigitte Siegel / Sabine Schöller

Der Deutsche Universitäts-Verlag ist ein Unternehmen von
Springer Science+Business Media.
www.duv.de

Das Werk einschließlich aller seiner Teile ist urheberrechtlich geschützt. Jede Verwertung außerhalb der engen Grenzen des Urheberrechtsgesetzes ist ohne Zustimmung des Verlags unzulässig und strafbar. Das gilt insbesondere für Vervielfältigungen, Übersetzungen, Mikroverfilmungen und die Einspeicherung und Verarbeitung in elektronischen Systemen.

Die Wiedergabe von Gebrauchsnamen, Handelsnamen, Warenbezeichnungen usw. in diesem Werk berechtigt auch ohne besondere Kennzeichnung nicht zu der Annahme, dass solche Namen im Sinne der Warenzeichen- und Markenschutz-Gesetzgebung als frei zu betrachten wären und daher von jedermann benutzt werden dürften.

Umschlaggestaltung: Regine Zimmer, Dipl.-Designerin, Frankfurt/Main

Gedruckt auf säurefreiem und chlorfrei gebleichtem Papier

ISBN-13:978-3-8244-8243-6   e-ISBN-13:978-3-322-81877-5
DOI: 10.1007/978-3-322-81877-5

Für Karina

Geleitwort

Das Wetter prägt das Geschäft von Energieversorgern. Bei kaltem Wetter steigt der Energieverbrauch für Wärmedienstleistungen, verbunden damit verändert sich auch der Stromverbrauch. Energieversorgungsunternehmen müssen bei ihrer Laststeuerung Wetteränderungen einbeziehen und mit wetterabhängigen Absatzänderungen rechnen. Wetter kann nur kurzfristig auch dann nicht sicher prognostiziert werden. Insofern stellt das Wetter für Energieversorgungsunternehmen einen Risikofaktor dar.

Wie mit diesem Risiko unter Marktbedingungen umzugehen ist, wird in dieser Arbeit systematisch behandelt. Während Energieversorgungsunternehmen seit langem mit dem Einfluss des Wetters auf ihre Geschäftstätigkeit konfrontiert sind, sind auf der anderen Seite die Instrumente zum Management der Wetterrisiken noch weniger entwickelt. Durch die Liberalisierung der Energiemärkte wird in den Energieversorgungsunternehmen diese Frage heute intensiv aufgegriffen. Diese Dissertation leistet einen Beitrag zur Fundierung bei Entscheidungen über das richtige Managementsystem bei wetterinduzierten Risiken.

Prof. Dr. Wolfgang Pfaffenberger

Vorwort

Ausgangspunkt für die hier vorliegende Dissertation waren insbesondere drei Faktoren. So empfand ich es als faszinierend, die Anwendungsmöglichkeiten von innovativen Produkten in einer nur oberflächlich schwerfällig und undynamisch wirkenden Industrie wie der Energiewirtschaft zu untersuchen. Weiterhin reizte mich den eigenen Wissenshorizont und die persönliche Leistungsfähigkeit zu erweitern bzw. zu testen, sowie der gewährte Freiraum und die Unterstützung durch meinen Arbeitgeber.

Die Erstellung einer wissenschaftlichen Arbeit ist das Ergebnis eines längeren Prozesses in dem man vielfältige Unterstützung erfährt, für die ich mich ganz herzlich bedanken möchte. An erster Stelle möchte ich mich bei Herrn Professor Dr. Wolfgang Pfaffenberger für die Begleitung und Übernahme der Arbeit sowie Herrn Professor Dr. Heinz Welsch für die Zweitkorrektur bedanken. Die fachliche und menschliche Unterstützung und insbesondere die unkomplizierte und unbürokratische Zusammenarbeit waren sehr hilfreich und angenehm.

Die Dissertation entstand im Rahmen des Promotionsprogramms meines Arbeitgebers Roland Berger Strategy Consultants. Großer Dank gebührt hier meinen Mentoren Veit Schwinkendorf und Dr. Thomas Klopfer für ihre Förderung und dem Programmleiter Dr. Nils Bickhoff für die fachliche und menschliche Unterstützung.

Ohne die Bereitschaft der zahlreichen Interviewpartner wären die Ergebnisse der Arbeit nur ein theoretisches Konstrukt geblieben. Großer Dank für die persönlichen Erfahrungen, Erlebnisse und Einsichten geht daher an: Allyn Rieke, Dr. Michael Lange, Dr. Michael Lomitschka, Dr. Ralf Wagner, Martin Hennig, Rene Eckert, Markus Hartwig, Dr. Gerda Gerdes, Lennart Larsson und Yomi Akin-Olugbemi.

Der letzte Abschnitt gilt meiner Frau Karina und meinen Eltern für ihre Förderung, Anteilnahme und liebevolle Unterstützung. Insbesondere bin ich meiner Frau dankbar, dass sie mir stets uneingeschränkt "den Rücken frei gehalten" hat, für die Motivation und insbesondere für das unermüdliche Korrekturlesen. Ohne sie wäre die Dissertation um vieles schwieriger und insbesondere langwieriger geworden – ihr widme ich diese Arbeit.

Thomas Kempe

Inhaltsverzeichnis

Abbildungs- und Tabellenverzeichnis XV

Abkürzungsverzeichnis XVII

1. **Einleitung** 1
   1.1 Motivation 1
   1.2 Zielsetzung und methodisches Vorgehen 2
   1.3 Aufbau der Arbeit 4

Teil A: Grundlagen

2. **Risiko und Risikomanagement** 5
   2.1 Grundverständnis des Risikos 5
      2.1.1 Risikodefinitionen in der Literatur 5
         2.1.1.1 Zielorientierte Risikodefinition 5
         2.1.1.2 Entscheidungsorientierte Risikodefinition 6
         2.1.1.3 Informationsorientierte Risikodefinition 6
      2.1.2 Risikodefinition der Themenstellung 7
         2.1.2.1 Definition des Risikos 7
         2.1.2.2 Kategorisierung des Risikos 9
      2.1.3 Notwendigkeit des Managements von Risiken 12
         2.1.3.1 Risikopräferenzen von Individuum und Unternehmung 12
         2.1.3.2 Wertorientierte Unternehmensführung – Basis für Risikomanagement 15
   2.2 Grundverständnis des Risikomanagements 18
      2.2.1 Definition des Risikomanagements 18
         2.2.1.1 Risikomanagement im engeren Sinne 18
         2.2.1.2 Risikomanagement im weiteren Sinne 19
      2.2.2 Ziele und Aufgaben des Risikomanagements 20
      2.2.3 Risikomanagementprozess 21
         2.2.3.1 Risikoanalyse 21
         2.2.3.2 Risikosteuerung 23
         2.2.3.3 Risikoüberwachung 25

3. **Entwicklung des theoretischen Bezugsrahmens** 27
   3.1 Neue Institutionenökonomik 27
      3.1.1 Forschungsgegenstand und theoretische Basis 28
      3.1.2 Property-rights-Ansatz 29
         3.1.2.1 Forschungsgegenstand und Anwendungsgebiete 29
         3.1.2.2 Annahmen 30

3.1.2.3 Hauptaussagen 31
3.1.3 Transaktionskostenansatz 33
 3.1.3.1 Forschungsgegenstand und Anwendungsgebiete 33
 3.1.3.2 Annahmen 34
 3.1.3.3 Hauptaussagen 38
3.1.4 Agency-Ansatz 40
 3.1.4.1 Forschungsgegenstand und Anwendungsgebiete 40
 3.1.4.2 Annahmen 41
 3.1.4.3 Hauptaussagen 42
3.2 Ressourcenbasierter Ansatz 43
 3.2.1 Grundlagen des ressourcenbasierten Ansatzes 43
 3.2.2 Annahmen und Hauptaussagen 45
3.3 Theoretischer Bezugsrahmen 49
 Zusammenfassung Teil A 51

Teil B: Wetterinduzierte Risiken und ihre Auswirkungen in der Energiewirtschaft

4. Markt für wetterinduzierte Risiken 53
4.1 Wetterinduzierte Risiken 53
 4.1.1 Definition des Wetterrisikos 53
 4.1.2 Einordnung und Management wetterinduzierter Risiken 54
  4.1.2.1 Einordnung wetterinduzierter Risiken 54
  4.1.2.2 Management wetterinduzierter Risiken 55
4.2 Wetterderivate – Instrumente der Risikosteuerung 55
 4.2.1 Einführung und Grundlagen 56
  4.2.1.1 Begriffsbestimmung 56
  4.2.1.2 Underlyings 57
  4.2.1.3 Struktur von Wetterderivaten 59
 4.2.2 Marktstruktur und Marktcharakteristika 61
  4.2.2.1 OTC-Markt 61
  4.2.2.2 Börsenhandel 62
 4.2.3 Marktteilnehmer 63
  4.2.3.1 Anbieter von Wetterderivaten 63
  4.2.3.2 Endnutzer von Wetterderivaten 64
  4.2.3.3 Serviceanbieter und Dienstleister 65

5. Wetterinduzierte Risiken in der Energiewirtschaft 67
5.1 Merkmale der Energiewirtschaft 67
 5.1.1 Energiemärkte 67
 5.1.2 Technische Merkmale der Versorgungsprozesse 68
 5.1.3 Risiken in der Energiewirtschaft 70

Inhaltsverzeichnis XIII

5.1.3.1 Betriebliche Risiken 71
5.1.3.2 Marktrisiken 73
5.2 Wetterinduzierte Risiken der Energieversorgungsunternehmen 75
  5.2.1 Wetterinduzierte Risiken in der Energiewirtschaft 75
    5.2.1.1 Angebotsrisiken 75
    5.2.1.2 Nachfragerisiken 75
  5.2.2 Energieversorgungsunternehmen 76
    5.2.2.1 Branchenübliche Typisierungsmöglichkeiten 77
    5.2.2.2 Faktoren zur wetterbasierten Risikoprofilermittlung 78
  5.2.3 Wetterbasierte Risikoprofile der Energieversorgungsunternehmen 80
    5.2.3.1 Internationale Energieversorgungsunternehmen 80
    5.2.3.2 Nationale Energieversorgungsunternehmen 81
    5.2.3.3 Kommunale Energieversorgungsunternehmen 82
5.3 Steuerungsmethoden von wetterinduzierten Risiken
in der Energiewirtschaft 83
  5.3.1 Beurteilungsfaktoren zur Auswahl von
Risikomanagementinstrumenten 83
  5.3.2 Konzepte der Risikosteuerung 84
    5.3.2.1 Strategische Risikosteuerung 84
    5.3.2.2 Operativ 87
    5.3.2.3 Finanzwirtschaftlich 88
  5.3.3 Strategien zur Risikosteuerung 90
    5.3.3.1 Risikominimierung 91
    5.3.3.2 Risikotragung 92
    5.3.3.3 Risikoübernahme 93
    Zusammenfassung Teil B 94

Teil C: Managementprozess wetterinduzierter Risiken in der Energiewirtschaft

6. Risikoanalyse 95
  6.1 Risikoidentifikation 95
    6.1.1 Ermittlung der relevanten Wettervariablen 96
      6.1.1.1 Bereinigung historischer Wetterdaten 96
      6.1.1.2 Geschäftsfeldanalysen 97
    6.1.2 Festlegung der betriebswirtschaftlichen Erfolgsgröße 99
    6.1.3 Erstellung der Risikomatrix 100
  6.2 Risikobewertung 101
    6.2.1 Quantifizierung der Risiken 101
    6.2.2 Risikoaggregation 102

7. Risikosteuerung 105

7.1 Festlegung der Risikoposition 105
7.2 Strategieoptionen und Strategieauswahl..107
　7.2.1 Meinungsbild in der Praxis 107
　　7.2.1.1 Strategieoptionen internationaler
　　　Energieversorgungsunternehmen 107
　　7.2.1.2 Strategieoptionen nationaler
　　　Energieversorgungsunternehmen 110
　　7.2.1.3 Strategieoptionen kommunaler
　　　Energieversorgungsunternehmen 112
　7.2.2 Einordnung in den theoretischen Bezugsrahmen 114
　　7.2.2.1 Vorgehensweise zur Evaluation der Strategieoptionen.................114
　　7.2.2.2 Ressourcenanforderungen der Risikomanagementstrategien........115
　　7.2.2.3 Bewertung der Ressourcen 116
　　7.2.2.4 Strategieoptionen der EVU anhand der
　　　Ressourcenausstattung 121
　　7.2.2.5 Transaktionskosten der Ressourcen 125
　　7.2.2.6 Strategieoptionen der EVU anhand der Transaktionskosten..........130
　7.2.3 Ergebnisse der Strategieauswahl 132
7.3 Strategieumsetzung..135
　7.3.1 Risikominimierung und Risikoübernahme..135
　　7.3.1.1 Positionsstrategien 135
　　7.3.1.2 Volatilitätsstrategien 140
　7.3.2 Risikotragung..142

8. Risikoüberwachung 145
8.1 Organisatorische Umsetzung 145
　8.1.1 Ablauforganisatorische Maßnahmen 145
　8.1.2 Aufbauorganisatorische Maßnahmen 146
8.2 Reporting 148
8.3 Bilanzierung von Wetterderivaten..149
　8.3.1 Bilanzierung nach HGB 149
　8.3.2 Bilanzierung nach US-GAAP..150
　8.3.3 Bilanzierung nach IAS 151
　　Zusammenfassung Teil C 152

9. Resümee 155
9.1 Zusammenfassung 155
9.2 Ausblick..158

Literaturverzeichnis 159

Anhang

Abbildungsverzeichnis

Abbildung 2-1: Risikograde 10
Abbildung 2-2: Ausgesuchte Risikokategorien 12
Abbildung 2-3: Risikoaversion des Individuums 14
Abbildung 4-1: Stromabsatz in Abhängigkeit von der Außentemperatur 58
Abbildung 4-2: Beispiel eines Wetterderivats 60
Abbildung 5-1: Risiken von Industrieunternehmen 71
Abbildung 6-1: Risikomatrix zur Erfassung wetterinduzierter Risikofaktoren 100
Abbildung 7-1: Realisierbare Risikomanagementstrategien der unterschiedlichen Unternehmenstypen der Energiewirtschaft 134
Abbildung 7-2: Zahlungswirkung einer Call-Option 136
Abbildung 7-3: Zahlungswirkung einer Put-Option 137
Abbildung 7-4: Zahlungswirkung eines Collars 138
Abbildung 7-5: Zahlungswirkung eines Swaps 139
Abbildung 7-6: Zahlungswirkung eines Straddles 140
Abbildung 7-7: Zahlungswirkung eines Strangles 142

Tabellenverzeichnis

Tabelle 1-1: Nachhaltigkeit komparativer Wettbewerbsvorteile in Abhängigkeit der Charakteristikaausprägungen von Ressourcen 118
Tabelle 2-1: Kostenwirkungen c.p. von zunehmenden Ausprägungen der Transaktionscharakteristika 126

Abkürzungsverzeichnis

Abb.	Abbildung
AG	Aktiengesellschaft
Aufl.	Auflage
BGW	Bundesverband der deutschen Gas- und Wasserwirtschaft
bspw.	beispielsweise
bzw.	beziehungsweise
CAPM	Capital Asset Pricing Model
CDD	Cooling Degree Day
c.p.	ceteris paribus
CRCM	Commercial Risk Capital Markets
DAX	Deutscher Aktienindex
d.h.	das heißt
Dr.	Doktor
EnWG	Energiewirtschaftsgesetz
etc.	et cetera
EVU	Energieversorgungsunternehmen
f.	folgende
FASB	Financial Accounting Standards Board
ff.	fortfolgende
FN	Fußnote
GAAP	Generally accepted accounting principles
GmbH	Gesellschaft mit begrenzter Haftung
ggf.	gegebenenfalls
HDD	Heating Degree Day
HGB	Handelsgesetzbuch
Hrsg.	Herausgeber
IAS	International Accounting Standard
IASC	International Accounting Standards Board
insb.	insbesondere
ISDA	International Swaps and Derivatives Association, Inc.
Jg.	Jahrgang
KonTraG	Gesetz zur Kontrolle und Transparenz im Unternehmensbereich
KWh	Kilowattstunde
LIFFE	London International Financial Future Exchange
LNG	Liquified Natural Gas
Mio.	Million
NCDC	National Climatic Data Center

NOAA	National Oceanic and Atmospheric Administration
Nr.	Nummer
NWS	National Weather Services
o. J.	ohne Jahr
o. S.	ohne Seite
OTC	over the counter
S.	Seite
SFAS	Statement of Financial Accounting Standards
Sp.	Spalte
u.a.	unter anderem
US	United States
USA	United States of Amerika
VDEW	Verband der deutschen Elektrizitätswirtschaft
Vgl.	vergleiche
Vol.	Volume
WACC	Weighted Average Cost of Capital
WBAN	Weather-Bureau-Army-Navy
WMO-IP	World Meteorological Organization - Identification
WWW	World-Wide-Web
z.B.	zum Beispiel
z.T.	zum Teil
z.Z.	zur Zeit
°C	Grad Celsius
°F	Grad Fahrenheit

1. Einleitung

1.1 Motivation

Unternehmerisches Handeln ist stets mit der Übernahme von Risiken verbunden[1]. In der Realität ist die Zielerreichung eines Unternehmens nur in Ausnahmefällen frei von jedem Risiko. Entsprechend hat das Management unternehmerischer Risiken sowohl die wirtschaftswissenschaftliche Literatur seit ihren frühen Anfängen beschäftigt[2], als auch in der betrieblichen Realität eine außerordentlich wichtige Stellung eingenommen[3]. Makroökonomische Entwicklungen der letzten Jahre, wie Globalisierung, zunehmende Volatilität der Marktpreise[4] und sinkende Rohstoffpreise sowie Deregulierung und Liberalisierung nationaler Energiemärkte haben Risikobetroffenheit, Risikobewusstsein und Absicherungsbedürfnis insbesondere von energiewirtschaftlichen Unternehmen deutlich zunehmen lassen.

Um ihre Wettbewerbsfähigkeit auch in diesem geänderten Umfeld sicherstellen zu können, werden zunehmend Risiken wahrgenommen und gemanagt, welche bisher keine oder nur eine untergeordnete Rolle im Risikomanagement der Unternehmen gespielt haben. So rückte im Zuge der Liberalisierung der nationalen Energiewirtschaften und der Ausrichtung der Unternehmen im Sinne des Shareholder Value Gedankens das Management von wetterinduzierten Risiken in den letzten Jahren in den Fokus vieler Energieversorgungsunternehmen.

Der Ausdruck wetterinduziertes Risiko beschreibt das finanzielle Risiko eines Unternehmens, welches durch nicht katastrophengebundene Wetterzustände, wie Hitze, Kälte, Niederschlag oder Wind hervorgerufen wird. Es resultiert als externes Risiko nicht direkt aus dem Kerngeschäft der Unternehmen, kann wie bspw. Zinsänderungs- und Wechselkursrisiko auch, unabhängig vom operativen Erfolg eines Unternehmens dessen finanzielle Situation aber erheblich beeinflussen. Wetterrisiken waren schon immer Faktoren, welche die Geschäftstätigkeiten von Energieversorgern beeinflusst haben. Die bisherige Marktstruktur erfordert jedoch kein aktives Management dieser Risiken, vielmehr diente es oft als Begründung für eine schlechte finanzielle Performance der Unternehmen. Erst durch die makroökonomischen Veränderungen wurde eine Modifizierung der Geschäftsmodelle von Energieunternehmen notwendig. Zusätzlich wird in zunehmenden Maße seitens des Kapitalmarktes erwartet, dass Unternehmen mit hohen Wetterrisiken diese aktiv steuern. Börsenbewertungen und Ratings berücksichtigen zunehmend den Risikofaktor Wetter eines Unternehmens und dessen Absicherung. Die Marktteilnehmer reagierten auf diese Marktveränderungen mit

---

[1] Vgl. WILLIAMS, K.C. (1992), S. 11.
[2] Für eine beispielhafte Darstellung vgl. VAUGHN, J. (1997), S. 27-29.
[3] GLAUM, M. (2000), S. 1-5.
[4] Vgl. SMITHSON, C. W./SMITH, C. W./WILFORD, S. D. (1995), S. 1-29.

einem Streben nach neuen, flexibel handhabbaren Instrumenten, die helfen sollen, sich vor starken und unberechenbaren Schwankungen von Wetterparametern zu schützen und somit den Einfluss auf die finanzielle Volatilität und Profitabilität der Unternehmenstätigkeiten zu kontrollieren. Der Finanzmarkt stellt dafür seit 1997 Wetterderivate als Finanzinnovationen bereit, die diesen Forderungen Rechnung tragen. Diese neuartigen derivativen Finanzinstrumente unterscheiden sich gegenüber herkömmlichen Derivaten, dass sie zum einen eine Absicherung gegen Volumen- aber nicht gegen Preisrisiken ermöglichen und zum anderen, dass sie mit dem Wetter ein Basisobjekt haben, dass in keiner Verbindung zu Güter- oder Finanzmärkten steht und somit weder monetär bewertbar noch handelbar ist. Wetterderivate ermöglichen den Energieversorgungsunternehmen auf diese Weise eine Risikoklasse aus der Gesamtrisikostruktur der Unternehmen herauszulösen und über den Kapitalmarkt zu transferieren, die bisher als Bestandteil der gewöhnlichen Geschäftätigkeit betrachtet wurde und unter Anwendung technischer Maßnahmen in seinen Auswirkungen nur teilweise gesteuert werden konnte. In Anbetracht des prognostizierten großen Marktpotenzials[5] von Wetterderivaten und dem Zusammentreffen einer bisher ordnungspolitisch geschützten Branche im Umbruch mit einem der derzeitig innovativsten Finanzinstrumente erscheint eine nähere Betrachtung der Thematik abgebracht.

1.2 Zielsetzung und methodisches Vorgehen

Innerhalb der wissenschaftlichen Literatur konzentrieren sich partielle Diskussionen auf die Durchdringung einzelner Themenkomplexe, wie die Beschreibung der Funktionsweise und der Anwendungsgebiete von Wetterderivaten oder die Entwicklung von Bewertungsmodellen. Interessanterweise wird dabei nie ein Zusammenhang zwischen der Anwendung von Wetterderivaten und den individuellen Risikopositionen von Energieunternehmen hergestellt. Eine differenzierte Betrachtung, welche Instrumente und Strategien vor dem Hintergrund unterschiedlicher Strukturen und Portfolios der Energieunternehmen am geeignetsten erscheinen, findet nicht statt. Weiterhin wird nicht betrachtet, dass die Bedeutung des Risikomanagements für ein Unternehmen abhängig ist von Größe, Aktivitätsspektrum, Zielen, individuellem Risikoprofil und den finanziellen Fähigkeiten, Risiken selbst zu tragen[6]. Für kleinere Energieversorgungsunternehmen sollte sich daher eine Risikosituation ableiten lassen, die deutliche Unterschiede zu derjenigen von großen Unternehmen aufweist.

Es ist deshalb Ziel dieser Arbeit, eine umfassende Betrachtung des Managements wetterinduzierter Unternehmensrisiken im Zusammenhang mit der Individualität der einzelnen Unternehmenstypen der Energiewirtschaft vorzunehmen.

---

[5] Vgl. DEUTSCHE BANK RESEARCH (2003), S. 6-7.
[6] Vgl. POWELL, C. (1993), S. 11.

Die Arbeit soll insbesondere in folgenden Punkten einen substantiellen Beitrag zur Weiterentwicklung der wissenschaftlichen Theorie liefern:

- Erarbeitung eines theoretischen Evaluationsrahmens zur Beurteilung der Durchführbarkeit unterschiedlicher Strategien des Managements wetterinduzierter Risiken
- detaillierte Analyse der Risikomanagementkonzeptionen und -strategien hinsichtlich ihre Anwendbarkeit zur Steuerung der Wetterrisiken
- Herausarbeitung typischer wetterbedingter Risikoprofile der einzelnen Unternehmenstypen der Energiewirtschaft
- Beurteilung von Risikomanagementstrategien hinsichtlich ihre Realisierbarkeit für die verschiedenen Unternehmenstypen der Energiewirtschaft

Zur Erarbeitung dieser Schwerpunkte wurde ein methodisches Vorgehen gewählt, dass einerseits den aktuellen Stand des wissenschaftlichen Literaturspektrums und anderseits Erfahrungen aus der Praxis reflektiert.

Die Analyse der wissenschaftlichen Literatur umfasste mehrere Themenkomplexe. So ermöglichte die Bearbeitung der Themenkomplexe Neue Institutionenökonomik und Strategisches Management die Erarbeitung des theoretischen Evaluationsrahmens zur Beurteilung der Vorteilhaftigkeit unterschiedlicher Risikomanagementstrategien. Im Rahmen der Literaturstudien zum Thema Risikomanagement konnten Erkenntnisse zu den unterschiedlichen Risikomanagementkonzeptionen, dem Risikomanagementprozess in Unternehmungen und der Wirkungsweise derivativer Finanzinstrumente gewonnen werden. Bei der Analyse des energiewirtschaftlichen Themenkomplexes erfolgte eine Fokussierung auf die deutsche Energiewirtschaft. Dies war erforderlich, um einen einheitlichen Analyserahmen zu erhalten, da sich die Energiesektoren einzelner Nationen in ihrer Struktur und Funktionsweise teilweise erheblich unterscheiden. Zusätzlich ist die bisherige persönliche Arbeitstätigkeit im Bereich der Beratung von größtenteils deutschen Energieunternehmen hier sehr nützlich gewesen. Für die Bearbeitung der Thematik Wetterderivate und Wetterrisikomanagement lag besonderes Gewicht auf der Auswertung der Literatur des angelsächsischen Sprachraumes, die sich umfassender mit diesem Thema beschäftigt als die deutschsprachige. Für alle Themenkomplexe wurden dabei die allgemeine wissenschaftliche Literatur, Fachzeitschriften und Zeitungsartikel verwendet.

Zur Vertiefung des Praxisbezugs wurden eine Reihe von strukturierten Interviews mit Vertretern aus den Bereichen Energiewirtschaft, Energiehandel, Banken, Beratung und Meteorologie geführt[7]. Dabei wurde Wert darauf gelegt, möglichst einen Querschnitt aller Teilnehmer des Wetterrisikomarktes zu befragen. Alle Interviewpartner haben dabei praktische Erfahrungen mit Wetterderivaten vorzuweisen. Die aus den Interviews gewonnenen Erkenntnisse waren eine wichtige Basis für die Bearbeitung der

---

[7] Eine Übersicht der an der Befragung teilgenommenen Unternehmen ist im Anhang dargestellt.

gewählten Themenstellung und bilden neben den theoretischen Überlegungen die Grundlage für die Strategiebewertung.

1.3 Aufbau der Arbeit

Die Arbeit gliedert sich in drei Themenkomplexe mit insgesamt 9 Kapiteln. Im ersten Teil werden die Grundlagen für das Risikomanagement wetterinduzierter Risken im allgemeinen erarbeitet. Dazu werden in Kapitel 2 die Begriffe Risiko und Risikomanagement definiert und der unternehmerische Risikomanagementprozess vorgestellt. Des weiteren wird untersucht, unter welchen Voraussetzungen Risikomanagement im Unternehmen wertsteigernd ist. Kapitel 3 beschäftigt sich mit der Frage, welche theoretischen Grundlagen für eine Evaluation von Risikomanagementstrategien geeignet erscheinen. Hierzu wird jeweils eine Analyse der bestehenden theoretischen Konzepte der Neuen Institutionenökonomik und des ressourcenbasierten Ansatzes durchgeführt und nach kritischer Auseinandersetzung mit dem Bestehenden eine Basis für die weitere Argumentation erarbeitet. Als Ergebnis des ersten Teils liegen Begriffsbestimmungen und theoretische Argumentationsstrukturen vor.

Im Mittelpunkt des zweiten Teils stehen wetterinduzierte Risiken und ihre Auswirkungen in der Energiewirtschaft. So beschäftigt sich Kapitel 4 mit dem Markt für Wetterrisiken. Es wird zunächst der Begriff des Wetterrisikos definiert und nachfolgend Wetterderivate als finanzwirtschaftliche Instrumente der Risikosteuerung vorgestellt. Kapitel 5 befasst sich mit der Energiewirtschaft und den individuellen wetterinduzierten Risikoprofilen ihrer unterschiedlichen Unternehmenstypen. Darauf aufbauend werden die verschiedenen Steuerungsmethoden wetterinduzierter Risiken in der Energiewirtschaft dargestellt und ihre Eignung diskutiert. Als Ergebnis dieses zweiten Teils liegt ein Verständnis über den Wetterrisikomarkt, die individuellen Risikoprofile der unterschiedlichen Unternehmenstypen und eine Bewertung über die grundsätzlichen Steuerungsmöglichkeiten von wetterinduzierten Risiken in der Energiewirtschaft vor.

Der dritte Teil folgt in der Bearbeitung der einzelnen Themen dem Ablauf des Risikomanagementprozesses für wetterinduzierte Risiken in der Energiewirtschaft. Kapitel 6 beschreibt den komplizierten Ablauf der Identifizierung und Bewertung von wetterinduzierten Risiken. Kapitel 7 zeigt, wie Risikomanagement wetterbedingter Risiken konkret für jeden Unternehmenstyp der Energiewirtschaft realisierbar ist, d.h. welche Risikomanagementstrategien von den verschiedenen Unternehmenstypen aufgrund ihrer Risikostruktur und Ressourcen umsetzbar sind. Im weiteren Verlauf des Kapitels wird die instrumentelle Umsetzung der einzelnen Strategien dargestellt. Kapitel 8 erläutert die Risikoüberwachung von Wetterrisiken und ihre bilanzielle Behandlung. Als Ergebnis des dritten Teils liegt somit die Beschreibung des vollständigen Risikomanagementprozesses von wetterinduzierten Risiken in der Energiewirtschaft vor, mit dem Kernstück einer in Abhängigkeit vom Unternehmenstyp individualisierten Wahl der Risikostrategie. Kapitel 9 schließt die Arbeit mit einer Zusammenfassung der Ergebnisse und einer Prognose der weiteren Entwicklung des Wetterrisikomarktes im Rahmen eines Resümees ab.

Teil A: Grundlagen

2. Risiko und Risikomanagement

Um wetterinduzierte Risiken in Unternehmen der Energiewirtschaft im Verlauf der hier vorliegenden Arbeit analysieren sowie die unterschiedlichen Risikomanagementstrategien auf ihre Anwendbarkeit durch die einzelnen Unternehmenstypen der Energiewirtschaft bewerten zu können, werden in diesem Kapitel zunächst die grundlegenden Begriffe Risiko und Risikomanagement erläutert. Darauf aufbauend wird die Zweckmäßigkeit von Risikomanagement auf Unternehmensebene dargestellt.

2.1 Grundverständnis des Risikos

Das Grundproblem menschlichen und somit auch wirtschaftlichen Handelns resultiert aus der Notwendigkeit zukunftsgerichtete Entscheidungen zu treffen, deren Wirkungen hinsichtlich avisierter Ziele unsicher sind und somit zu Risiken führen. Die betriebswirtschaftliche Forschung begegnet diesem Tatbestand mit einem eigenständigen Forschungsgebiet, welches sich sowohl mit dem Begriff des Risikos an sich, als auch mit den Risikopräferenzen der Marktteilnehmer und ihrem Umgang mit Risiken beschäftigt.

2.1.1 Risikodefinitionen in der Literatur

Obwohl in der alltäglichen Verwendung ein relativ einheitliches Verständnis darüber existiert, was unter dem Begriff des Risikos zu subsummieren ist, wird bei eingehender Untersuchung der wissenschaftlichen Literatur ersichtlich, dass sich ein äußerst heterogenes Bild von Risikodefinitionen ergibt. Herauskristallisiert haben sich mit der ziel-, entscheidungs- und informationsorientierten Risikodefinition dennoch drei dominierende Auffassungen. Allen Risikodefinitionen ist gemein, dass auch innerhalb einer Definitionsgruppe jeweils Unterschiede bestehen, die auf die individuellen Definitionen der jeweiligen Vertreter zurückzuführen sind.

2.1.1.1 Zielorientierte Risikodefinition

Im Rahmen der zielorientierten Risikoauffassung wird Risiko allgemein als eine mögliche Zielabweichung definiert[8], wobei Risiko die bloße Möglichkeit und nicht eine tatsächliche Zielverfehlung bezeichnet[9]. Obwohl eine mögliche Zielabweichung nicht

---

[8] Vgl. z.B. BRAUN, H. (1984), S. 23; BUSSMANN, K. F. (1955), S. 19f.; LISOWSKY, A. (1947), S. 98f.; NICKLISCH, H. (1912), S. 166.
[9] Vgl. BRÜHWILER, B. (1979), S. 354.

zwangsläufig negativ sein muss, wird dies einigen Definitionen zugrundegelegt[10]. Dem Risiko steht begrifflich dann die Chance als positive Zielabweichung gegenüber, welche als wünschenswert empfunden wird und insofern nicht eliminiert werden soll.

Einige Vertreter der zielorientierten Risikoauffassung weisen jedoch im Gegensatz dazu explizit darauf hin, dass Risiko definiert werden kann als "die Summe aller Möglichkeiten, dass sich Erwartungen des Systems Unternehmen nicht erfüllen"[11]. Dies drückt aus, das Risiko nicht zwangsläufig als negative Zielerfüllung eintreten muss. Vielmehr kann es unterschiedliche Zielerfüllungen zur Folge haben, die jeweils unterschiedlich wahrscheinlich sind und zudem unterschiedliche Ergebnisse hervorrufen. Zukunftsgerichtetes Handeln kann somit zu einer positiven als auch negativen Zielabweichung führen. Risiko ist somit die Gesamtheit aller möglichen Zielabweichungen, so dass von einer Unterteilung in Risiko und Chance abgesehen wird.

2.1.1.2 Entscheidungsorientierte Risikodefinition

Die entscheidungsorientierte Risikodefinition definiert Risiko als die Möglichkeit einer Fehlentscheidung[12]. Nicht die eintretende Zielabweichung sondern die bereits in der Vergangenheit getroffene Entscheidung ist somit Ausdruck des Risikos. Eine Entscheidung stellt dabei einen Auswahlvorgang unter Handlungsalternativen dar[13].

Obwohl die Wirkungen der Entscheidungen letztlich auch nur an den eintretenden Zielabweichungen gemessen werden können, liefert die entscheidungsorientierte Risikoauffassung gegenüber der zielorientierten einen zusätzlichen Hinweis auf die Ursachen der Risiken.

2.1.1.3 Informationsorientierte Risikodefinition

Die informationsorientierte Definitionsrichtung spricht von Risiko, wenn möglichen zukünftigen Ereignissen objektive oder subjektive Eintrittswahrscheinlichkeiten zugeordnet werden können[14]. Objektive Eintrittswahrscheinlichkeiten sind statistisch gesicherte oder A-priori-Wahrscheinlichkeiten, die auf der Basis sicherer Informationen ermittelt werden können[15]. Subjektive Wahrscheinlichkeiten basieren hingegen auf einem subjektiven Bild des Entscheiders, d.h. auf dessen Überzeugungen und Erwartungen in Abhängigkeit von seinem Informationsstand[16].

---

[10] Vgl. z.B. WILLIAMS, K. C. (1992), S. 11; KARTEN, W. (1988), S. 735; KUPSCH, P. (1973), S. 23; ENGELS, W. (1969), S. 22; SEGELMANN, F. (1959), S. 7ff.
[11] HALLER, M. (1986), S. 18; Vgl. auch GLAUM, M. (2000), S. 13.
[12] Vgl. IMBODEN, C. (1983), S. 51; PHILIPP, F. (1967), S. 13.
[13] Vgl. MAG, W. (1977), S. 64.
[14] Vgl. BRONNER, R. (1989), S. 11.
[15] Vgl. HÖRSCHGEN, H. (1992), S. 398; KNIGHT, F. H. (1971), S. 233.
[16] Vgl. GOTTWALD, R. (1990), S. 65f.

Die Definition von Risiko ausschließlich über objektive Wahrscheinlichkeiten[17] wird dabei in der Literatur kritisch hinterfragt und mit Blick auf realwirtschaftliche Gegebenheiten um die Einbeziehung von subjektiven Wahrscheinlichkeiten erweitert[18]. Die Kritik zielt insbesondere darauf, dass erstens die Verfügbarkeit von objektiven Wahrscheinlichkeiten in der wirtschaftlichen Realität sehr begrenzt ist, da deren Ermittlung Gleichartigkeit und Wiederholbarkeit eines betreffenden Vorganges bzw. Ereignisses erfordern. Zudem werden objektive Wahrscheinlichkeiten meist anhand von Stichproben subjektiver Einschätzungen gewonnen[19]. Zweitens stellt sich grundsätzlich die Frage, inwieweit Entscheidungen auf Basis objektiver Wahrscheinlichkeiten überhaupt noch eine Risikosituation darstellen[20]. Da hier eine stochastische Sicherheitssituation vorliegt, kann dies nur zu einem sicheren und somit risikolosen Eintreten der objektiven Wahrscheinlichkeitsverteilung führen.

2.1.2 Risikodefinition der Themenstellung

Da eine einheitliche Definition des Risikos in der Literatur nicht vorliegt, stellt sich nun die Frage, welcher Risikobegriff als zweckmäßig im Rahmen dieser Arbeit angesehen werden kann. Insbesondere im Hinblick auf das Risikomanagement von Unternehmen besteht dabei die Gefahr einer zu engen oder zu weiten Definition, mit der Folge, dass notwendige Aufgabeninhalte ausgeklammert werden oder eine eindeutige Abgrenzung des Risikomanagements nicht mehr möglich ist.

2.1.2.1 Definition des Risikos

Für eine zur Bearbeitung der Themenstellung anwendbare Definition des Risikos ist es notwendig, Risiko im Kontext zu seinen Wirkungsgegenstand, dem Unternehmen, zu betrachten. Das wissenschaftliche Verständnis von einem Unternehmen hat sich im Zeitverlauf kontinuierlich verändert. "Welches nun allerdings die grundlegenden, wesensbestimmenden Merkmale einer Unternehmung sein oder sein sollten, ist keine eindeutig beantwortbare Frage ... Somit ist kein Unternehmensmodell denkbar, das allgemein akzeptiert würde."[21]

In Anlehnung an ULRICH soll hier ein Unternehmen definiert werden, als

eine quasi-öffentliche Institution, die als ein offenes, wirtschaftlich selbsttragendes, multifunktionales und soziotechnisches System Ziele zu erreichen sucht.[22]

---

[17] Vgl. KNIGHT, F. H. (1971), insb. Kapitel VII.
[18] Vgl. BAMBERG, G./COENENBERG, A. G. (1992); SCHNEEWEIß, C. (1991); HÄRTERICH, S. (1987), S. 14f.; IMBODEN, C. (1983), S. 9.
[19] Vgl. HÄRTERICH, S. (1987), S. 14.
[20] Vgl. GOTTWALD, R. (1990), S. 80.
[21] ULRICH, P. (1995), S. 58.
[22] Vgl. ULRICH, P. (1995), S. 30f. und 58f.

Diesem System liegt ein Führungs- und Entscheidungsprozess mit einer Problemstellungs-, Such-, Beurteilungs-, Entscheidungs-, Realisations- und Kontrollphase zugrunde[23]. Auf Basis dieses Prozesses sind die unterschiedlichen Risikodefinitionen verschiedenen Prozessphasen zuordenbar[24]. So ist die informationsorientierte Risikodefinition der Beurteilungsphase, die entscheidungsorientierte Risikodefinition der Entscheidungsphase und die zielorientierte Risikodefinition der Kontrollphase zuzuordnen[25]. Die Einordnung verdeutlicht, dass die unterschiedlichen Risikodefinitionen nicht isoliert voneinander betrachtet werden können. Vielmehr bestehen Interdependenzen zwischen den einzelnen Definitionen. Das Risiko einer Zielabweichung wird durch Entscheidungen determiniert, wobei diese wiederum auf Basis von Informationen getroffen werden. Somit wäre die unvollkommene Information Ursache für das Entstehen einer Risikoposition. Als Kritikpunkt der informationsorientierten Risikodefinition ist jedoch festzuhalten, dass per se kein Bezug zu möglichen Wirkungen der Risiken hergestellt wird, also in der Regel nur ein Informationszustand beschrieben wird. Zur umfassenden Beschreibung einer Risikosituation ist es jedoch nicht ausreichend, dass nur die Existenz einer Wahrscheinlichkeitsverteilung gegeben ist[26]. Um Risiken operational steuern zu können, müssen die Wirkungen auf Zielgrößen berücksichtigt werden. Auch die entscheidungsorientierte Risikodefinition liefert hierfür keine ausreichende fundierte Grundlage. Vielmehr generiert sie ein zusätzliches Problem insofern, dass nicht berücksichtigt wird, dass Risiken auch unabhängig von Entscheidungen auftreten können[27]. Die zielorientierte Risikodefinition ermöglicht zwar eine Operrationalisierung der Risikosteuerung, gibt aber keine Hinweise auf die Entstehungszusammenhänge von Risiken, beschreibt also Risiko ausschließlich wirkungsorientiert.

Da es nicht Ziel dieser Arbeit ist, eine Wertung oder Würdigung der unterschiedlichen Risikokonzepte vorzunehmen, erfolgt die Definition des für die vorliegende Themenstellung adäquaten Risikobegriffs allein anhand von Operrationalitätskriterien. Risiko muss einerseits in seinen Wirkungen auf Zielgrößen messbar sein, um materielle Auswirkungen auf Unternehmen ermitteln zu können. Andererseits müssen auch die Entstehungszusammenhänge des Risikos berücksichtigt werden, um auf Basis verbesserter Informationen die Risikosteuerungsmaßnahmen anpassen zu können. Deshalb wird im Folgenden unter Risiko verstanden:

Risiko ist die Wahrscheinlichkeit von Ziel- und Planabweichungen, die aus unvollkommenen Informationen resultieren.

Diese Fassung des Risikobegriffes bedeutet in der konkreten Anwendung, das der auf Basis derzeitiger Informationen erwartete Wert, den eine quantitative Ergebnisgröße

---

[23] Vgl. HAHN, D. (1985), S. 3ff.
[24] Vgl. SCHUY, A. (1989), S. 20ff.
[25] Vgl. GREBE, U. (1993), S. 8.
[26] Vgl. BRAUN, H. (1984), S. 25f.
[27] Vgl. BRAUN, H. (1984), S. 25.

eines Unternehmens an einem zukünftigen Zeitpunkt annehmen wird, unsicher ist. Der Risikobegriff umfasst dabei die Verlustgefahr als auch die Gewinnmöglichkeit hinsichtlich einer Zielgröße[28]. Diese Definition trägt insofern auch dem Operrationalitätskriterium Rechnung, als dass es mit dem klassischen μ-σ-Entscheidungsprinzip vereinbar ist.

2.1.2.2 Kategorisierung des Risikos

Um einen geeigneten Rahmen für die erforderlichen Risikodifferenzierungen zu schaffen, ist die Risikovielfalt anhand ausgesuchter, für die vorliegende Arbeit relevanter, Kategorien zu strukturieren. Die Kategorisierung erfolgt aus wirkungsorientierter, sachlicher und zeitlicher Perspektive sowie nach Risikodimensionen und Zielbezug.

Risikograde

Für die Beschreibung von Risikograden sind die möglichen Abweichungen vom Erwartungswert des Ereignisses sowie deren Eintrittswahrscheinlichkeiten zu ermitteln. Unter Berücksichtigung beider Variablen lassen sich vier Risikograde ableiten, die von 'vernachlässigbarem Risiko' bis hin zu 'nicht annehmbarem Risiko' reichen[29].

Die in *Abbildung 2-1* dargestellte Systematisierung kann nur einen Rahmen für die Kategorisierung von Risikograden liefern. Es ist stets eine Anpassung an die Individualität des Einzelfalles vorzunehmen. Auf Grund individueller Risikopräferenzen der einzelnen Unternehmen kann die Einordnung eines spezifischen Risikos variieren. So ist für das eine Unternehmen ein Risiko noch vertretbar, für ein anderes Unternehmen liegt dagegen ein nicht annehmbares Risiko vor. Zusätzlich ist zu beachten, dass die Ausprägungen von Erwartungswert und Eintrittswahrscheinlichkeiten des Ereignisses auf Grund fehlender objektiver Informationen in der unternehmerischen Realität möglichen Abweichungen unterworfen sind. Durch die in der Realität nur subjektiv bestimmbaren Ausprägungen können Risikofehleinschätzung bzw. -verzerrungen auftreten[30].

Risikoarten

Die Verknüpfung von Risiko und Unternehmen impliziert, dass entsprechend den Zielen einer Unternehmung eine Differenzierung nach Risikoarten erforderlich ist. Im Zielsystem eines Unternehmens existieren strategische und operative Ziele, welche mit der Bewältigung unterschiedlicher Problemtypen verbunden und demzufolge auch durch verschiedene Risiken gekennzeichnet sind.

---

[28] Ähnlich auch GLAUM, M. (2000), S. 13; GREBE, U. (1993), S. 9; JOKISCH, J. (1987), S. 18f.
[29] Vgl. BÜRGEL, H. D. (1979), S. 45.
[30] Vgl. PEDRONI, G./ZWEIFEL, P. (1988), S. 19.

Abb. 2-1: Risikograde

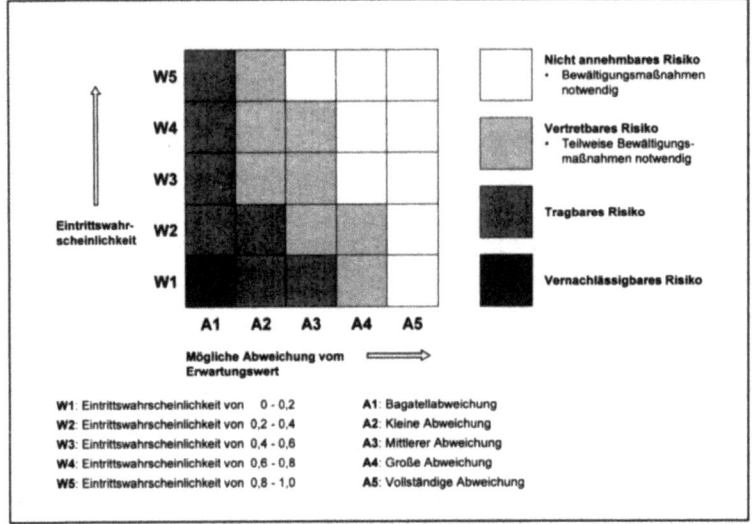

Quelle: In Anlehnung an BÜRGEL, H. D. (1979), S. 45.

Strategische Risiken entstehen durch komplexe Problemsituationen, die nur längerfristig, auf Basis sehr unvollkommener Informationen mit einer Vielzahl möglicher Einfluss- und Handlungsfaktoren gelöst werden können. Im Gegensatz dazu sind operative Risiken durch einfache Problemsituationen, geringfügig unvollkommene Informationen und kurzfristigen Wirkungshorizont gekennzeichnet. Als ein Teilbereich der operativen Risiken haben sich finanzwirtschaftliche Risiken in den letzten Jahren auf Grund ihrer Bedeutung für die Unternehmen als ein eigenständiges Forschungsgebiet etabliert. Obwohl in der Literatur Risikomanagement als gesamthafte, strategische Aufgabe des Unternehmens betont wird[31], konzentrieren sich die meisten empirischen Arbeiten auf das finanzwirtschaftliche Risikomanagement und die Anwendung derivativer Finanzinstrumente[32]. Im weiteren Verlauf der vorliegenden Arbeit sollen daher strategische, operative und finanzwirtschaftliche Risiken unterschieden werden.

---

[31] Vgl. HOMMEL, U./PRITSCH, G. (1998), S. 7; SAUERWEIN, E./THURNER, M. (1998), S. 25.
[32] Vgl. GLAUM, M. (2000), S.15.

Kapitel 2: Risiko und Risikomanagement   11

Zeithorizont von Risiken

Zielvorstellungen müssen einen Zeitbezug aufweisen, um operational zu sein. Nur so sind sie plan-, steuer- und kontrollierbar. Gleiches muss auch für die mit den Unternehmenszielen verknüpften Risiken gelten, da ohne Angabe eines Zeitbezuges keine Beurteilung der Risiken möglich ist[33]. So vergrößert oder verkleinert sich ein Risiko allein durch Veränderung des Betrachtungszeitraumes[34]. Mit zunehmenden Betrachtungszeitraum vergrößert sich der Grad an informatorischer Unvollkommenheit, was zu einer Erhöhung des Risikos führt. In Anlehnung an die herrschende Standardunterteilung von Zielen soll auch hier in kurz-, mittel- und langfristige Risiken differenziert werden[35].

Risikodimension

Innerhalb einer Wirtschaftseinheit treten unterschiedliche Einzelrisiken auf. Werden diese zusammengefasst, spricht man von Gesamtrisiko[36]. Dieses Gesamtrisiko lässt sich für verschiedene Entscheidungsebenen, -gebiete und -zeithorizonte ermitteln. Es ist dabei festzustellen, dass durch die Loslösung der Betrachtung des Einzelrisikos hin zum Gesamtrisiko Portfolioeffekte[37] auftreten, mit der Folge, dass das Gesamtrisiko kleiner ist als die Summe der Einzelrisiken. Hinsichtlich einer umfassenden Bewertung und Bewältigung der Unternehmensrisiken ist deshalb stets die Risikogesamtheit zu berücksichtigen[38].

Zielbezug von Risiken

Insbesondere in der versicherungswirtschaftlichen Literatur wird zwischen reinen und spekulativen Risiken unterschieden. Reine Risiken liegen vor, wenn nur die Wahrscheinlichkeit einer Zielunterschreitung gegeben ist. Spekulative Risiken definieren sich über die Wahrscheinlichkeit von Zielunter- und -überschreitungen, die auch als Risiko und Chance bezeichnet werden. Für spekulative Risiken wird damit eine Entscheidung über die Trennungslinie zwischen Zielunter- und -überschreitungen erforderlich, was zumindest für einige Tatbestände zu erheblichen Abgrenzungsproblemen führt[39].

---

[33] Vgl. BRAUN, H. (1984), S. 40.
[34] Für eine beispielhafte Darstellung vgl. HIELSCHER, U. (1991), S. 267.
[35] Vgl. HÄRTERICH, S. (1987), S. 25.
[36] Vgl. FARNY, D. (1979), S. 20.
[37] Einzelrisiken sind in der Regel nicht unabhängig voneinander und beeinflussen sich gegenseitig. Daraus können Ausgleichseffekten zwischen den Einzelrisiken resultieren. Die Höhe der Ausgleichseffekte wird dabei durch die Korrelation der Einzelrisiken ausgedrückt. Der stärkste Risikominimierungseffekt tritt auf, wenn die Korrelation bei −1 liegt. Die Einzelrisiken wirken hier vollständig entgegengesetzt. Steigt das eine Risiko, so sinkt das andere Risiko in der selben Dimension. Man spricht in diesem Zusammenhang auch von einem vollständigen natürlichen Hedge. Umgekehrt tritt bei einer Korrelation von +1 überhaupt keine Risikominimierung ein. Vgl. MARKOWITZ, H. M. (1952), S. 77-91.
[38] Vgl. MARKOWITZ, H. M. (1952), S. 77-91.
[39] Reparaturkosten auf Grund von Havarieschäden in Kraftwerken sind nicht mit Sicherheit vorher-

Abb. 2-2: Ausgesuchte Risikokategorien

Risikograd	Nicht annehmbares Risiko	Vertretbares Risiko	Tragbares Risiko	Vernachlässigbares Risiko
Risikoart	Strategisches Risiko	Operatives Risiko	Finanzwirtschaftliches Risiko	
Bezugszeitraum des Risikos	Kurzfristiges Risiko	Mittelfristiges Risiko	Langfristiges Risiko	

Quelle: eigene Darstellung

2.1.3 Notwendigkeit des Managements von Risiken

Die Existenz von Risiken allein ist kein hinreichender Grund für ein aktives Risikomanagement durch ein Unternehmen. Nachfolgend soll deshalb eine Begründung für die Notwendigkeit des Managements von Risiken erarbeitet werden.

2.1.3.1 Risikopräferenzen von Individuum und Unternehmung

Werden Risiken von Individuen und Unternehmen aktiv gesteuert, muss durch das Management von Risiken ein Nutzenzuwachs erfolgen, d.h. eine Besserstellung gegenüber der Situation ohne entsprechende Risikomanagementmaßnahmen. Ist diese

---

sagbar. Ihr Eintreten wirkt negativ auf die Zielgröße Gewinn, so dass lediglich von einer Verlustgefahr, also einem reinen Risiko gesprochen werden kann. Geht man jedoch in der Planung von einem bestimmten als normal erachteten Betrag für Reparaturkosten aus, so besteht die Möglichkeit, dass die tatsächlichen Reparaturkosten darüber oder darunter liegen können. Neben der weiterhin existierenden Verlustgefahr durch höhere als geplante Kosten besteht zusätzlich eine Gewinnchance durch geringere als geplante Kosten. Damit ist neben dem reinen Risiko auch ein spekulatives Risiko gegeben. Da die Festlegung der geplanten Reparaturkosten als Trennlinie zwischen reinen und spekulativen Risiko willkürlich erfolgt, ist eine definitorisch exakte Abgrenzung zwischen den beiden Risiken nicht mehr möglich.

Besserstellung nicht gegeben, liegen weder Motivation noch Notwendigkeit vor, Risiken zu managen.

Risikopräferenz des Individuums

Ein Individuum strebt anhand seiner Präferenzordnung nach der Realisierung des für ihn höchsten Nutzens. In Risikosituationen bewertet das Individuum die möglichen Ausprägungen eines Ereignisses anhand des Erwartungswertes[40]. Jeder wahrscheinlichen Ausprägung eines Ereignisses wird dabei ein erwarteter Nutzen zugeordnet, so dass eine Nutzenfunktion entsteht, deren Verlauf vom subjektiven Empfinden des Individuums abhängig ist und dessen Verhaltensweise beschreibt. Da sämtliche Individuen unterschiedliche Präferenzen haben, zeichnet sich jedes Individuum durch eine eigene Nutzenfunktion aus. Grundsätzlich sind dabei risikofreudiges, risikoindifferentes und risikoaverses Verhalten des Individuums vorstellbar. Ist ein Individuum risikofreudig, wählt es aus zwei Alternativen mit gleichem Nutzen und unterschiedlichem Risiko, die Alternative mit dem höheren Risiko. Für das risikoindifferente Individuum ist das Risiko bei der Alternativenwahl irrelevant. Das risikoaverse Individuum wählt aus beiden Alternativen die mit dem geringerem Risiko bei gleichem Ertrag. Die Mehrzahl der Individuen wird als risikoavers betrachtet[41]. Die zugehörige Nutzenfunktion $U = U(T)$ ist in der zweiten Ableitung negativ und hat einen konkaven Verlauf. Unter Zugrundelegung einer mikroökonomischen Betrachtungsweise zeigt sich somit in Analogie zum 1. Gossenschen Gesetz, dass der Grenznutzen der Zielgröße positiv ist, jedoch bei zunehmenden Verbrauch relativ abnimmt c.p.[42]. Dies bedeutet, dass jede zusätzliche Einheit der Zielgröße geringeren Nutzen als die vorherige Einheit stiftet, somit nur ein unterproportionaler Nutzenzuwachs erfolgt.

Anhand der beispielhaften Nutzenfunktion von *Abbildung 2-3* kann gezeigt werden, dass bei Risikoaversion das Individuum bereit ist, auf Einkommen zu verzichten, wenn damit ein geringeres Risiko verbunden ist. Die Entscheidungsperson hat in Abbildung 2-3 zwei Szenarien zu Auswahl. Die Einkommensströme werden mit 50% Wahrscheinlichkeit entweder I1 oder I4 sein. Dabei erfährt das Individuum entweder den Nutzen A oder D, wobei der durchschnittliche Nutzen C bei einer Einkommenshöhe von I3 liegt. Der gleiche Nutzen ist aber auch bei einem Einkommen I2 erreichbar. Das Individuum ist deshalb bereit, für einen sicheren Nutzen B auf Einkommen in Höhe von I3I2 zu verzichten.

---

[40] Vgl. VAUGHAN, E. J. (1997), S. 52-67.
[41] Vgl. bspw. COLQUITT, L. L. (1995), S. 16; COPELAND, T. E./WESTON, F. J. (1988), S. 88; MARKOWITZ, H. M. (1952), S. 77-91.
[42] Vgl. WOLL, A. (1996), S. 130.

Abb. 2-3: Risikoaversion des Individuums

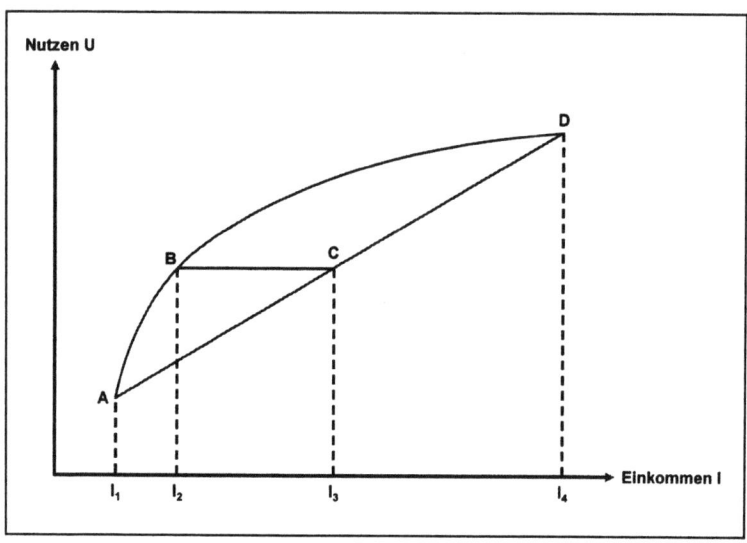

Quelle: BÜHLMANN, B. (1998), S. 53.

Risikopräferenz der Unternehmung

Es stellt sich nun die Frage, inwieweit sich die obigen Ausführungen auf Unternehmen übertragen lassen. Eine Übertragbarkeit wäre möglich, wenn das Verhalten der Unternehmung und das des Individuums in Risikosituationen genügend ähnlich ist, also auch ein risikoaverses, an einer Nutzenfunktion orientiertes Verhalten des Unternehmens gegeben ist.

Das Verhalten von Unternehmen ist von der Definition und der Willensbildung im Unternehmen abhängig. In den grundsteinlegenden Ausführungen von COASE zur Theorie der Unternehmung[43] wird die Ressourcensteuerung in den Beziehungssystem Unternehmen durch den Entrepreneur vorgenommen. Ein Unternehmen ist hier kein Individuum, da aber der ausschlaggebende Wille derjenige des Unternehmers ist, wird die Unternehmung im Sinne von COASE als risikoavers betrachtet. Die Definition wurde im Zeitverlauf unter besonderer Berücksichtigung von Teamproduktion und -organisation[44] oder kontraktspezifischen Beziehungen[45] weiterentwickelt, ohne dabei den Eigentümerarbeitgeber als zentralen Willen hinter der Unternehmung anzuzweifeln. In diesem Definitionsrahmen, der in der Praxis meistens Personengesellschaften

---

[43] Vgl. COASE, R. H. (1937), S. 386-405.
[44] Vgl. ALCHIAN, A. A./DEMNITZ, H. (1972), S. 794.
[45] Vgl. JENSEN, M. C./MECKLING, W. H. (1976), S. 305-360.

Kapitel 2: Risiko und Risikomanagement 15

zugeordnet werden kann, ist risikoaverses Verhalten vom Individuum auf die Unternehmung übertragbar. Ein Eigentümerarbeitgeber ist aber bei der Mehrzahl der Unternehmen, insbesondere bei Groß- und Größtunternehmungen in der Praxis nicht mehr gegeben.

Infolgedessen gibt es wissenschaftliche Ansätze, die eine Risikoaversion der Unternehmung verneinen. Innerhalb der Definition von FAMA[46] wird die Fähigkeit eines Unternehmens, Präferenzen zu zeigen oder eine Nutzenfunktion zu haben abgelehnt. Durch die Lösung vom Eigentümerarbeitgeber steht der Eigentümer, wie auch andere Stakeholder, in einem ausschließlich kontraktbezogenen Verhältnis zur Unternehmung. Der Eigentümer liefert vorwiegend Kapital als Inputfaktor und erhält dadurch Residualansprüche. Diese sind auf den Kapitalmärkten handelbar, so dass der Eigentümer durch die Verlagerung der Residualansprüche von einer Unternehmung zu einer anderen sich diversifizieren und somit sein firmenspezifisches Risiko eliminieren kann. In Folge des Handels der Residualansprüche existiert eine ausreichend große Anzahl von Eigentümern, so dass kein einzelner Inputgeber die Unternehmung und somit die Willensbildung dominieren kann. Das Unternehmen wäre somit nicht fähig, Präferenzen zu zeigen.

Diesen Ausführungen kann bis auf die Schlussfolgerung zugestimmt werden. Je größer eine Unternehmung wird, um so mehr wird die Privatautonomie der Eigentümer zur juristischen Fiktion[47]. "Nicht das Privateigentum am Unternehmenskapital, sondern die professionelle Qualifikation ist deshalb das Kriterium für die Übernahme von Leitungsverantwortung."[48] Das bedeutet aber, dass der Managerwillen in den Zielbildungsprozess der Unternehmung einfließt und somit abschließend über das Geschehen bestimmt[49]. Der Manager als Individuum ist grundsätzlich als risikoavers definiert. In empirischen Studien wurde zusätzlich gezeigt, dass es für einen Manager sinnvoll sein kann, unter Nutzung von Risikomanagementmaßnahmen, seine Position hinsichtlich Reputation, Einkommenserzielung oder persönlicher Risikosituation zu maximieren[50]. Risikoaversion kann also gleichsam Individuen und Unternehmungen unterstellt werden.

2.1.3.2 Wertorientierte Unternehmensführung – Basis für Risikomanagement

Die Existenz unternehmerischer Risiken bei gleichzeitiger Risikoaversion der Unternehmung ist eine noch nicht hinreichende Begründung für Risikomanagement. Der Nutzen von Risikomanagement muss quantitativ erfassbar sein, also einen Beitrag zur Erreichung der Zielgrößen des Unternehmens beisteuern. Als allgemein akzeptierte

---

[46] Vgl. FAMA, E. F. (1980), S. 288-307.
[47] Vgl. ULRICH, P. (1995), S. 60f.; OTT, C. (1977), S. 34ff.
[48] ULRICH, P. (1995), S. 61.
[49] Vgl. ROBINSON, L. J./BARRY, P. J. (1987), S. 130; STULZ, R. M. (1984), S. 127-140.
[50] Vgl. TUFANO, P. (1996), S. 1106.

Zielgröße von Unternehmen hat sich das Konzept der wertorientierten Unternehmensführung durchgesetzt[51].

Unternehmenswert als Beurteilungskriterium

Die wertorientierte Unternehmensführung zielt auf die Steigerung des Unternehmenswertes in Form des Shareholder Value. Das Management der Unternehmung tätigt hierbei genau die Aktivitäten und Investitionen, die einen zusätzlichen Wert für die Shareholder erzeugen. Dieser zusätzliche Wert wird dann generiert, wenn die erwartete Eigenkapitalrendite der Unternehmung über der liegt, die durch eine risikoadäquate Alternativtransaktion am Kapitalmarkt möglich wäre.

Die Berechnung des Shareholder Value basiert dabei auf dem Discounted Cashflow-Konzept[52]. Im Sinne dieses Konzeptes resultiert der Wert eines Unternehmens aus der Summe der abdiskontierten zukünftigen freien (Free) Cashflows[53]. Die Abdiskontierungsfaktoren sind in Abhängigkeit von der Berechnungsart entweder auf Gesamt- oder Eigenkapitalebene die durchschnittlich gewichteten Kapitalkosten[54] oder die risikoadjustierten Eigenkapitalkosten. Die Ermittlung der jeweiligen Kapitalkosten erfolgt unter Verwendung des Capital Asset Pricing Models (CAPM)[55]. Der Shareholder Value ergibt sich dann entsprechend der Berechnungsart entweder als Differenz des Unternehmenswertes auf Gesamtkapitalebene und dem Marktwert des Fremdkapitals oder direkt als Wert des Eigenkapitals.

Ebenso wie alle anderen Bereiche der Unternehmung muss auch ein Risikomanagement zur Steigerung des Shareholder Value beitragen. Es sind deshalb jene Risikomanagementmaßnahmen durchzuführen, die den Unternehmenswert steigern.

Nutzen und Relevanz von Risikomanagement

Die Möglichkeit einer Steigerung des Unternehmenswertes durch Risikomanagementmaßnahmen wurde von MODIGILANI, F. und MILLER, M. im Rahmen ihrer Irrelevanzhypothese der Unternehmensfinanzierung jedoch verneint[56]. Sie zeigen, dass zwei Unternehmungen auf einem vollkommenen Kapitalmarkt keine unterschiedlichen Unternehmenswerte haben können, wenn sie sich nur hinsichtlich ihres Finanzierungsrisikos, also ihrer Kapitalstruktur unterscheiden. Wäre dies nicht so, bestände für Investoren solange die Möglichkeit durch Arbitrage risikolose Gewinne zu erzielen, bis sich die Unternehmenswerte angeglichen hätten. Durch eigene Transaktionen auf dem Kapitalmarkt ist der Investor in der Lage, jede beliebige Kapitalstruktur nachzubilden. Dieser Homemade Leverage Effekt ermöglicht es dem Investor, jederzeit seine bevorzugte Risiko-Rendite-Struktur selbst zu erreichen. Wenn die Aktionen des

---

[51] Die Konzeptentwicklung erfolgte durch RAPPAPORT, A. im Jahr 1986.
[52] Vgl. BREALEY, R. A./MYERS, S. C. (1996).
[53] Für die beispielhafte Ermittlung des freien Cashflows vgl. DRUKARCZYK, J. (1993).
[54] WACC, Weighted Average Cost of Capital.
[55] Vgl. z.B. COPELAND, T. E./KOLLER, T./MURRIN, J. (1994), S. 265-274.
[56] Vgl. MODIGILANI, F./MILLER, M. H. (1958), S. 261-297.

Managements zur Erreichung der bevorzugten Risiko-Rendite-Struktur durch die Shareholder jedoch zu gleichen Bedingungen auch selbst erreicht werden können, ist eine Notwendigkeit von Risikomanagement im Unternehmen nicht mehr gegeben[57]. Risikomanagement auf Stufe der Unternehmung wäre somit irrelevant. Streng genommen würde Risikomanagement sogar Unternehmenswert für den Shareholder vernichten, da durch Aktivitäten des Risikomanagements zusätzliche Kosten entstehen würden, ohne eine Steigerung des Unternehmenswertes zu erreichen.

Die Gültigkeit der Irrelevanzhypothese ist jedoch nur unter strengen Annahmen gegeben[58]. Dies bedeutet im Umkehrschluss, falls die Rahmenbedingungen nicht erfüllt sind, ist Risikomanagement auf der Unternehmensebene nicht mehr irrelevant und die widerlegten Annahmen würden somit Anknüpfungspunkte für Wertsteigerungen liefern. Die wichtigsten markt- und unternehmensbezogenen Annahmen und Werttreiber sollen nachfolgend kurz dargestellt werden[59].

Ist ein Investor bestrebt durch eigene Kapitalmarkttransaktionen seine bevorzugte Risiko-Rendite-Position zu erreichen, ist dies nur dann möglich, wenn alle am Markt agierenden Unternehmen über ihre Risiken, Entwicklungen und zukünftigen Cashflows umfassend informieren. Erst dann wäre ein Investor in der Lage, entsprechende Portfolioanpassungen einleiten zu können. Diese umfassende Informationspolitik ist in der Realität jedoch nicht gegeben. Oftmals wird eine eher restriktive Informationspolitik betrieben, unterstützt durch die Nutzung von Handlungsspielräumen der Rechnungslegung. Gründe hierfür sind darin zu suchen, den Konkurrenten nicht zu viele Rückschlüsse auf die Geschäftsentwicklung zu ermöglichen und gegenüber dem Kapitalmarkt eine stetige Unternehmensentwicklung zu dokumentieren. Diese Informationsasymmetrie zwischen Unternehmen und Investor bedingt, dass von realer *Informationseffizienz des Kapitalmarktes* nicht ausgegangen werden kann. Ebenso ist die Annahme vollständig *kompetitiver Kapitalmärkte* in der Realität nicht beobachtbar, denn hierzu müssten, bei *Abwesenheit von Transaktionskosten*, Verschuldungs- und Anlagezins identisch sein. Das Fehlen von Transaktionskosten ist die wichtigste und zugleich die realitätsfernste Annahme der Irrelevanzhypothese. Bei der Etablierung der bevorzugten Risiko-Rendite-Position und den damit verbundenen Transaktionen entstehen auf dem realen Kapitalmarkt stets Kosten. Schon im Vorfeld der eigentlichen Transaktion fallen bspw. Informationssuchkosten an, welche zwar keinen finanziellen Aufwand darstellen, aber mit Opportunitätskosten für den notwendigen Zeitaufwand, die Ressourcenabnutzung etc. bewertet und den Transaktionen zugerechnet werden müssen. Finanzielle Aufwendungen entstehen dann zusätzlich bei den eigentlichen Transaktionen am Kapitalmarkt. Da die Unternehmung in der Realität auch noch "komperative Vorteile bei der Erkennung und Messung der Marktrisikoexposures, bei

---

[57] Vgl. RAWLS, S. W./SMITHSON, C. W. (1993), S. 316.
[58] Für eine beispielhafte Übersicht vgl. MEGGINSON, W. L. (1997), S. 316.
[59] Für eine ausführliche Darstellung und theoretische Herleitung der Corporate Hedging Decision vgl. BÜHLMANN, B. (1998).

der Implementierung, Durchführung und Überwachung eines Risikomanagementsystems und bei der Ausführung von Derivatetransaktionen hat"[60], kann Risikomanagement auf Unternehmensebene als relevant und wertsteigernd angesehen werden.

Gelingt es weiterhin mit Hilfe des Risikomanagements die jährlichen Cashflows des Unternehmens zu glätten, sind geringere Ertragssteuern und die Realisation vorteilhafter Investitionen möglich. Weiterhin verringern sich die direkten und indirekten Nachteile finanzieller Engpässe bei Cashflow-Rückgängen (Financial Distress)[61]. Zusammenfassend lässt sich somit festhalten, dass Risikomanagement wertsteigernd für ein Unternehmen ist, da das Unternehmen unter realen Kapitalmarktbedingungen zum einen die gewünschten Risiko-Rendite-Positionen kostenminimaler als ein Investor erreicht und zum anderen Vorteile aus einer Glättung des Cashflows im Zeitablauf realisieren kann.

Nach der Definition von Risiko und der Darlegung des Nutzens und der Relevanz von Risikomanagement für Unternehmen werden im folgenden Abschnitt die Definitionen und Anforderungen an das Risikomanagement vorgestellt.

2.2 Grundverständnis des Risikomanagements

Ausgehend von dem entwickelten Risikoverständnis und der dargestellten Notwendigkeit von Risikomanagement in Unternehmen soll nun die unternehmerische Handhabung des Risikos betrachtet werden. Wie schon bei den Risikodefinitionen, so werden auch bei der Definition des Risikomanagements unterschiedliche Konzeptionen in der Literatur diskutiert. Deshalb wird nachfolgend erst eine begriffliche und anschließend eine inhaltliche Abgrenzung vorgenommen.

2.2.1 Definition des Risikomanagements

In der Literatur sind zwei grundsätzliche Risikomanagement-Konzeptionen zu finden. Obwohl eine erste Risikomanagement-Konzeption bereits in den Fünfziger und Sechziger Jahren aus dem Versicherungsmanagement heraus entwickelt wurde, gibt es kein offizielles Datum für die Institutionalisierung von Risikomanagement. Es scheint aber, als ob Risikomanagement seit 1987 im Zusammenhang mit einigen spektakulären Schieflagen seinen Durchbruch in den Unternehmen geschafft hat[62].

2.2.1.1 Risikomanagement im engeren Sinne

Risikomanagement im engeren Sinne wird auch Risk Management genannt und stellt eine Risiko-Konzeption dar, deren grundlegendes Merkmal es ist, nur die potenziellen Verlustgefahren des Risikos zu betrachten. Das in die Betrachtung einbezogene Risiko

---

[60] BÜHLMANN, B. (1998), S. 167.
[61] Vgl. AMEND, F. (2000), S. 37f.
[62] Vgl. FISCHER, T. (1994), S. 637.

ist nur das reine bzw. versicherbare Risiko[63]. Existierende spekulative Risiken werden nicht betrachtet. Dem Risikomanagement in dieser Definitionsform kommt die Aufgabe zu, die geplante Erreichung von Unternehmenszielen durch Sicherungsmaßnahmen abzusichern. Ferner beschäftigt sich Risk Management vorwiegend mit der Bewältigung von Einzelrisiken. Mögliche kompensierende Wechselwirkungen können deshalb nicht erfasst werden. Trotzdem findet aus pragmatischen Überlegungen heraus diese Risikokonzeption in der Praxis seine Anwendung. Mit klar umrissenen, speziellen Instrumenten lassen sich versicherbare Risiken systematisch erfassen und eine kostenoptimale Risikovermeidung verfolgen.

Zweifelsfrei ist eine Kostenorientierung bei der Bewältigung von Risiken angebracht, dennoch greift die bloße Bewältigung von Einzelrisiken unter Wirtschaftlichkeitsgesichtspunkten zu kurz. Eine effiziente, weil kostenoptimale Bewältigung von Einzelrisiken muss nicht zwingend effektiv sein. Vielmehr ist nach effizienter Sicherheit zu streben, wo es hinsichtlich der Unternehmensziele sinnvoll ist. Es muss eine Optimierung des Risikoportfolios erfolgen, was bedeutet, in bestimmten Bereichen bewusst höhere Risiken einzugehen, wenn so höhere Nutzenerwartungen realisiert werden können.

2.2.1.2 Risikomanagement im weiteren Sinne

Aufbauend auf diesen Überlegungen hat sich das Risikomanagement im weiteren Sinne, auch einfach nur Risikomanagement genannt, entwickelt[64]. Diese Risikomanagement-Konzeption stellt sich als deutlich vielschichtigere Aufgabe dar. Im Gegensatz zu der Beschränkung auf bestimmte Einzelrisiken und Handlungsweisen, beschäftigt sich Risikomanagement allgemein mit der Führung von Unternehmungen unter Berücksichtigung des Aspektes des Risikos[65]. Risiken werden somit in allen Entscheidungsprozessen des Unternehmens berücksichtigt. Durch die Beachtung möglicher kompensierender Wechselwirkungen zwischen mehreren Risiken ist das tatsächliche unternehmerisch relevante Risiko betrachtbar. Entsprechend geht Risikomanagement von einem umfassenden Risikobegriff aus, beinhaltet somit reine und spekulative Risiken. Dadurch werden sowohl die positiven als auch die negativen Wahrscheinlichkeiten einer Ereignisausprägung erfasst. Risikomanagement im weiteren Sinne betrachtet damit die Unternehmung als Ganzes und sieht von einer isolierten Steuerung von Einzelrisiken ab. Es erfolgt vielmehr eine Erfassung, Beschreibung und aufeinander abgestimmte Gestaltung der gesamten Risikosituation des Unternehmens[66].

Die Reihenfolge der Konzeptionsdarstellung entspricht grundsätzlich der zeitlichen Folge ihrer Entwicklung[67], was jedoch nicht zu der Annahme verleiten sollte, Risk

---

[63] Vgl. MUGLER, J. (1978), S. 295.
[64] Vgl. HAHN, D. (1987), S. 139ff.
[65] Vgl. HAHN, D. (1987), S. 139; HALLER, M. (1986), S. 38.
[66] Vgl. HÖLSCHER, R. (2000), S. 306.
[67] Vgl. SEIFERT, W. G. (1981), S. 748ff.

Management ist durch Risikomanagement ersetzt worden. Vielmehr existieren beide Ansätze heute parallel nebeneinander, was die Vielzahl der in den letzten Jahren veröffentlichten wissenschaftlichen Arbeiten zu beiden Ansätzen belegt. Im Sinne einer umfassenden betrieblichen Risikopolitik kann Risikomanagement im engeren Sinne als operativ fokussierter Teilbereich des Risikomanagements im weiteren Sinne betrachtet werden[68].

Wie in den Ausführungen gezeigt wurde, weisen die Konzeptionen unterschiedliche Charakteristika auf. Auch hier ist es wie bei der Risikodefinition eine Frage der Operrationalität. Konkret erleichtert die engere Perspektive den praktischen Zugang zu Einzelproblemen, während die weitere Sichtweise eine gesamthafte Risikobetrachtung inklusive möglicher positiver Wahrscheinlichkeiten der Ergebnisausprägung hervorhebt und dadurch für die hier vorliegende Themenstellung besser geeignet erscheint. Unter Risikomanagement wird deshalb nachfolgend verstanden:

Risikomanagement ist die Integration aller organisatorischen Maßnahmen und die Gesamtheit aller Methoden, Systeme und Maßnahmen zur Identifikation, Beurteilung, Steuerung und Überwachung jener Risiken, welche die Unternehmung in der Erreichung ihrer Ziele und Erwartungen bedroht[69].

Das Risikomanagement hat somit verschiedenste Aufgaben und Ziele zu erfüllen, welche nachfolgend kurz dargestellt werden.

2.2.2 Ziele und Aufgaben des Risikomanagements

Generelles *Ziel* des Risikomanagements ist die Erhöhung der Unternehmenssicherheit, d.h. im Einzelnen die Sicherung der Unternehmensexistenz und des künftigen Unternehmenserfolges sowie die Minimierung der Risikokosten[70].

Insofern ist es *Aufgabe* des Risikomanagements zu klären, welche Risiken vom Unternehmen selber getragen und welche Risiken besser transferiert werden sollten. Dabei geht es nicht primär darum, Risiken zu reduzieren oder gar zu eliminieren, sondern es handelt sich vielmehr um eine Optimierungsaufgabe[71]. Risiko ist demzufolge als ökonomische Ressource zu betrachten und zu bewirtschaften[72]. Dies bedeutet, dass bei einer vorteilhaften Risiko-Rendite-Konstellation auch bewusst Risiken zur Erhöhung des Unternehmenserfolges übernommen werden sollten. Im Idealfall bewirkt Risikomanagement somit, dass sich negative Veränderungen erst gar nicht im Unternehmen auswirken können, ohne gleichzeitig die Möglichkeit zu eliminieren, an positiven

---

[68] Vgl. MUGLER, J. (1978), S. 295.
[69] Vgl. FALLY, M. (1998), S. 220; ähnlich auch CZEMPIREK, K. (1993), S. 180; RÜHLI, E. (1985), S. 20ff.
[70] Vgl. WOLF, K./RUNZHEIMER, B. (1999), S. 20.
[71] Vgl. SCHEUENSTUHL, G. (1992), S. 24.
[72] Vgl. ZIMMERMANN, H. (1997), S. 54.

Veränderungen teilzuhaben[73]. Dabei muss es Ziel sein, unnötige Finanzierungskosten zu vermeiden und die Ressourcen der Unternehmung effizient einzusetzen. Risikomanagement ist damit stets als zentrale Führungsaufgabe zu sehen und muss eine Unterstützung der Unternehmensführung bei der Verwirklichung der Unternehmensziele gewährleisten.

Effektives Risikomanagement ermöglicht somit die rechtzeitige, angemessene und effiziente Reaktion auf unerwünschte Entwicklungen bzw. deren Vermeidung. Um im Rahmen des Risikomanagements angemessen handeln zu können, ist es erforderlich über detaillierte Kenntnisse hinsichtlich der Unternehmensrisiken einschließlich ihrer Wirkungszusammenhänge zu verfügen. Mit Risiken muss deshalb in einem Prozess systematisch verfahren werden. Die Bestandteile des Risikomanagementprozesses sollen im nächsten Abschnitt eingehender dargestellt werden.

2.2.3 Risikomanagementprozess

Der Risikomanagementprozess umfasst alle Aktivitäten die es der Unternehmung ermöglichen, Risiken systematisch zu handhaben. Dazu gehören die Analyse, Steuerung und Überwachung von Risiken[74]. Mittels eines wirkungsvollen Risikomanagementprozesses kann das Unternehmensrisiko als Steuerungsgröße operrationalisiert werden. Da sich die Risikostruktur einer Unternehmung fortlaufend verändert, ist der Risikomanagementprozess deshalb als ein kontinuierlicher Prozess so flexibel zu gestalten, dass Umfeldveränderungen berücksichtigt werden können[75]. Auf die einzelnen Phasen des Risikomanagementprozesses wird in den folgenden Abschnitten eingegangen.

2.2.3.1 Risikoanalyse

Ziel der Risikoanalyse ist die Bestandsaufnahme über Art und Höhe der Risiken, um diese letztendlich so zu formalisieren und zu quantifizieren, dass eine realitätsgetreue Wahrscheinlichkeitsverteilung generiert werden kann. Die Erstellung eines solchen Risikobildes ist Voraussetzung, um effiziente Strategien entwickeln und Risiken entsprechend steuern zu können. Bestandteile der Risikoanalyse sind Zielbestimmung, Risikoidentifikation und -bewertung.

Zielbestimmung

Zur Beurteilung der Risiken eines Unternehmens ist es erforderlich, die Risikosituation den Zielen des Risikomanagementprozesses gegenüberzustellen. Das Zielsystem des Risikomanagements leitet sich aus der Unternehmensstrategie im allgemeinen und der Risikopolitik im speziellen ab[76]. Sollte das Zielsystem des Risikomanagements nur

---

[73] Vgl. THIELEN, C. A. L. (1993), S. 75.
[74] Vgl. bspw. BRÜHWILER, B. (1988), S. 78; HEDGES, B. A. (1985), S. 25; BRAUN, H. (1984), S. 65.
[75] Vgl. KPMG (2002), S. 17.
[76] VAUGHAN, E. J. (1997), S. 33ff.

unzureichend definiert sein, muss der Risikoidentifikation eine weitergehende Analyse von Unternehmensstrategie und -umfeld sowie Unternehmensstärken und -schwächen vorangestellt werden, aus der sich eine Zielsystematik ableiten lässt[77].

Risikoidentifikation

Risikoidentifikation bedeutet die systematische und strukturierte Erfassung der wesentlichen Risiken bzw. Risikobereiche einschließlich ihrer Wirkungszusammenhänge im Unternehmen, welche die Erreichung der Unternehmensziele positiv oder negativ beeinflussen können. Methodisch sind zwei Ansätze, sogenannte progressive und regressive, zu unterscheiden[78]. Progressive Methoden gehen von typischen Risikofaktoren aus und schließen auf mögliche Zielabweichungen. Regressive Methoden hingegen gehen von den durch die Unternehmensleitung vorgegebenen Zielen und den daraus abgeleiteten Subzielen aus und suchen mögliche Risikofaktoren. Unabhängig vom angewandten Ansatz muss die Risikoidentifizierung neue Risiken und die Veränderung bestehender Risiken ermöglichen. Deshalb ist es wichtig, in den Risikomanagementprozess die Zielbestimmungsphase zu integrieren, um eine Ziel- und somit Risikoveränderung auch gegenüber der Vergangenheit zu erkennen[79]. Für die Beurteilung des Unternehmenserfolgs ist letztlich die Entwicklung des Unternehmenswerts ausschlaggebend. Deshalb gilt es, insbesondere die Cashflow-Träger im Unternehmen zu identifizieren und hinsichtlich ihrer kritischen Erfolgsfaktoren zu untersuchen[80].

Als Ergebnis der Risikoidentifikation werden die identifizierten Risiken bzw. Risikobereiche durch die Erstellung einer unternehmensspezifischen Risikomatrix dokumentiert. Bei der Dokumentation müssen die Unternehmensstrukturen und -prozesse berücksichtigt sowie die Risiken weitestgehend zu einem Risikoprofil zusammengefasst werden. Dieses Risikoprofil dient als Grundlage für die anschließende Risikobewertung.

Risikobewertung

Ziel der Risikobewertung ist durch eine qualitative bzw. quantitative Beurteilung der identifizierten Risiken ein Risikoportfolio zu bilden und Risikograde zu bestimmen. Die Bewertung der Risikograde selbst umfasst die Bestimmung der direkten und indirekten Verlust- und Gewinnmöglichkeiten sowie die Beurteilung der dazugehörigen Eintrittswahrscheinlichkeiten. Es muss dabei berücksichtigt werden, dass Risiken häufig nicht unabhängig voneinander auftreten. Eine rein punktuelle Betrachtung kann unter Umständen unvollständige Ergebnisse liefern. Es sind deshalb stets die auslösenden Ereignisse und die Wirkungszusammenhänge der Risiken zu betrachten[81].

---

[77] Vgl. KPMG (2002), S. 17.
[78] Vgl. IMBODEN, C. (1983), S. 102.
[79] Vgl. HALLER, M. (o. J.) S. 37.
[80] Vgl. KPMG (2002), S. 18.
[81] Vgl. SCHIERENBECK, H. (1997), S. 35ff.

Risiken sollten wenn möglich stets quantifiziert werden. Eine von der Group of Thirty als zweckmäßigste vorgeschlagene Risikomaßzahl ist das „Value-at-Risk-Konzept"[82]. Die Risikomaßzahlen sollten weiterhin mittels Sensitivitäts- und Szenarioanalysen untersucht werden, wie sich Änderungen bestimmter Einflussgrößen auswirken, um insbesondere die Reagibilität der Marktwerte ausgewählter Finanzinstrumente abzubilden. Eine exakte Quantifizierung, wie bei finanziellen Risiken möglich, ist für die Gesamtheit der Unternehmensrisiken jedoch kaum realisierbar. Insbesondere die Quantifizierung von strategischen Risiken ist nur sehr begrenzt durchführbar. Hier ist in der Regel die subjektive Einschätzung der Entscheidungsträger für die Bewertung relevant. Dennoch sollte auch bei diesen Risiken eine Bewertung vorgenommen werden, z.B. in Form von Risikoranglisten anhand von Kennzahlen[83]. Letztendlich bleibt bei Bewertung aller Risiken, selbst bei Vorliegen objektiver Wahrscheinlichkeiten und exakten Vorstellungen über Verlust- und Gewinnmöglichkeiten, die Subjektivität des Analysierenden stets erhalten[84].

Als Ergebnis der Risikobewertung lassen sich die Risiken des Unternehmens in Form einer quantifizierten Risikomatrix abbilden. Diese Risikomatrix gibt einen Überblick über die aktuelle Risikosituation des Unternehmens und gewährleistet, dass die Entscheidungsträger über die Risikosituation des Unternehmens informiert sind und entsprechende Steuerungsmaßnahmen einleiten können.

2.2.3.2 Risikosteuerung

Mit der Bewertung der Risiken muss auch über deren Steuerungsnotwendigkeit entschieden werden. Liegt eine solche vor, beginnt mit der Risikosteuerung die wesentliche Gestaltungsaufgabe des Risikomanagements. Gegenstand der Risikosteuerung ist die aktive, im Einklang mit den Unternehmenszielen stehende Beeinflussung der im Rahmen von Risikoidentifikation und Risikoanalyse ermittelten Risikopositionen[85]. Die Steuerung der Risikopositionen setzt dabei entweder auf die gezielte Beeinflussung der Eintrittswahrscheinlichkeit oder der Wirkungen von Risiken. Sie muss dazu führen, dass für das Unternehmen eine im Einklang zur Risikopolitik und zum Zielsystem stehende Optimierung der Risiken erfolgt. Hierzu ist das Gesamtrisiko des Unternehmens, durch die Beeinflussung der Einzelrisiken gemäß der für ihre Risikokategorie festgelegten Risikostrategien und unter Berücksichtigung der Wechselwirkungen zu anderen Risiken, zu steuern.

---

[82] Vgl. beispielhaft DIGGELMANN, P. (1999); DOWD, K. (1998); SCHIERENBECK, H./LISTER, M./HERZOG, M. (1997).
[83] Vgl. KPMG (2002), S. 22f.
[84] Vgl. CROCKFORD, V. (1982), S. 36.
[85] Vgl. REICHMANN, T./RICHTER, H. J. (2001), S. 180.

In der Literatur sind oft vier Handlungsalternativen als Steuerungsmaßnahmen aufgeführt. Hiernach kann ein Unternehmen Risiken vermeiden, vermindern, übertragen oder aber tragen.

- Das *Vermeiden* von Risiken ist die radikalste Maßnahme der Risikosteuerung. Sie führt zur vollständigen Beseitigung des Risikopotenzials und wird angewandt, wenn alle anderen Strategien ein zu großes Restrisiko hinterlassen würden, d.h. möglicherweise sogar der Bestand des Unternehmens gefährdet ist.

- Das *Vermindern* von Risiken bewirkt eine Verringerung der Eintrittswahrscheinlichkeit und der potenziellen Schäden von Risikoereignissen. Dabei ist beim Einsatz der geeigneten Instrumente darauf zu achten, dass diese verstanden und angemessen kontrolliert werden, um mögliche instrumentinhärente Risikopotenziale zu berücksichtigen.

- Bei der *Übertragung* von Risiken wird das Gefahrenpotenzial oder nur die Folgen eines Risikoereignisses auf Dritte übertragen. Über die Angemessenheit der jeweiligen Maßnahmen ist unter Wirtschaftlichkeitsgesichtspunkten im Einzelfall zu entscheiden, was auch für das Vermindern von Risiken gilt.

- Das *Tragen von Risiken* kommt als Strategiealternative auf Grund von zwei Gründen in Betracht.

  – Geringfügige Risiken, die das angestrebte Risikomaß des Unternehmens nicht überschreiten, können vom Unternehmen akzeptiert werden.

  – Bei relevanten Risiken kann sich die Unternehmung bewusst entscheiden, diese zu tragen und mögliche finanzielle Konsequenzen zu decken. Ebenfalls ist das Tragen von Risiken sinnvoll, wenn die Kosten möglicher Steuerungsmaßnahmen ökonomisch nicht vertretbar sind. Man spricht in beiden Zusammenhängen von passiven Risikomanagement oder Risikofinanzierung[86]. Bei dieser Strategiealternative ist jedoch darauf zu achten, dass Risiken, welche als Ergebnis der Risikosteuerung bewusst getragen werden, ebenfalls einer kontinuierlichen Beobachtung unterzogen und etwaige Änderungen rechtzeitig berücksichtigt werden müssen.

Die dargestellten Steuerungsstrategien erscheinen vor dem Hintergrund der hier getroffenen Risiko- und Risikomanagementdefinition nicht umfassend und somit unvollständig. Wird Risiko als eine negative und positive Zielabweichung definiert und ist Risikomanagement als eine Optimierungsaufgabe hinsichtlich der Erreichung einer vorteilhaften Risiko-Rendite-Konstellation gekennzeichnet, dann muss als zusätzliche Handlungsalternative die Übernahme von Risiken möglich sein[87]. Unter Heranziehung der Risiko-Rendite-Betrachtung kann es für Unternehmen sinnvoll sein, zusätzliche

---

[86] Vgl. HÖLSCHER, R. (2000), S. 330.
[87] Die Strategie der Risikoübernahme als mögliche Option im Rahmen der Risikosteuerung u.a. bei GEBHARDT, G./MANSCH, H. (2001), S. 4; MOSER, H./QUAST, W. (1995), S. 669.

Risiken zu übernehmen und damit weiteren Unternehmenswert zu generieren, der ohne die Übernahme der zusätzlichen Risiken nicht realisierbar wäre.

- Die *Übernahme* von Risiken ist somit die bewusste Inkaufnahme und aktive Übernahme von Risiken, welche nicht aus der Risikostruktur der Unternehmung resultiert.

Die Anwendung einer adäquaten Steuerungsstrategie wird bei quantifizierbaren Risiken über die Festlegung von Limiten vorgegeben. Diese Limite werden als Verlustobergrenze für bestimmte Zeiträume und/oder für definierte Marktparameteränderungen von der Unternehmensleitung entsprechend ihrer Risikoneigung festgelegt. Bei nicht quantifizierbaren Risiken werden Kennzahlen festgesetzt, die anhand von qualitativen Kriterien bzw. mit Hilfe von Scoringmodellen ermittelt werden. Erreichen diese Kennzahlen ein vorgegebenes Limit, müssen Steuerungsmaßnahmen einsetzen[88]. Die Wirkung der realisierten Steuerungsstrategien und -massnahmen müssen dabei im Zeitablauf einer Kontrolle unterzogen werden.

2.2.3.3 Risikoüberwachung

Gegenstand der Risikoüberwachung ist im Rahmen des Risikomanagementprozesses die Gewährleistung, dass die tatsächliche auch jederzeit der gewollten Risikolage des Unternehmens entspricht. Dabei erfolgt eine kontinuierliche Erfolgskontrolle der Wirksamkeit der Risikosteuerungsmaßnahmen und die Erfassung der Risikoveränderungen im Zeitablauf anhand von Soll-Ist-Vergleichen[89]. Die Überwachung der Risikoveränderungen im Zeitablauf erfordert dabei eine flexible Ausgestaltung des Risikomanagements. Die Risikoverläufe müssen kontinuierlich ausgewertet und kommuniziert werden, sowie bei Bedarf Steuerungsmaßnahmen auslösen. Die permanente Kontrolle soll die Reaktionsgeschwindigkeit des Unternehmens auf riskante Entwicklungen erhöhen und damit zur Schadensbegrenzung beitragen. Die Abweichungsanalysen beziehen sich auf die Einhaltung von Limitvorgaben für quantifizierbare Risiken und der relevanten Grenzen für die ausgewählten Kennzahlen für nicht quantifizierbare Risiken. Neben diesen Ansätzen der Risikoüberwachung sind die gewonnenen Informationen in Form eines Risikoreportings zu standardisieren und zu institutionalisieren[90]. Dessen Qualität ist ein entscheidender Faktor für die Wirksamkeit des Risikomanagements[91].

Der mit der Risikoüberwachung abgeschlossene Risikomanagementprozess bildet im weiteren Verlauf der hier zu bearbeitenden Themenstellung die Grundlage für die Themenbearbeitung des dritten Teils. Um dort eine Bewertung der Realisierbarkeit einzelner Risikomanagementstrategien durch die unterschiedlichen Unternehmensty-

---

[88] Vgl. KPMG (2002), S. 24-25.
[89] Vgl. KPMG (2002), S. 25.
[90] Vgl. SCHIERENBECK, H. (1997), S. 56.
[91] Vgl. FISCHER, T. (1994), S. 639.

pen der Energiewirtschaft durchführen zu können, muss im Vorfeld ein wissenschaftlicher Bezugsrahmen erarbeitet werden. Hierfür wird das nächste Kapitel genutzt.

3. Entwicklung des theoretischen Bezugsrahmens

Der theoretische Bezugsrahmen soll die Determinanten aufzeigen sowie die theoretische Erklärungsgrundlage bereitstellen, anhand derer im dritten Teil dieser Arbeit zum einen die Erfahrungen der Praxis eingeordnet und zum anderen Managementstrategien für Wetterrisiken in Energieunternehmen bewertet werden können. Für die hier vorliegende Themenstellung werden zwei theoretische Konzepte ausgewählt, die als Erklärungsgrundlage besonders geeignet erscheinen: die neue Institutionenökonomie, zu welcher der vieldiskutierte Transaktionskostenansatz zuzurechnen ist sowie der ressourcenbasierte Ansatz.

3.1 Neue Institutionenökonomik

Die Neue Institutionenökonomik[92] ist ein Teilgebiet der Modernen Institutionenökonomik und beschäftigt sich mit der Analyse der ökonomischen Austauschvorgänge von Institutionen. Ein einheitliches Verständnis des Begriffes ‚Institution' ist in der Literatur nicht erkennbar. Differenzierungen zwischen den einzelnen Definitionen sind jedoch in der Regel nur punktuell sichtbar, so dass auch hier die häufig zitierte Definition von RICHTER zu Grunde gelegt wird. Demnach ist eine Institution

„ ... ein auf ein bestimmtes Zielbündel abgestelltes System von Normen einschließlich deren Garantieinstrumente, mit dem Zweck, das individuelle Verhalten in eine bestimmte Richtung zu steuern. Institutionen strukturieren unser tägliches Leben und verringern auf diese Weise dessen Unsicherheiten."[93]

Die Entstehung von Institutionen ist prinzipiell auf zwei Gründe zurückzuführen. Entweder ist ihre Entstehung eine Folge einer autoritären Begründung durch eine Person oder einer anderen Institution, oder ein unbeabsichtigtes Ergebnis individueller Nutzenmaximierung als Konsequenz einer spontanen Entwicklung. In der wirtschaftlichen Realität treten Institutionen bspw. als Geld, Gesetze, Gerichte, Haushalte, Märkte, Rechte, Staat, Unternehmen, Organisationsstrukturen, Strategien und Verträge konkret in Erscheinung.

Die Neue Institutionenökonomie ist schwer in allgemeiner Form zu beschreiben. Zusätzlich ist nicht unumstritten, welche theoretischen Ansätze ihr zuzuordnen sind[94]. Deshalb sollen kurz grundlegende Gemeinsamkeiten aller theoretischen Ansätze der Neuen Institutionenökonomie aufgeführt und nachfolgend die sicher zurechenbaren theoretischen Ansätze im Einzelnen betrachtet werden.

---

[92] Der Begriff ‚Neue Institutionenökonomik' wurde insbesondere von WILLIAMSON geprägt. Vgl. WILLIAMSON, O. E. (1975), S. 1.
[93] RICHTER, R. (1994), S. 4.
[94] Vgl. SCHNEIDER, D. (1993), S. 241.

3.1.1 Forschungsgegenstand und theoretische Basis

Spezifischer Forschungsgegenstand der Neuen Institutionenökonomik ist die Analyse und Erklärung von Struktur, Verhaltenswirkungen, Effizienz und Wandel ökonomischer Institutionen. Es werden Erkenntnisse zu den Fragestellungen generiert,

- wie Institutionen durch die Koordinationsprobleme, die Kosten und die Effizienz der Austauschbeziehungen beeinflusst werden und
- wie die kostenoptimale Effizienz von alternativen Institutionen bei unterschiedlichen Koordinationsproblemen des ökonomischen Austausches erklärbar ist[95].

Die ökonomische Institutionenanalyse greift bei der Beantwortung der Fragestellungen dabei auf die vier Komponenten Institution, Austausch, Kosten und Effizienz als Erklärungsmuster zurück. Dabei haben die Komponenten in den einzelnen Phasen der Erklärungsprozesse jeweils einen wechselnden Status als abhängige oder unabhängige Variable[96].

Ausgangspunkt für die Erkenntnisse der Institutionenökonomik ist der Vergleich und die kritische Auseinandersetzung mit den Annahmen der neoklassischen Theorie. Die Neoklassik untersucht und beschreibt Marktgleichgewichtsmodelle auf der Basis von individuellen Tauschhandlungen. Das Eintreten eines pareto-effizienten Marktgleichgewichtes ist an die Annahme eines vollkommenen Marktes gebunden. Dieser ist dadurch gekennzeichnet, dass bei vollständiger Information homogene Güter über Koordination des Preismechanismus von streng rational handelnden Marktteilnehmern ausgetauscht werden, ohne das spezifische persönliche, zeitliche oder räumliche Präferenzen bei diesen bestehen. In einer solchen idealtypischen Welt kommen gegenseitig vorteilhafte Verträge direkt und vollständig zustande, da weder Transaktionskosten noch Qualitäts- oder Verhaltensunsicherheiten existieren. Institutionen sind folglich irrelevant. Die Existenz der Institution ‚Unternehmen' ist nur auf die Repräsentation einer Produktionsfunktion zurückzuführen. Vor allem der hohe Abstraktionsgrad dieser Annahmen war Gegenstand wissenschaftlicher Kritik und Ansatzpunkt der institutionenökonomischen Forschung. COASE belegt in seinem für die Institutionenökonomik grundsteinlegenden Artikel ‚The Nature of the Firm', dass der Güteraustausch über den Markt sehr wohl Transaktionskosten verursacht[97]. Weiterhin unterstreicht er die begrenzte Vorhersagbarkeit des Verhaltens von Wirtschaftssubjekten und die damit einhergehende Unsicherheit für das Zustandekommen von Institutionen[98]. Unter diesen, im Vergleich zur Neoklassik weit realistischeren Annahme sind Institutionen relevant, weil Marktteilnehmer nicht mehr jederzeit kostenlos institutionelle Regelungen durch individuelle Vereinbarungen modifizieren können. Diese Hypothese ist Kern der Modernen Institutionenökonomik, die konsequenterweise als

---

[95] Vgl. EBERS, M./GOTSCH, W. (2002), S. 199; KAAS, K. P. (1995), S. 3.
[96] Vgl. EBERS, M./GOTSCH, W. (2002), S. 199f.
[97] Vgl. FISCHER, M. (1994b), S. 582; PICOT, A. (1992), S. 79f.; COASE, R. H. (1990), S. 38-40.
[98] Vgl. COASE, R. H. (1990), S. 40-51; HUTCHISON, T. W. (1984), S. 25-26.

eine Erweiterung der neoklassischen Theorie interpretiert werden muss[99]. Mit ihr sind die unterschiedlichen Erscheinungsformen von Unternehmen als eine alternative Koordinationsform zum reinen Marktpreismechanismus erklärbar. Die Moderne Institutionenökonomik geht dabei von allgemeinen Annahmen aus, welche sich insbesondere durch das Rationalitätspostulat signifikant von denen der Neoklassik unterscheiden[100].

Angesichts der Vielfalt der in der Realität auftretenden Institutionsformen muss es Aufgabe der Institutionenökonomik sein, nicht nur die ökonomische Analyse des institutionellen Rahmens des Unternehmens, sondern auch die Analyse seiner Organisationsstruktur (bspw. Wahl des geeigneten Risikomanagements für ein Unternehmen) zu untersuchen[101]. Obwohl die Neue Institutionenökonomik kein einheitliches Theoriegebäude ist, besteht jedoch weitgehend Einigkeit darüber, dass die drei Konzepte Property-rights-Ansatz, Agency-Ansatz und Transaktionskostenansatz zur Neuen Institutionenökonomik gezählt werden können[102]. Diese drei Ansätze erscheinen auch hinsichtlich ihres Untersuchungsgegenstands für die Themenstellung der vorliegenden Arbeit potenziell geeignet und werden nachfolgend eingehender beleuchtet.

3.1.2 Property-rights-Ansatz

Der Property-rights-Ansatz liefert die theoretischen Grundlagen der Neuen Institutionenökonomie und ist somit Basis für den Transaktionskosten- und Agencyansatz.

3.1.2.1 Forschungsgegenstand und Anwendungsgebiete

Forschungsgegenstand des Property-rights-Ansatzes ist die Institution der Verfügungsrechte[103]. Verfügungsrechte regeln für den Inhaber von Ressourcen die Verhaltensnormen hinsichtlich der Ressourcennutzung. Zentrale Fragestellungen des Ansatzes sind daher einerseits, wie die Entstehung, die Verteilung und der Wandel von Verfügungsrechten erklärbar ist und andererseits, welche Auswirkungen sich durch Gestaltung und Verteilung von Verfügungsrechten auf die Faktorallokation und auf das Verhalten ökonomischer Akteure ergeben[104].

---

[99] Vgl. SAALBACH, K. P. (1996), S. 5-6.
[100] Die grundlegenden Annahmen sind: Methodologischer Individualismus, Existenz einer individuellen Nutzenfunktion und das Rationalitätspostulat. Wobei bei ersteren beiden Annahmen kein signifikanter Unterschied zur Neoklassik existiert. Für eine umfassende Darstellung der Annahmen und ihr Vergleich zur Neoklassik vgl. SAALBACH, K. P. (1996), S. 8; RICHER, R./BINDSEIL, U. (1995), S. 132; THIELE, M. (1994), S. 993.
[101] Vgl. RICHTER, R. (1991), S. 396-397.
[102] Stellvertretend vgl. BÜLOW, S. (1997), S. 73-74; RICHER, R./BINDSEIL, U. (1995), S. 134.
[103] Eine einheitliche Übersetzung des Begriffes ‚property rights' existiert in der deutschsprachigen Literatur nicht. ‚Verfügungs-', ‚Handlungs-' und ‚Eigentumsrechte' sind die verbreitetsten Bezeichnungen. Im weiteren Verlauf der Arbeit soll die Bezeichnung ‚Verfügungsrechte' verwendet werden.
[104] Vgl. EBERS, M./GOTSCH, W. (2002), S. 200.

Bei der Untersuchung dieser Fragestellungen habe sich die Vertreter des Property-rights-Ansatzes[105] im Rahmen unterschiedlicher *Anwendungsgebiete* differenzierten Themenkomplexen zugewandt. Insbesondere von COASE wurde der Themenkomplex untersucht, warum überhaupt Unternehmen existieren. Er begründet deren Existenz damit, dass sich die Kosten ökonomischer Aktivitäten reduzieren lassen, wenn diese Aktivitäten in ein Unternehmen internalisiert werden. Im Mittelpunkt eines anderen wichtigen Themenkomplexes steht die Analyse unterschiedlicher Eigentumsformen und Unternehmensverfassungen. Zentraler Untersuchungsgegenstand ist dabei der Vergleich von Eigentümerunternehmen und Publikumsgesellschaften. Bei letzteren liegt idealtypisch eine Trennung von Eigentum und Kontrolle der Ressourcen vor. Die Eigentümer verfügen über das Recht auf Aneignung und Übertragung der Ressourcenerträge, die Manager über die Nutzungs- und Änderungsrechte an den Ressourcen des Unternehmens[106]. Entsprechend fallen bei den Eigentümern Transaktionskosten für die Steuerung und Kontrolle des Managements des Unternehmens an[107]. Andere Anwendungsgebiete des Property-rights-Ansatzes sind die Analyse des Innovationsverhaltens von Unternehmen, die Absatztheorie, die Finanzierungstheorie, die Produktionsplanung, die Personalplanung, die Gestaltung von Arbeitsverhältnissen und die Rechnungslegung[108].

3.1.2.2 Annahmen

Die grundlegenden *Annahmen* des theoretischen Modells sind das Konzept der Verfügungsrechte, das Auftreten externer Effekte, die Existenz positiver Transaktionskosten und das nutzenmaximierende Verhalten der handelnden Individuen auf Basis rational getroffener Entscheidungen[109].

- *Verfügungsrechte* sind Rechte von Individuen, Ressourcen zur Einkommenserzielung zu nutzen oder sie ggf. auf andere zu übertragen[110]. Sie determinieren das individuelle Recht im Umgang mit einer Ressource und grenzen zugleich die Rechte der Individuen untereinander an einer Ressource ab[111]. Das individuelle Verfügungsrecht an einem Gut ist somit umso ausgehöhlter, je stärker die Verfü-

---

[105] Die bedeutendsten Vertretern sind COASE, ALCHIAN, DEMSETZ, FURUBOTN, PEJOVICH und DE ALESSI. Für eine ausführlichere Aufzählung inkl. entsprechender Literaturhinweise vgl. EBERS, M./GOTSCH, W. (2002), S. 200; FISCHER, M. (1994a), S. 316-318.
[106] Das Auseinanderfallen von Eigentum und Kontrolle ist zugleich ein zentrales Problem, das im Agency-Ansatz untersucht wird. Eine ausführliche Darstellung dieses theoretischen Ansatzes erfolgt in Abschnitt 3.1.4.
[107] Vgl. WOLFF, B./NEUBURGER, R. (1995), S. 79-80.
[108] Zu einem Überblick über die möglichen Anwendungsgebiete des Property-rights-Ansatzes vgl. EBERS, M./GOTSCH, W. (2002), S. 204-207; FISCHER, M. (1994a), S. 317-318; PICOT, A. (1991a), S. 146; RICHTER, R. (1991), S. 403-405.
[109] Vgl. WOLFF, B./NEUBURGER, R. (1995), S. 79-80; FISCHER, M. (1994a), S. 316-317.
[110] Vgl. DE ALESSI, L. (1991), S. 47.
[111] Vgl. PICOT, A. /REICHWALD, R./WIGAND, R. T. (1996), S. 39.

gungsrechte auf verschiedene Individuen verteilt oder institutionelle Einschränkungen bei der Nutzung des Gutes bestehen[112].

- *Transaktionskosten* sind Kosten, die durch die Spezifizierung, Übertragung und Durchsetzung von Verfügungsrechten an einer Ressource anfallen. Hierzu zählen innerhalb des Property-rights-Ansatzes insbesondere Informations-, Verhandlungs- und Vertragskosten, welche bei einer Transaktion eines Gutes oder einer Ressource entstehen[113]. Sie umfassen dabei alle ökonomisch relevanten Nachteile, d.h. erfassbare monetäre und nicht-monetäre Größen[114].

- *Externe Effekte* sind, hervorgerufen durch Aktivitäten anderer Wirtschaftssubjekte, die direkten oder indirekten Folgen für ein Wirtschaftssubjekt, ohne die Möglichkeit eines durchsetzbaren Kompensationsanspruches. Dies resultiert daraus, dass im Rahmen der bestehenden Struktur der Verfügungsrechte einem handelnden Wirtschaftssubjekt nicht alle wirtschaftlichen Folgen einer Ressourcennutzung eindeutig zugeordnet werden können und somit eine Verrechnung über das Preissystem nicht möglich ist. Ist es dem Erbringer einer Leistung nicht möglich, andere Wirtschaftssubjekte von der Inanspruchnahme der Leistung und deren externen Effekten vollständig auszuschließen ohne in vollem Umfang dafür entlohnt worden zu sein, spricht man von positiven externen Effekten. Negative externe Effekte entstehen, wenn ein Wirtschaftssubjekt andere Individuen beeinträchtigt, ohne sie dafür marktmäßig zu entschädigen. In beiden Fällen führt dies aus gesamtwirtschaftlicher Sicht zu Wohlfahrtsverlusten[115].

- Die *Annahme der individuellen Nutzenfunktion* unterstellt jedem Wirtschaftssubjekt die Neigung, sein Verhalten so zu gestalten, dass sein persönlicher Nutzen maximiert wird. In die individuelle Nutzenfunktion fließen dabei materielle Ziele, wie Güterkonsum sowie immaterielle Ziele, wie Prestige oder Selbstverwirklichung ein[116]. Der Nettonutzen unterschiedlicher Ressourcen ist dabei für das Wirtschaftssubjekt eindeutig bewertbar.

3.1.2.3 Hauptaussagen

Geht man unter Zugrundelegung der genannten Annahmen davon aus, dass eine Beeinflussung des Nettonutzens von Wirtschaftssubjekten durch bestehende Strukturen an Verfügungsrechten sowie durch positive Transaktionskosten möglich ist, so werden diese Wirtschaftssubjekte unter Ceteris-paribus-Bedingungen solche Formen der Res-

---

[112] Vgl. FUROBOTN, E. G./PEJOVICH, S. (1972), S. 1140.
[113] Dem theoretischen Konstrukt der Transaktionskosten liegt im Transaktionskostenansatz eine weitere Definition zugrunde. Eine ausführliche Darstellung dieser Sichtweise erfolgt in Abschnitt 3.1.2.2.
[114] Vgl. PICOT, A. (1991a), S. 145.
[115] Vgl. STEYER, R. (1997), S. 206; WOLFF, B./NEUBURGER, R. (1995), S. 79; FISCHER, M. (1994b), S. 318; PICOT, A. (1991a), S. 145.
[116] Vgl. EBERS, M./GOTSCH, W. (2002), S. 201.

sourcennutzung und Strukturen der Verfügungsrechte etablieren, die ihren individuellen Nettonutzen maximieren. Der Property-rights-Ansatz postuliert in diesem Zusammenhang zwei zentrale *Hauptaussagen*:[117] Der erzielbare Nettonutzen aus der Verfügung über eine Ressource ist desto geringer,

- je ‚ausgehöhlter' bzw. ‚verdünnter' die Verfügungsrechte an dieser Ressource und
- je höher die Transaktionskosten für die Spezifizierung, Übertragung und Durchsetzung der Verfügungsrechte an dieser Ressource sind.

Unter Annahme der Allokationseffizienz erfolgt demnach bei vollständiger Zuordnung der Verfügungsrechte und bei Abwesenheit von Transaktionskosten eine verursachergerechte Zurechnung von Kosten und Nutzen des Ressourceneinsatzes und die Erzielung maximalen gesellschaftlichen Nutzens. Eine suboptimale Faktorallokation wird hingegen erzielt, wenn die Verdünnung von Verfügungsrechten und positive Transaktionskosten das Auftreten von externen Effekten zur Folge haben oder diese verstärken. Eine Motivation zu einer weitgehenden Internalisierung der externen Effekte wird nur dann erzielbar sein, wenn die anfallenden Kosten für die Etablierung entsprechender Strukturen der Verfügungsrechte und Institutionen den Nutzen der Internalisierung nicht kompensieren oder übersteigen. Auf diese Weise werden sich langfristig die effizienten Strukturen gegenüber den ineffizienten durchsetzen, da daraus der relativ größte Nettonutzen für die Wirtschaftssubjekte erzielbar wird, welche über die Verfügungsrechte an einer Ressource verfügen. Der Property-rights-Ansatz spricht sich deshalb dafür aus, die Zuordnung möglichst vollständiger Verfügungsrechte zu organisieren, so dass für die handelnden Individuen Anreize für einen selbstverantwortlichen und effizienten Ressourcenumgang gegeben sind[118]. Allerdings muss diese, rein auf Effizienzargumenten basierende funktionale Erklärung ergänzt werden. Transaktionskosten werden nicht ausschließlich durch individuelle Präferenzen determiniert. Auch haben bspw. die technologische Entwicklung, das Wertesystem einer Gesellschaft oder das Vertragsrecht maßgeblichen Einfluss auf die Höhe der Transaktionskosten. Existierende Strukturen von Verfügungsrechten sind demnach nicht ausschließlich mit rein individuellen Effizienzüberlegungen erklärbar, sondern hängen ebenfalls von politischen Entscheidungsprozessen und historischen Traditionen einer Gesellschaft ab[119].

Trotz dieser Einschränkung hat der Property-rights-Ansatz eine relativ höhere Realitätsnähe und empirische Relevanz im Vergleich zur Neoklassik[120]. Positiv ist auch der Erkenntniszuwachs zu bewerten, dass Unternehmen letztlich durch Individuen gebildet werden, die unterschiedliche Ziele und Interessen verfolgen. Die große Bedeutung des Property-rights-Ansatzes innerhalb der Neuen Institutionenökonomik ist aber auch daran erkennbar, dass es zum fundamentalen Bestandteil der beiden anderen wichtigen

---

[117] Vgl. EBERS, M./GOTSCH, W. (2002), S. 202.
[118] Vgl. PICOT, A. /REICHWALD, R./WIGAND, R. T. (1996), S. 40.
[119] Vgl. DE ALESSI, L. (1990), S. 4f.
[120] Vgl. PICOT, A. (1991a), S. 146.

Ansätze dieser Forschungsrichtung, nämlich des Transaktionskosten - und Agencyansatzes, geworden ist[121].

3.1.3 Transaktionskostenansatz

Der Transaktionskostenansatz analysiert Transaktionen als das institutionelle Arrangement, indem der Güter- oder Leistungsaustausch stattfindet und ist damit für die vielfältigsten Problemstellungen der Wirtschaft der meistgenutzte Analyse- und Erklärungsansatz.

3.1.3.1 Forschungsgegenstand und Anwendungsgebiete

Der *Forschungsgegenstand* des Transaktionskostenansatzes ist die Fragestellung, warum bestimmte ökonomische Transaktionen im Rahmen spezifischer institutioneller Regelungen effizient oder ineffizient organisiert und abgewickelt werden[122]. Unter einer Transaktion wird der Prozess der Klärung und Vereinbarung eines Leistungsaustausches verstanden, welche dem physischen Güteraustausch zeitlich und logisch vorausgeht[123]. Die Durchführung dieses Prozesses geht mit positiven Transaktionskosten einher. Mittels Transaktionskostenansatz wird untersucht, welche Arten von Transaktionen in welchen institutionellen Ausprägungen zu den relativ niedrigsten Kosten organisiert und abgewickelt werden können. Es lässt die Beantwortung der Frage zu, warum die Koordination ökonomischer Aktivitäten entweder in Unternehmen („Hierarchie'), über den Preismechanismus („Markt') oder alternativ mittels kooperativer Organisationsformen („Hybride') erfolgt und welche relativen Vorteile die jeweilige Koordinationsform hat[124].

Die *Anwendungsgebiete* des Transaktionskostenansatzes im Rahmen einer vergleichenden Institutionenanalyse sind vielfältig. Die Argumentation des Transaktionskostenansatzes lässt sich auf fast alle Austauschbeziehungen anwenden, da diese in letzter Konsequenz alle auf Vertragsprobleme zurückzuführen sind[125]. Konkrete Anwendung findet der Transaktionskostenansatz bei der Beantwortung zentraler Fragestellungen der Organisationsforschung. Hierbei wird untersucht, wie Art und Ausmaß der Spezialisierung sowie die Form der Koordination arbeitsteilig erstellter Leistungen in Unternehmen organisiert werden sollten. Der Transaktionskostenansatz ist dabei auf allen drei organisationstheoretischen Ebenen einsetzbar: auf der Ebene des Individuums (bspw. Anreizstruktur zur Begrenzung opportunistischen Verhaltens), der intraorganisatorischen Ebene (bspw. Koordinationsmechanismen) und der interorganisatorischen

---

[121] Vgl. EBERS, M./GOTSCH, W. (2002), S. 209; WOLFF, B./NEUBURGER, R. (1995), S. 80.
[122] Ausgangspunkt des in der heutigen Form im wesentlichen von WILLIAMSON konzeptualisierten und auf den Arbeiten von COASE aufbauenden Transaktionskostenansatzes, der im deutschsprachigen Raum vor allem von PICOT rezipiert und weiterentwickelt worden ist.
[123] Vgl. PICOT, A. (1982), S. 269.
[124] Vgl. WILLIAMSON, O. E. (1990), S. 17-48.
[125] Vgl. WILLIAMSON, O. E. (1993), S. 20-21; WILLIAMSON, O. E. (1990), S. 39.

Ebene (bspw. hybride institutionelle Arrangements). Hauptgegenstand der bisherigen Forschung waren somit die Fragestellungen nach Eigenherstellung oder Fremdbezug sowie die Erklärung des Grades an vertikaler Integration. Weiterhin erfolgten umfassende Studien zu Internationalisierungsstrategien, der Gestaltung strategischer Allianzen und zum Vergleich der Effizienz wirtschaftlicher Austauschbeziehungen.

3.1.3.2 Annahmen

Der Transaktionskostenansatz basiert auf vier grundlegenden *Annahmen*: der Verhaltensannahmen der handelnden Akteure, das angewandte Effizienzkriterium, die Charakterisierung der Transaktion sowie deren institutionellen Umsetzung.

- Die Verhaltensannahmen der handelnden Akteure bei vertraglichen Vereinbarungen sind differenziert zu betrachten. Eingeschränkte Rationalität und Opportunismus sind jeweils notwendige Bedingungen für die Existenz des institutionellen Gestaltungsproblems im Transaktionskostenansatz. Risikoneutralität hingegen wird nur aus methodischen Gründen und zur Vereinfachung der Argumentation angenommen, um die Kernthesen des Transaktionskostenansatzes präziser herauszuarbeiten[126]. Auf eine detaillierte Darlegung letzterer Annahme wird deshalb nachfolgend verzichtet.

    – *Eingeschränkte Rationalität:* Den Akteuren wird hinsichtlich ihres Entscheidungsverhaltens eine objektiv eingeschränkte Rationalität zugeschrieben[127], die auf begrenzte, von Akteur zu Akteur unterschiedliche, Informationsgewinnungs- und -verarbeitungskapazitäten zurückzuführen ist und somit Informationsasymmetrien zwischen den Marktteilnehmern verursacht[128].

    – *Opportunismus:* Es wird unterstellt, dass jedes Individuum zumeist in verdeckter Form[129] ausschließlich Eigeninteresse verfolgt und seine Handlungen entsprechend mit dem Ziel ausrichtet, bewusst Informationsasymmetrien herbeizuführen, um eigene Vorteile zu generieren und auszunutzen. Dabei wird in die eigenen Überlegungen integriert, dass auch anderen Individuen zu einem solchen moralischen Wagnis (‚moral hazard') tendieren können. Entsprechend der Phase vor oder nach Vertragsabschluss ist dabei zwischen Ex-ante- und Ex-post-Opportunismus zu unterscheiden.

---

[126] Vgl. EBERS, M./GOTSCH, W. (2002), S. 226.
[127] Unter Bezugnahme auf die verhaltenswissenschaftliche Entscheidungstheorie. Als grundlegendes Standardwerke der ‚behavioral theory of the firm' vgl. MARCH, J. G./SIMON, H. A. (1976); CYERT, R. M./MARCH, J. G. (1963).
[128] Vgl. BOGASCHEWSKY, R. (1995), S. 165-166; WILLIAMSON, O. E. (1993), S. 6; HAX, H. (1991), S. 56-57.
[129] Vgl. RINGLSTETTER, M. (1995), S. 699-700.

- Das *Effizienzkriterium* im Transaktionskostenansatz unterstellt den sparsamen Einsatz knapper Ressourcen. Der Ressourceneinsatz wird durch Produktions- und Transaktionskosten zum Ausdruck gebracht. Produktionskosten sind ausschließlich abhängig von der jeweils gegebenen Produktionstechnologie, welche zur Herstellung von Gütern und Leistungen eingesetzt wird[130]. Transaktionskosten sind abhängig von der gewählten institutionellen Form der Organisation ökonomischer Tauschbeziehungen, den Eigenschaften der zu erbringenden Leistungen und von dem Verhalten der Akteure. Transaktionskosten umfassen dabei alle ökonomischen Nachteile, monetär erfassbare Kosten sowie nicht-monetäre Aufwendungen, welche den Entscheidungen der betroffenen Wirtschaftssubjekte zurechenbar sind[131]. Unterschieden werden Ex-ante- und Ex-post-Transaktionskosten. Ex-ante- Transaktionskosten sind Informations-, Verhandlungs- und Vertragskosten, d.h. also alle Kosten die bis zum Abschluss eines Vertrages anfallen. Ex-post-Transaktionskosten entstehen durch die Absicherung, Durchsetzung und mögliche Anpassung der Verträge. Für die Bewertung der Effizienz institutioneller Arrangements ist somit die Gestaltung des gesamten Austauschprozesses relevant[132]. Eine exakte Quantifizierung von Transaktionskosten ist nur sehr selten realisierbar. Infolgedessen ist lediglich die Bestimmung einer relativen Vorteilhaftigkeit von unterschiedlichen Institutionen anhand von Tendenzaussagen über die Höhe der Transaktionskosten möglich. Um die Beliebigkeit der Aussagen relativer Vorteilhaftigkeit zu heilen, postuliert WILLIAMSON die Theorie der Kostendeterminanten[133]. Danach variieren die Produktions- und Transaktionskosten als festgelegter Effizienzmaßstab[134] systematisch in Abhängigkeit von bestimmten Charakteristika der Transaktion und bestimmten Charakteristika des institutionellen Arrangements. Wichtiger als eine exakte Quantifizierung der Transaktionskosten ist somit vielmehr die Identifikation der Einflussgrößen, welche ausschlaggebend für deren Höhe sind[135].

---

[130] Vgl. WEISS, C. A. (1996), S. 27; WILLIAMSON, O. E. (1990), S. 98-99.
[131] Vgl. PICOT, A./REICHWALD, R./WIGAND, R. T. (1996), S. 39; FISCHER, M. (1994), S. 582.
[132] Im Gegensatz zum Property rights- und Agency-Ansatz, welche ausschließlich die Ex-ante Anreizstruktur als Bewertungskriterium zu Grunde legen.
[133] Vgl. WILLIAMSON, O. E. (1993), S. 6ff.
[134] Häufig werden ausschließlich Transaktionskosten als Effizienzmaßstab für die Bestimmung der relativen Vorteilhaftigkeit eines institutionellen Arrangements zugrundegelegt. Dies ist insofern nicht korrekt, als unterschiedliche Koordinationsformen auch Auswirkungen auf das Produktionskostenniveau haben können. Sie sind somit ebenfalls zu berücksichtigen. Die Auswirkungen sind zudem in der Regel zu der Entwicklung der Transaktionskosten gegenläufig, so dass zur Minimierung der Gesamtkosten ein „tradeoff" zwischen den beiden Kostenarten vorgenommen werden muss. Vgl. BOGASCHEWSKY, R. (1995), S. 165; WILLIAMSON, O. E. (1990), S. 25.
[135] Vgl. WEISS, C. A. (1996), S. 52-53; WILLIAMSON, O. E. (1993), S. 11; WILLIAMSON, O. E. (1990), S. 24-25.

- Die maßgeblichen Einflussgrößen und damit *Charakteristika einer Transaktion* sind Faktorspezifität, strategische Relevanz, Unsicherheit und Häufigkeit einer Transaktion[136].

  - *Faktorspezifität:* Diese Eigenschaft bezeichnet das Ausmaß an erforderlichen dauerhaften transaktionsspezifischen Investitionen. Es wird gleichzeitig eine Aussage darüber getroffen, in welchem Umfang eine bestimmte Ressource auf andere Austauschbeziehungen ohne Verlust an Produktionswert übertragbar ist. WILLIAMSON unterscheidet sechs Arten der Faktorspezifität: Standort-, Sachkapital-, Humankapital-, Abnehmer- und Terminspezifität sowie Spezifität der Reputation[137].

  - *Strategische Relevanz:* Problemlösungen mit strategischer Relevanz sind in der Regel unternehmensspezifische Leistungen, da mit ihnen eine Differenzierung gegenüber dem Wettbewerb erreicht werden soll. Die Ex-ante- und Ex-post-Transaktionskosten steigen, je wichtiger die Problemlösung für die strategische Erfolgs- und Wettbewerbsposition des Unternehmens ist. Die Etablierung der institutionellen Regelungen zum Schutz vor unberechtigtem Zugriff sind um so kostenintensiver, je spezifischer das zur Erstellung der Leistung notwendige Wissen ist[138].

  - *Unsicherheit:* Unsicherheit bei Transaktionen besteht hinsichtlich des Verhaltens der Transaktionspartner und der Umweltzustände, unter denen vereinbarte Leistungen erbracht werden sollen. In Folge zunehmender Unsicherheit steigen Ex-ante-Transaktionskosten (Such-, Informations-, Verhandlungs- und Vertragskosten) als auch Ex-post-Transaktionskosten (Kontroll-, Konfliktlösungs- und Nachverhandlungskosten). Der Anstieg der Ex-post-Transaktionskosten wird durch einen hohen Grad an Faktorspezifität und strategischer Relevanz noch verstärkt[139].

  - *Häufigkeit:* Die Transaktionshäufigkeit ist kein unabhängiger Einflussfaktor, sondern wirkt unmittelbar nur in Verbindung mit Faktorspezifität, strategischer Relevanz und Unsicherheit, indem sie deren jeweilige Einflüsse verstärkt. Je häufiger gleichartige Transaktionen durch die Transaktionspartner abgewickelt werden, desto eher sind Skalen- und Synergieeffekte zu erwarten, da eine zunehmende Häufigkeit einer bestimmten Transaktion die Set-up-Kosten der Etablierung institutioneller Regelungen zur Abwicklung und Organisation der Transaktion verringert.

---

[136] In den Studien von WILLIAMSON, O. E. ist lediglich von drei Charakteristika die Rede. PICOT hat diese Aufzählung in seinen Arbeiten später um den Einflussfaktor ‚strategische Relevanz' ergänzt. Vgl. PICOT, A. (1991b), S. 346.
[137] Vgl. WEISS, C. A. (1996), S. 55-56; WILLIAMSON, O. E. (1993), S. 13-14.
[138] Vgl. WOLFF, B./NEUBURGER, R. (1995), S. 78; PICOT, A. (1991b), S. 346-347.
[139] Vgl. EBERS, M./GOTSCH, W. (2002), S. 230.

- Neben den Eigenschaften einer Transaktion selbst sind die *Charakteristika der institutionellen Umsetzung* der Transaktion ein wesentlicher Einflussfaktor auf die Höhe der Transaktionskosten. Anhand der beiden Endpunkte des Markt-Hierarchie-Kontinuums sollen die vier Charakteristika institutioneller Umsetzung mit signifikanter Wirkung dargestellt werden. Hierbei handelt es sich um die Anreizintensität für einen effizienten Ressourceneinsatz, das Ausmaß der Verhaltenskontrolle, die Anpassungsfähigkeit sowie die Kosten der Etablierung und Nutzung der institutionellen Umsetzung selbst[140].

  - *Anreizintensität für effizienten Ressourceneinsatz:* Geeignete Anreizstrukturen können einen Akteur vor opportunistischer Verhaltensweise seines Transaktionspartners hinsichtlich Ressourceneffizienz schützen. Dies ist vor allem durch eine gerichtete Beeinflussung von Nutzen und Kosten des möglicherweise opportunistischen Verhaltens erreichbar.

    Starke Anreize gehen daher von Austauschbeziehungen aus, die über den Markt geregelt werden. Jede Steigerung des Nettonutzens der Transaktion kommt direkt den Transaktionspartnern zugute. Durch die Konkurrenzsituation des Marktes wird diese disziplinierende Wirkung noch verstärkt. Schwache Anreize erzeugt hingegen eine organisationsinterne Leistungserstellung. Erstens besteht keine unmittelbare Konkurrenzsituation und zweitens werden durch Mess- und Zurechnungsprobleme Leistung und Gegenleistung regelmäßig voneinander entkoppelt. Somit steht der Steigerung des Nettonutzens oftmals keine adäquate Gegenleistung gegenüber.

  - *Ausmaß der Verhaltenskontrolle:* Direkte Verhaltenskontrolle ist eine weitere Möglichkeit, sich vor opportunistischem Verhalten eines Transaktionspartners zu schützen. Sie steht in Wechselwirkung zu den Anreizstrukturen für einen effizienten Ressourceneinsatz. Je stärker der Anreiz in einem institutionellen Arrangement, desto geringer das notwendige Ausmaß an direkter Verhaltenskontrolle und umgekehrt.

    Folglich sind innerhalb einer Koordination über den Markt keine aufwendigen Kontrollen durch den funktionierenden Preismechanismus notwendig. Im Umkehrschluss müssen bei hierarchischen Koordinationsformen häufig spezifische Steuerungs- und Kontrollsysteme institutionalisiert werden, um so eine vertragskonforme Leistungserstellung zu gewährleisten[141].

  - *Anpassungsfähigkeit:* Aufgrund eingeschränkter Rationalität der handelnden Akteure sind vertragliche Vereinbarungen einer Transaktion in der Regel unvollständig. Dies bedingt eine nachträgliche Anpassung, welche in Abhängigkeit der institutionellen Umsetzung unterschiedlich möglich ist.

---

[140] Vgl. WILLIAMSON, O. E. (1991), S. 277ff.
[141] Vgl. EBERS, M./GOTSCH, W. (2002), S. 231f.

Marktliche Koordinationsformen sind gekennzeichnet durch eine hohe autonome Anpassungsfähigkeit aufgrund von Güter- und Faktorenhomogenität sowie der vorliegenden Konkurrenzsituation. Die bilaterale Anpassungsfähigkeit ist hingegen relativ gering, da neue erst neu vereinbart werden müssen. Im Gegensatz dazu liegt in Organisationen nur eine geringe autonome Anpassungsfähigkeit vor. Nachträgliche Änderungen sind meistens nur in gegenseitiger Abstimmung möglich. Dabei besteht nicht die Notwendigkeit, Vereinbarungen mit den internen Transaktionspartnern vertraglich zu fixieren, so dass die bilaterale Anpassungsfähigkeit hingegen relativ hoch ist.

- *Kosten der Etablierung und Nutzung:* Die Kosten für die Etablierung und Nutzung institutioneller Umsetzungen hängen direkt von den drei vorgenannten Charakteristika ab.

Marktliche Koordinationsformen sind eine institutionelle Umsetzung, die relativ geringe Kosten verursacht. Gründe hierfür sind der Preismechanismus, der günstige Anreizwirkung für vertragskonformes Verhalten setzt sowie die eindeutige Definition der vertraglich vereinbarten Leistungen und Gegenleistungen, so dass keine hohen Ex-ante- oder Ex-post-Transaktionskosten entstehen. Die Alternative einer Leistungserstellung innerhalb von Organisationen ist in der Regel sehr viel kostenintensiver. Gründe dafür sind die nur über die Kosten zu simulierenden Anreizwirkungen des Marktes und die kostenintensiven Steuerungs- und Kontrollmechanismen. Lediglich bei bilateralen Anpassungen sind die Kosten einer organisationsinternen Leistungserstellung relativ gering, da neue vertragliche Vereinbarungen ohne vielfältige Such-, Informations-, Vereinbarungs- und Verhandlungskosten möglich sind[142].

Das transaktionskostentheoretische Argument besagt nun, dass sich die unterschiedlichen institutionellen Umsetzungen bei der Abwicklung der Transaktion hinsichtlich ihrer Kosten unterscheiden. Die Kostenunterschiede sind insbesondere darauf zurückzuführen, wie aufwendig die institutionelle Umsetzung gestaltet ist, wie stark die Anreize für einen sparsamen Ressourcenansatz sind, und wie kostengünstig die Transaktionsprobleme zu bewältigen sind[143].

3.1.3.3 Hauptaussagen

Die zentrale *Hauptaussage* des Transaktionskostenansatzes besagt nun, dass unter Zugrundelegung der aufgeführten Annahmen die institutionelle Umsetzung einer Transaktion um so eher effizient organisiert und abgewickelt wird, je besser die Charakteristika der Transaktion und der institutionellen Umsetzung den Anforderungen entsprechen. Das heißt, *je weniger spezifisch/strategisch relevant/unsicher/(häufig)* eine Leistung für einen Akteur ist und somit geringere Transaktionskosten entstehen,

---

[142] Vgl. EBERS, M./GOTSCH, W. (2002), S. 231-235.
[143] Vgl. EBERS, M./GOTSCH, W. (2002), S. 232.

desto eher wird eine Koordinationsform mit marktlichen Elementen für die Abwicklung und Organisation einer Transaktion bevorzugt und umgekehrt. Die institutionellen Umsetzungen können hierbei die beiden Endpunkte des Markt-Hierarchie-Kontinuums sowie vielfältige Zwischenformen (intermediäre Koordinationsformen) annehmen[144]. Es ist davon auszugehen, dass eine hierarchische Leistungserstellung innerhalb von Organisationen bei identischen Produktionskosten erst bei nichttrivialen Transaktionskosten realisiert werden. Konkret bedeutet dies, dass Austauschvorgänge über den Markt immer dann mit höheren Kosten verbunden sind als die organisationsinterne Leistungserstellung, wenn:

- eine Transaktion hohe spezifische Investitionen erfordert, deren alternative Verwendung einen signifikanten Wertverlust zur Folge hat,

- eine Transaktion für den Aufbau und den langfristigen Erhalt strategischer Erfolgspotenziale von großer Bedeutung ist,

- große Unsicherheiten bzgl. zukünftiger Umweltveränderungen bestehen, die durch explizite vertragliche Vereinbarungen ex-ante entweder gar nicht oder nur mit erheblichen Kosten erfasst werden können, und/oder

- die Transaktionshäufigkeit so hoch ist, dass die erforderlichen Set-up-Kosten den Nutzen der organisationsinternen Leistungserstellung nicht übersteigen[145].

Der Transaktionskostenansatz hat mit seinen Erkenntnissen einerseits fundamentale Beiträge insbesondere zur ökonomischen Organisationsforschung als auch zu anderen Forschungsgebieten, wie Mikroökonomie, der Industrieökonomik, der Organisationssoziologie sowie der Betriebswirtschaft geleistet, schafft es aber andererseits auch Ergebnisse anderer organisationstheoretischer Ansätze, wie Property-rights- und Agency-Ansatz sinnvoll zu integrieren. Trotzdem existieren eine Reihe Anmerkungen die teils die methodischen Mängel, teils die grundlegenden Annahmen kritisieren[146]. Dennoch lässt sich festhalten, dass trotz einiger methodischer und inhaltlich-konzeptioneller Unzulänglichkeiten der Transaktionskostenansatz geeignet ist, Tendenzaussagen zu treffen und damit in der Regel pragmatisch verwertbare Gestaltungsanregungen ermöglicht. Der Transaktionskostenansatz stellt somit ein heuristisches Konzept dar, das für pragmatische Ansprüche gut geeignet ist[147].

---

[144] Vgl. PICOT, A./REICHWALD, R./WIGAND, R. T. (1996), S. 41-47.
[145] Vgl. WEISS, C. A. (1996), S. 63.
[146] Vgl. EBERS, M./GOTSCH, W. (2002), S. 241-249.
[147] Vgl. EBERS, M./GOTSCH, W. (2002), S. 249; FISCHER, M. (1994b), S. 584; WILLIAMSON, O. E. (1993), S. 28; PICOT, A. (1991a), S. 150.

3.1.4 Agency-Ansatz

Der Agency-Ansatz greift die Problematik von Transaktionskosten der internen Koordination in Unternehmen auf. Dabei gelingt es ihm durch eine Veränderung der Annahmen interne Koordinationsprobleme exakter analysieren zu können.

3.1.4.1 *Forschungsgegenstand und Anwendungsgebiete*

Der *Forschungsgegenstand* des ‚Agency-Ansatzes'[148] ist die Institution ‚Vertrag', mit der die Wirkungen von Informationsasymmetrien und Zielkonflikten bei Austauschbeziehungen zwischen einem Auftraggeber (Prinzipal) und einem Auftragnehmer (Agent) geregelt und gezielt mit institutionellen Regelungen beeinflusst werden[149]. Der Prinzipal überträgt auf der Basis vertraglicher Vereinbarungen Aufgaben und Entscheidungskompetenzen auf einen Agenten, damit dieser im Interesse des Prinzipalen bestimmte Handlungen vornimmt. Dadurch wird es dem Prinzipalen möglich, die spezialisierte Arbeitskraft und den Informationsvorsprung des Agenten zu nutzen, der als Gegenleistung eine Vergütung erhält. Der Prinzipal trägt dabei das Risiko, das der Agent auf Grund der übertragenen Entscheidungskompetenzen und des Informationsvorsprunges eigene Interessen, ggf. auch zu Lasten des Prinzipalen, durchsetzt. Typische Beispiele für Prinzipal-Agent-Beziehungen sind das Verhältnis zwischen Arbeitgeber und Arbeitnehmer oder Anteilseigner und Geschäftsführer. Da eine Person in verschiedenen Situationen einmal Principal ein anderes mal Agent sein kann, ist die Definition einer Agency-Beziehung stets situationsabhängig individuell festzulegen[150].

Anwendungsgebiete des Agency-Ansatzes sind eine nahezu unerschöpfliche Anzahl von vertraglichen Konstellationen im Rahmen einer Delegation von Aufgaben und Entscheidungskompetenzen. In der wissenschaftlichen Forschung fand jedoch bisher eine Konzentration auf solche Konstellationen statt, die infolge der Trennung von Eigentum und Kontrolle der Unternehmung hervorgegangen sind. Damit verbundene realwirtschaftliche Themen sind bspw. Optimierung des Managerverhaltens durch ergebnisabhängige Vergütungssysteme, Kontrollorgane der Führungsspitze und den Arbeitsmarkt für Manager. Ein weiterer Schwerpunkt liegt in der Analyse der Finanzierungspolitik von Kapitalgesellschaften und den damit verbundenen Agencybeziehungen zwischen Kapitalgebern und Managern/Eigentümern.

---

[148] In der deutschsprachigen Literatur wird der Ausdruck häufig mit ‚Agenturtheorie' übersetzt.
[149] Vgl. FISCHER, M. (1995), S. 320; RICHER, R./BINDSEIL, U. (1995), S. 138; ELSCHEN, R. (1991), S. 1010.
[150] Vgl. FISCHER, M. (1995), S. 320; ELSCHEN, R. (1991), S. 1004; PICOT, A. (1991a), S. 150.

3.1.4.2 Annahmen

Die *Grundannahmen* des Agency-Ansatzes sind ein vertragstheoretisches Organisationskonzept, ein differenziertes Verhaltensmodell der handelnden Akteure und die Existenz positiver Agency-Kosten zur optimalen Gestaltung von Verträgen[151].

- Das *vertragstheoretische Organisationskonzept* besagt, dass Organisationen und ihre Umweltbeziehungen als ein Netzwerk von vertraglichen Vereinbarungen betrachtet werden müssen. Sie dienen den handelnden Akteuren als Regularium ihrer beabsichtigten ökonomischen Austauschbeziehungen. Dabei wird Unvollständigkeit der Verträge unterstellt, die auf lückenhafte Information über zukünftig eintretende Umweltentwicklungen zurückzuführen ist. Da den Vertragspartnern die Unvollständigkeit der Verträge bewusst ist, werden zur Kompensation Informations- sowie Anreiz- und Kontrollmechanismen in die Vertragsvereinbarungen eingefügt.

- Das *Verhaltensmodell* besteht aus drei Aspekten: individuelle Nutzenmaximierung, Informationsasymmetrien und Interessenheterogenität der Akteure[152].

  – *Individuelle Nutzenmaximierung:* Bei der Gestaltung und Erfüllung von Verträgen orientiert sich das Handeln der Vertragspartner an der jeweiligen individuellen Nutzenmaximierung. Gleiches wird vom Vertragspartner erwartet und entsprechende Entscheidungen und Handlungen antizipiert. Wie schon im Property-rights-Ansatz basiert die Nutzenfunktion der Akteure sowohl auf monetären als auch auf nichtmonetären Größen.

  – *Informationsasymmetrie:* Die Eignung des Agenten für die Bearbeitung von Aufgaben im Vergleich zum Prinzipal ist der ausschlaggebende Grund für die Delegation von Entscheidungskompetenzen. Es wird in diesem Zusammenhang auch von einem Informationsvorsprung des Agenten gegenüber dem Prinzipalen ausgegangen, d. h. es liegt eine Informationsasymmetrie vor. Weitere Informationsdefizite bestehen für den Prinzipalen hinsichtlich des eigeninteressierten Verhaltens des Agenten.

  – *Interessenheterogenität:* Unter der Annahme der individuellen Nutzenmaximierung der beteiligten Akteure ist Interessenheterogenität der Beteiligten unwahrscheinlich. Als Konsequenz ergeben sich Agency-Probleme bzw. -Konflikte aus den differierenden Zielvorstellungen.

- *Agency-Kosten* werden als Kriterium zur Beurteilung der Effizienz institutioneller Gestaltungsformen herangezogen. Für die Aussagen des Agency-Ansatzes gilt die Annahme eines funktionierenden Institutionenwettbewerbes, d. h. unter Konkurrenzbedingungen setzen sich effiziente Vertragskonstruktionen gegenüber den ineffizienten durch. So ist diejenige Vertragsform vorteilhaft, welche die niedrigsten

---

[151] Vgl. EBERS, M./GOTSCH, W. (2002), S. 200.
[152] Vgl. FISCHER, M. (1995), S. 321; ELSCHEN, R. (1991), S. 1007-1010.

Agency-Kosten verursacht[153]. Agency-Kosten sind Überwachungskosten, Vertragskosten und Residualkosten.

3.1.4.3 Hauptaussagen

Die im Rahmen der Argumentation des Agency-Ansatzes getroffene *Hauptaussage* ist, dass Agency-Konflikte auftreten, welche aus Interessenunterschieden von Prinzipal und Agent sowie aus der Informationsasymmetrie zwischen den beiden Vertragspartnern zugunsten des Agenten resultieren. Da die Informationsasymmetrie in den einzelnen Phasen der Vertragsbeziehungen unterschiedlich ausfällt, werden vier Agency-Konflikte unterschieden: ungewisser Leistungsbeitrag ('hidden action'), ungewisse Eigenschaften ('hidden characteristics'), verschwiegene Informationen ('hidden information') und verschwiegene Absichten ('hidden intention')[154].

- *Ungewisser Leistungsbeitrag*: In der Phase der Leistungserstellung sind die Handlungen des Agenten vom Prinzipal weder beobacht- noch beurteilbar, ohne unverhältnismäßig hohen Kosten zu erzeugen. Dem Agenten ist es somit möglich, seine Leistung vertragskonträr zu reduzieren, da es dem Prinzipal nicht möglich ist, direkte Rückschlüsse auf den Leistungsbeitrag des Agenten am erzielten Ergebnis zu ziehen.

- *Ungewisse Eigenschaften*: In der Auswahlphase kennt der Prinzipal die Eigenschaften oder das Leistungsangebot des Agenten nicht. Der Prinzipal hat aufgrund unvollständig vorliegender Informationen somit vor Vertragsabschluß das Risiko einer Fehlentscheidung in Form der Auswahl eines ungeeigneten Vertragspartners ('adverse selection').

- *Verschwiegene Informationen*: Der Prinzipal sieht sich noch vor dem Beginn der Leistungserstellung mit dem Risiko konfrontiert, dass der Agent bestimmte Informationen über sich selbst strategisch vorenthält und den absichtlich erzielten Informationsvorsprung für die Verfolgung eigener Interessen zu Lasten des Prinzipalen einsetzt.

- *Verschwiegene Absichten*: Da die tatsächlichen Absichten des Agenten dem Prinzipal nicht bekannt sind, ist es ihm in der Auswahlphase nicht möglich einzuschätzen, wie sich der Agent danach im laufenden Vertragsverhältnis verhalten wird. Er kann dessen Verhalten in der Phase der Leistungserstellung zwar beobachten und be-

---

[153] Agency-Kosten können zwar modellmäßig definiert werden, sind aber faktisch nicht direkt und quantitativ exakt zu messen. Statt dessen ist eine indirekte Ableitung notwendig aus der Differenz zwischen den Kosten, die im fiktiven Idealzustand eines ‚vollkommenen Tausches' im Sinne der Neoklassik anfielen, bei dem beide Vertragspartner über vollständige Information verfügen (‚first best solution'), und den Kosten, die durch die tatsächlich realisierte Leistungserstellung entstehen, d. h. beim Vorliegen von Informationsasymmetrie (‚second best solution') Vgl. JENSEN, M. C./MECKLING W. H. (1976), S. 327.

[154] Vgl. WOLFF, B./NEUBURGER, R. (1995), S. 81-82; KARMANN, A. (1992), S. 558.

urteilen, doch hat er keine Möglichkeiten bei Bedarf einzugreifen und Fehlverhalten zu sanktionieren. Diese Abhängigkeit könnte der Agent zu seinen eigenen Gunsten ausnutzen (‚hold up').

Angesichts der geschilderten Agency-Konflikte ist es für den Prinzipal notwendig, geeignete Maßnahmen zu ergreifen, um das Verhalten des Agenten nach seinen Vorstellungen zu beeinflussen und die Realisierung seiner Interessen zu erreichen. Im wesentlichen hat der Prinzipal drei Möglichkeiten der Verhaltensbeeinflussung: das Setzen von Anreizen, instruktive Normen und die Verbesserung des Informationssystems[155]. Der Agency-Ansatz greift somit ein empirisch bedeutsames Phänomen auf, die Abhängigkeit der Leistungserstellung von einer effizienten vertraglichen Gestaltung der zugrundeliegenden Auftragsbeziehung. Wie bei vorangestellten Ansätzen auch, so werden auch hier realitätsnähere Annahmen als in der Neoklassik hinsichtlich menschlicher Verhaltensweisen und der für sie relevanten Umweltbedingungen zu Grunde gelegt. Insbesondere die Unterstellung von Informationsasymmetrien zwischen den Vertragspartnern, welche zu opportunistischem Verhalten fähig sind, ist plausibel und weist einen hohen Realitätsbezug auf[156]. Trotz der begrenzten Operationalisierbarkeit des Effizienzkriteriums der Agency-Kosten und der damit einhergehenden eingeschränkten empirischen Überprüfbarkeit, kann mittels des Agency-Ansatzes das strategische Verhalten der Akteure in ihren Handlungsspielräumen, Machtprozessen und Konflikten plausibler als mit Hilfe des Transaktionskosten- oder Property-rights-Ansatzes untersucht werden[157].

3.2 Ressourcenbasierter Ansatz

Der ressourcenbasierte Ansatz (resourced based view) geht auf die soziale Austauschtheorie zurück und ist nach dem Transaktionskostenansatz das wohl meistrezipierte Paradigma der Interorganisationstheorie. Der Ansatz begreift Ressourcen als Quelle von Wettbewerbsvorteilen[158]. Als Ressourcen werden hier verstanden:

alle Fähigkeiten sowie materielle und immaterielle Faktoren, die ein Unternehmen im Rahmen von Entwicklung, Produktion und Vertrieb von Gütern und Dienstleistungen benötigt und einsetzt und die somit das Fundament für die Etablierung komparativer Wettbewerbsvorteile bilden.

3.2.1 Grundlagen des ressourcenbasierten Ansatzes

Forschungsgegenstand und Anwendungsgebiete

Der zentrale *Forschungsgegenstand* des ressourcenbasierten Ansatzes ist die Gestaltung des strategischen Managements von Unternehmensressourcen für die Entwick-

---

[155] Vgl. EBERS, M./GOTSCH, W. (2002), S. 214-215.
[156] Vgl. PICOT, A./NEUBURGER, R. (1995), Sp. 20.
[157] Vgl. KEPPEL, M. F. (1997), S. 122; SYDOW, J. (1991), S. 287-290.
[158] Vgl. CONNER, K. R. (1991), S. 121.

lung und Etablierung von Erfolgspotenzialen[159]. Erfolgspotenziale sind komparative Wettbewerbsvorteile des Unternehmens gegenüber anderen am Markt agierenden Unternehmungen, welche die Grundlage für langfristige bzw. dauerhaft überdurchschnittlich hohe Gewinne bilden. Der Ansatz liefert somit einerseits den theoretischen Erklärungshintergrund, welche Rolle die individuelle Ressourcenausstattung einer Unternehmung für die Etablierung von komparativen Wettbewerbsvorteilen spielt und wie Veränderungen dieser Ressourcenausstattung auf den Unternehmenserfolg wirksam werden können. Andererseits können Empfehlungen für die Gestaltung von Strategien abgeleitet werden, die den Aufbau, die Entwicklung und den langfristigen Erhalt der komparativen Wettbewerbsvorteile fördern.

Die *Anwendungsgebiete* des ressourcenbasierten Ansatzes sind vielfältiger Natur und nicht auf einzelne Themenstellungen begrenzbar. Insbesondere für die Begründung strategischer Entscheidungen hinsichtlich Diversifikation und Internationalisierung von Unternehmensaktivitäten sowie zur Festlegung von Kooperationsbeziehungen und Managementstrategien ist die Argumentation des Ansatzes vielfach angewendet worden. Mit zunehmenden Interesse wird die strategische Relevanz wissensbasierter Aktiva analysiert. Damit wird die Aufmerksamkeit des Managements auf die Bedeutung und die Optionen des Erwerbs von wettbewerbsrelevantem Know-How sowie die Gefahren unbeabsichtigten Wissensabflusses gelenkt[160]. Nachfolgend soll das für diese Arbeit relevante Anwendungsgebiet der Ableitung von Risikomanagementstrategien kurz in die Argumentation des ressourcenbasierten Ansatzes eingeordnet werden.

Die Fragestellungen optimaler Risikomanagementstrategien und der korrespondierenden Umsetzung werden in der ökonomischen Literatur unter Bezugnahme auf den Transaktionskostenansatz untersucht[161]. Dieser Ansatz weist kaum Anknüpfungspunkte zum ressourcenorientierten Ansatz auf, gehen doch beide Ansätze von grundsätzlich unterschiedlichen Kriterien für die Beurteilung der Eignung einer Risikomanagementstrategie aus: Während der Transaktionskostenansatz in erster Linie Aussagen unter Effizienzgesichtspunkten zu bestimmen beabsichtigt, trifft der ressourcenbasierte Ansatz Aussagen unter stärkerer Berücksichtigung von Effektivitätsaspekten. Demnach sind aus Sicht des ressourcenorientierten Ansatzes im Sinne einer wettbewerbsstrategisch ausgerichteten Ressourcenakkumulation nur die Risikomanagementstrategien gerechtfertigt, mit denen sich auf dem Markt gegenüber der Konkurrenz nachhaltig komparative Wettbewerbsvorteile etablieren lassen, die wiederum im Rahmen der bekannten Wirkungskette zur langfristigen Existenzsicherung des Unternehmens beitragen. Eine Kapitalbindung in strategisch irrelevanten Bereichen ist damit als ineffektiv anzusehen, da sie dort keinen Beitrag zur Erreichung dieses Ziels leistet. Sie ist

---

[159] Vgl. BAMBERGER, I./WRONA, T. (1996a), S. 130.
[160] Vgl. RASCHE, C./WOLFRUM, B. (1994), S. 507; RASCHE, C. (1993), S. 426.
[161] Vgl. SCHWEIZERISCHE RÜCKVERSICHERUNGS-GESELLSCHAFT (1999), S. 11.

zugleich als ineffizient zu bezeichnen, wenn statt dessen eine ökonomisch vorteilhaftere Allokation der finanziellen Mittel in strategisch relevanten Bereichen möglich ist[162].

3.2.2 Annahmen und Hauptaussagen

Die wichtigsten *Annahmen* des ressourcenbasierten Ansatzes sind das am Unternehmenserfolg orientierte Effektivitätskriterium, die Ressourcenheterogenität der in Konkurrenz zueinander stehenden Unternehmen und die unternehmensspezifischen Charakteristika von Ressourcen.

- Entsprechend des *am Unternehmenserfolg orientierten Effektivitätskriteriums* sollen nur solche Entscheidungen im Rahmen des strategischen Managements getroffen werden, die geeignet sind, langfristig die Existenz des Unternehmens zu sichern. Die Entscheidungen werden somit danach beurteilt, inwiefern sie zur Erzielung und Aneignung dauerhaft überdurchschnittlich hoher Gewinne in Form einer Aneignung von Renten[163] geeignet sind[164]. Die Aneignung der Renten resultiert dabei primär aus der zielgerichteten Umsetzung von Erfolgspotenzialen, welche durch die einzigartige unternehmensspezifische Ressourcenausstattung der Unternehmung determiniert werden.

- Eine weitere wesentliche Annahme des ressourcenorientierten Ansatzes ist die *Grundannahme der Ressourcenheterogenität* der auf einem Markt in Konkurrenz zueinander stehenden Unternehmen. Der ressourcenorientierte Ansatz unterstellt die Heterogenität der Unternehmen hinsichtlich Ressourcenausstattung innerhalb einer strategischen Gruppe. Damit spiegelt der Ansatz die empirischen Beobachtungen von Variantenvielfalt und asymmetrischer Ressourcenausstattung in den meisten Branchen wider[165]. Als Hauptursache dieses Realphänomens wird die angenommene Unvollkommenheit der Faktormärkte betrachtet.

- Die Ausprägungen der *unternehmensspezifischen Charakteristika der Ressourcen* ist entscheidend für die Generierung und Nachhaltigkeit von Erfolgspotenzialen und somit der komparativen Wettbewerbsvorteile gegenüber relevanten Konkurrenten. Die unternehmensspezifischen Ressourcen lassen sich dabei in zwei Grundarten von Ressourcen differenzieren: materielle und immaterielle Ressourcen.

    – *Materielle Ressourcen* (,tangible resources') sind finanzielle Mittel (bspw. Bargeldbestände, Bankguthaben, nicht ausgeschöpfte Kreditrahmen) und physische

---

[162] Vgl. RASCHE, C./WOLFRUM, B. (1994), S. 509.
[163] Überdurchschnittlich hohe Gewinne können dann als Renten interpretiert werden, wenn ihre Existenz keinen neuen Wettbewerb induziert. Lösen überdurchschnittlich hohe Gewinne neuen Wettbewerb aus, handelt es sich bei ihnen nicht um Renten im engeren Sinne, sondern um ein temporäres Phänomen, das über kurz oder lang durch die Konkurrenz eliminiert wird. Vgl. PETERAF, M. A. (1993), S. 180, FN 4.
[164] Vgl. PETERAF, M. A. (1993), S. 180-186; MAHONEY, J. T./PANDIAN, J. R. (1992), S. 364.
[165] Vgl. BARNEY, J. B. (1991), S. 101.

Produktionsmittel (bspw. technische Anlagen, die infrastrukturelle Ausstattung eines Produktionsstandortes, der Zugang zu den für die Leistungserstellung benötigten Rohmaterialien). Sie stehen dem Unternehmen direkt oder indirekt zur Verfügung.

– *Immaterielle Ressourcen* (‚intangible resources') basieren auf menschlichen Fähigkeiten und Wissen sowie auf Reputation. Es handelt sich dabei bspw. um das technische Know-How von Mitarbeitern, gewerbliche Schutzansprüche, das Unternehmensimage und auf dem Markt etablierte Markennamen. Auch die Managementsysteme eines Unternehmens (bspw. Informations-, Planungs- und Kontrollsysteme, Organisationsstruktur, Führungsstil) können als immaterielle Ressourcen aufgefaßt werden. Sie sind physisch nicht greifbar.

- Für die Herausarbeitung der Spezifität der Unternehmensressourcen und zur Bewertung der Nachhaltigkeit der daraus resultierenden komparativen Wettbewerbsvorteile, werden die allgemeinen Klassifikationskriterien: kapazitive Verfügbarkeit, Einsatzflexibilität, bilanzielle Bewertung sowie die speziellen Charakteristika: Abnutzungsbeständigkeit, die Transferierbarkeit, die Imitierbarkeit und die Substituierbarkeit einer Ressource zu Grunde gelegt. Im Hinblick auf die einzelnen Kriterien weisen materielle und immaterielle Ressourcen dabei z. T. erhebliche Unterschiede auf. Die:

– *Kapazitive Verfügbarkeit:* einer Ressource besagt, in welchem Umfang diese dem Unternehmen zur Verfügung steht. Je uneingeschränkter Ressourcen kapazitiv verfügbar sind, desto schneller und ausgeprägter ist ein komparativer Wettbewerbsvorteil generierbar[166].

– *Einsatzflexibilität:* einer Ressource gibt Auskunft über ihre Mobilität innerhalb der Unternehmung. Je flexibler eine Ressource einsetzbar, desto vorteilhafter ist dies für den Aufbau komparativer Wettbewerbsvorteile[167].

– *Bilanzielle Bewertung:* einer Ressource soll deren monetären Wert widerspiegeln. Unmittelbarer Einfluss auf den Aufbau und die Nachhaltigkeit komparativer Wettbewerbsvorteile ist nicht gegeben.

– *Abnutzungsbeständigkeit:* einer Ressource ist ein maßgeblicher Faktor, der die Nachhaltigkeit eines Wettbewerbsvorteils, insbesondere durch einen verstärkenden Einfluss auf andere Charakteristika[168], beeinflusst. Je weniger sich Ressour-

---

[166] Zur Bedeutung der kapazitiven Verfügbarkeit von Ressourcen vgl. WERNERFELT, B. (1989), S. 6-7.
[167] Zur Bedeutung der Flexibilität von Ressourcen vgl. CHATTERJEE, S./WERNERFELT, B. (1991), S. 34-36.
[168] Vgl. BAMBERGER, I./WRONA, T. (1996a), S. 135-136; BAMBERGER, I./WRONA, T. (1996b), S. 387; GRANT, R. M. (1991), S. 124-125.

cen durch ihren Gebrauch abnutzen, desto nachhaltiger kann ein darauf aufbauender komparativer Wettbewerbsvorteil sein[169].

- *Transferierbarkeit:* einer Ressource ist abhängig von den Möglichkeiten eines marktlichen Erwerbes dieser Ressource. Je eingeschränkter diese Möglichkeiten sind, desto nachhaltiger ist der komparative Wettbewerbsvorteil für das Unternehmen, das bereits über diese Ressource verfügt[170]. Unterschieden wird in diesem Zusammenhang zwischen vollständig immobilen, vollständig mobilen und eingeschränkt mobilen Ressourcen[171].

- *Imitierbarkeit:* einer Ressource ist bei eingeschränkter Transferierbarkeit eine Alternative für die Ressourcenakkumulation[172]. Je leichter eine Ressource von einem Wettbewerber imitierbar ist, desto negativer wird die Nachhaltigkeit des komparativen Wettbewerbsvorteils beeinflusst[173]. Das Ausmaß der Imitierbarkeit einer Ressource ist dabei abhängig von den Interdependenzen mit anderen Ressourcen, der Unternehmensentwicklung in der Vergangenheit und dem Wissen um Kausalzusammenhänge zwischen der Ressource und einem darauf aufbauenden Wettbewerbsvorteil.

- *Substituierbarkeit:* einer Ressource ist der letzte Faktor, der die Nachhaltigkeit eines Wettbewerbsvorteils beeinflusst. Insbesondere dann, wenn marktlicher Transfer und Imitation wirksam eingeschränkt sind[174], besteht für einen Konkurrenten die Möglichkeit, durch den Einsatz einer anderen, nicht geschützten Ressource den Wettbewerbsvorteil eines Unternehmens nachzuahmen. Je leichter der Einsatz eines solches Substituts möglich ist, desto weniger nachhaltig ist der komparative Wettbewerbsvorteil auf Basis geschützter Ressourcen[175].

Aufbauend auf die oben dargelegten Grundannahmen lässt sich mit Bezug auf die Wirkungskette von unternehmensspezifischer Ressourcenausstattung und nachhaltigen Wettbewerbsvorteilen die *Hauptaussage* des ressourcenorientierten Ansatzes wie folgt formulieren:

Die Ressourcenausstattung einer Unternehmung ist für die Generierung nachhaltiger komparativer Wettbewerbsvorteile um so geeigneter, je abnutzungsbeständiger und je weniger transferierbar/imitierbar/substituierbar die Ressourcenausstattung eines Unternehmens ist.

---

[169] Vgl. BAMBERGER, I./WRONA, T. (1996a), S. 135.
[170] Vgl. BAMBERGER, I./WRONA, T. (1996a), S. 136-137.
[171] Vgl. PETERAF, M. A. (1993), S. 183-184; BARNEY, J. B. (1991), S. 103-105.
[172] Vgl. GRANT, R. M. (1991), S. 127-128.
[173] Vgl. RASCHE, C./WOLFRUM, B. (1994), S. 503-504.
[174] Ein solcher Schutz kann etwa durch die Existenz von gewerblichen Schutzansprüchen, unsichere Vermutungen über Kausalzusammenhänge und/oder nicht übertragbares Mitarbeiter-Know How erfolgen, das für die Ressourcennutzung komplementär erforderlich ist.
[175] Vgl. BAMBERGER, I./WRONA, T. (1996b), S. 388; RASCHE, C./WOLFRUM, B. (1994), S. 506; PETERAF, M. A. (1993), S. 182.

Der ressourcenorientierte Ansatz hebt dabei insbesondere die Bedeutung wissensbasierter immaterieller Ressourcen hervor, die in besonderem Maße zur Sicherung der langfristigen Existenz einer Unternehmung beitragen. Diese speziellen Formen unternehmensspezifischer Ressourcen werden als Kernkompetenzen[176] bezeichnet und ergeben sich aus komplexen Interaktionsmustern zwischen personengebundenen Fähigkeiten und Fertigkeiten sowie intersubjektiven organisatorischen Routinen. Um jedoch eine fundierte Beurteilung über den Wert einer Ressource zu ermöglichen, müssen auch die Eigenschaften des relevanten Marktes mit einbezogen werden. Diese Markteigenschaften ergeben sich aus dem Zusammenspiel von Merkmalen der Nachfrage, der zu Grunde liegenden Technologie und der Branchenstruktur[177].

Relevanz

Der ressourcenorientierte Ansatz ist ein noch relativ junger Forschungszweig des strategischen Managements. Seine besondere Stärke liegt in der großen Realitätsnähe seiner Grundannahme der Heterogenität der Ressourcenausstattung von Unternehmen innerhalb einer Branche bzw. strategischen Gruppe[178]. Im Rahmen des Ansatzes ist es möglich, Aussagen auf unterschiedlichen hierarchischen Ebenen (bspw. Gesamtunternehmensebene, Geschäftsbereich, Profit-Center) zu treffen, was in der Literatur aber auch kritisch betrachtet wird[179]. Problematisch ist auch die unklare Terminologie, die die Operationalisierung zentraler theoretischer Konstrukte des Ansatzes behindert[180]. Die angeführten methodischen Defizite sind jedoch allesamt nicht untypisch für einen Forschungszweig in diesem jungen Entwicklungsstadium.

Trotz dieser methodischen Defizite ist der Ansatz geeignet, auf der Basis einer Analyse der unterschiedlichen Unternehmenstypen der Energiewirtschaft hinsichtlich ihrer Ressourcenausstattung, eine Argumentationskette aufzubauen, die eine Bewertung von Risikomanagementstrategien zumindest teilweise begründet. Obwohl der ressourcenbasierte Ansatz trotz seiner Abgrenzungsbestrebungen insbesondere zum industrieökonomischen Ansatz keine eigenständige, neue Theorie des strategischen Managements darstellt, erscheint eine Kombination des ressourcenorientierten Ansatzes mit anderen Forschungsrichtungen wie der Neuen Institutionenökonomik als erforderlich, um zu einer ausgewogenen Beurteilung zu gelangen[181]. Aufbauend auf

---

[176] Zu einem Überblick über verschiedene Definitionsansätze vgl. RASCHE, C. (1994), S. 148-159.
[177] An dieser Stelle wird bereits deutlich, dass der ressourcenorientierte Ansatz für sich genommen nur begrenzt eine Aussage dazu treffen kann, was eine Ressource im Wettbewerb letztlich wertvoll macht. Das strategische Management muss zur Entwicklung solcher Aussagen nach wie vor auf das industrieökonomische Gedankengut zurückgreifen. Der ressourcenorientierte Ansatz kann somit im strategischen Management für sich keine exklusive, d. h. den industrieökonomischen Ansatz ersetzende Position postulieren. Vgl. BAMBERGER, I./WRONA, T. (1996a), S. 140-141.
[178] Vgl. WERNERFELT, B. (1995), S. 172; MAHONEY, J. T./PANDIAN, J. R. (1992), S. 374.
[179] Vgl. RASCHE, C./WOLFRUM, B. (1994), S. 511.
[180] Vgl. RASCHE, C. (1994), S. 148-150; RASCHE, C./WOLFRUM, B. (1994), S. 511.
[181] Vgl. MADOCK, A. (1997), S. 56; BAMBERGER, I./WRONA, T. (1996a), S. 150.

dieser Erkenntnis wird im folgenden Abschnitt der theoretische Bezugsrahmen für die vorliegende Themenstellung erarbeitet.

3.3 Theoretischer Bezugsrahmen

Das Erklärungsinteresse der Neuen Institutionenökonomik besteht in den Ausprägungen realer Institutionen. Risikomanagement und die daraus hervorgehenden Strategien können betrachtet werden als ein System von Normen mit denen der Zweck verfolgt wird, das individuelle Verhalten von Unternehmungen in eine bestimmte Richtung zu steuern, zu strukturieren und auf diese Weise Unsicherheiten zu verringern. Man kann demzufolge davon sprechen, dass Risikomanagement und die daraus hervorgehenden Strategien institutionelle Arrangements sind, über die unter Anwendung institutionenökonomischer Ansätze Aussagen getroffen werden können. Die drei oben dargestellten Ansätze der Neuen Institutionenökonomik vertreten dabei übereinstimmend die Aussage, dass institutionelle Formen in erster Linie aus Effizienzgründen, also anhand des Kostenoptimierungskalküls, geschaffen und gewählt werden[182].

Den Ausgangspunkt für die Formulierung von Aussagen über die vom Unternehmenstyp abhängige Eignung unterschiedlicher Risikosteuerungsstrategien als ein mögliches institutionelles Arrangement bildet die Analyse der Allokation der Verfügungsrechte. Der Nettonutzen einer Ressource verringert sich, je ausgehöhlter die Verfügungsrechte und je höher die Transaktionskosten sind. Im Vergleich des Property-rights-Ansatz, welcher die vorangegangene Aussage postuliert, zum ressourcenbasierten Ansatz und zum Transaktionskostenansatz wird jedoch sichtbar, dass die beiden letzteren Theorien weitergehendere Annahmen als der Property-rights-Ansatz zu Grunde legen und somit als Analyserahmen geeigneter erscheinen.

So ist der Transaktionskostenansatz in der Lage, das Verhalten der Austauschpartner differenzierter und somit mit einer größeren Realitätsnähe darzustellen. Im Rahmen der Argumentation des Transaktionskostenansatzes wird die Höhe der Transaktionskosten von der Charakteristika und der institutionellen Umsetzung der Transaktion bestimmt. Je geringer die Transaktionskosten sind, desto effizienter wird die institutionelle Umsetzung einer Transaktion organisiert und abgewickelt. Die Höhe der Transaktionskosten wird dabei von Ex-ante- und Ex-post-Transaktionskosten bestimmt. Der Transaktionskostenansatz stellt im Rahmen dieser Effizienzbetrachtungen die Kosten der Benutzung des Marktmechanismuses den Kosten der hierarchischen Koordination gegenüber, kann letztere aber nur unbefriedigend theoretisch begründen. Eine gute theoretische Begründung für diese Kosten liefert dafür der Ageny-Ansatz. Trotz unterschiedlicher Schwerpunkte und Begrifflichkeit überschneiden sich Transaktionskosten- und Agency-Ansatz in ihrer Beschreibung der Ausgangssituation. So lässt sich letztendlich jeder Agency-Konflikt als Transaktion interpretieren und somit in den

---

[182] Vgl. SCHMIDT, R. H. (1992), Sp. 1854.

Analyserahmen der Transaktionskostentheorie integrieren[183]. Bei der Analyse beider Kostenarten ist die Höhe der Ageny- und Transaktionskosten jedoch nicht exakt quantifizierbar. Die realisierbaren Tendenzaussagen ermöglichen es dennoch, im Argumentationsrahmen des Transaktionskostenansatzes, Aussagen über relative Effizienzvorteile institutioneller Arrangements und somit über Risikomanagementstrategien zu treffen.

Dennoch kann auch diesem Vorgehen die Kritik, welche an den theoretischen Ansätzen der Neuen Institutionenökonomie geübt wird, nicht erspart bleiben. Das dargestellte Kostenoptimierungsmodell ist unzureichend operrationalisiert und vernachlässigt neben den Kosten weitere entscheidungsrelevante Faktoren, wie dynamische Aspekte und Ressourcen. Dynamische Aspekte, wie aufeinanderfolgende Transaktionen mit sich verändernden Einflussfaktoren, Interdependenzen und Zeiträumen werden von keinem der drei Ansätze berücksichtigt. Aufgrund der faktischen Bedeutung dieser empirisch beobachtbaren Phänomene kann das bisherige Modell nur eine Partialerklärung liefern, als ausschließliche Entscheidungsgrundlage für anzuwendende Risikomanagementstrategien kann es aber nicht genutzt werden. Um zu einer fundierten Beurteilung der ökonomischen Vorteilhaftigkeit von Risikomanagementstrategien für unterschiedliche Unternehmenstypen zu gelangen, ist zusätzlich zu den Effizienzgesichtspunkten die Berücksichtigung von individuellen Eigenschaften und Ressourcenausstattungen der Unternehmenstypen notwendig. Deshalb muss das bisher skizzierte Kostenoptimierungsmodell auf Basis des Transaktionskostenansatzes nachfolgend durch einen Ansatz aus der Forschungsrichtung des strategischen Managements erweitert werden, bei dem Fragestellungen der dynamischen Entwicklung von Erfolgspotenzialen und strategische Effektivität von Ressourcen im Mittelpunkt stehen. Mit Hilfe des ressourcenbasierten Ansatzes lassen sich einige der oben aufgezeigten Defizite der ökonomischen Organisationsforschung kompensieren[184]. Die einzigartige Ressourcenausstattung eines Unternehmens führt idealerweise zur Erzielung von Effektivitätsvorteilen, welche neben die neoinstitutionell abgeleiteten relativen Effizienzvorteile treten. Die beiden Vorteilsarten können dabei nicht unabhängig voneinander betrachtet werden, da anzunehmen ist, dass sie sich gegenseitig beeinflussen. So hängen die durchführbaren Transaktionen von der Ressourcenausstattung eines Unternehmens ab und umgekehrt beeinflussen die Transaktionen die dynamische Entwicklung der Ressourcenausstattung. Gleiches gilt auch für die Wirkungszusammenhänge zwischen Agencykonflikten und Ressourcenausstattung. Eine ausschließliche Bewertung geeigneter Risikomanagementstrategien allein anhand der Ressourcenausstattung eines Unternehmens ist hingegen nicht möglich. Es ist zwar möglich eine Aussage darüber zu treffen, mit welchen spezifischen Ressourcen ein bestimmtes Ziel zu erreichen ist,

---

[183] Vgl. EBERS, M./GOTSCH, W. (2002), S. 250.
[184] Zu beispielhaften Anregungen für eine Ergänzung der Ansätze der Neuen Institutionenökonomik um Elemente aus dem ressourcenorientierten Ansatz des strategischen Managements vgl. OLIVER, C. (1997), S. 697-713; CONNER, K. R. (1991), S. 139-143; TALLMANN, S. B. (1991), S. 69-82.

doch erst die Einbeziehung von Transaktionskosten erlaubt eine Aussage darüber, wie die Erreichung dieses Zieles bei minimalen Kosten realisiert werden kann.

Hinsichtlich des zentralen Untersuchungsgegenstandes der vorliegenden Arbeit ist somit von einer Beeinflussung durch beide Vorteilsarten auszugehen, d. h. unter Berücksichtigung von effizienz- als auch von effektivitätsorientierten Fragestellungen, kann ein abgerundeteres Bild bei der Beurteilung von unternehmensindividuellen Risikomanagementstrategien entstehen. Den theoretischen Bezugsrahmen bilden somit die Argumentationsrahmen des Transaktionskostenansatzes und des ressourcenbasierten Ansatzes.

Im weiteren Verlauf der hier zu bearbeitenden Themenstellung wird der erarbeitete theoretische Bezugsrahmen genutzt, um in Kapitel 7 die Ergebnisse aus den Interviews mit Praktikern zu diskutieren, einzuordnen und innerhalb betriebswirtschaftlicher Theorien zu überprüfen. Darauf aufbauend werden abschließende Thesen formuliert, die sich aus den praktischen und theoretischen Erkenntnissen ableiten lassen.

3.4 Zusammenfassung Teil A

Das unternehmerische Handeln ist stets mit Risiken verbunden, welche als positive oder negative Abweichung von den Unternehmenszielen aufgrund unvollkommener Informationen auftreten. Um in einem zunehmend dynamischer werdenden Wirtschaftsumfeld der Risikoaversion von Unternehmen Rechnung zu tragen und zusätzliche Unternehmenswertsteigerungen generieren zu können, müssen die Risiken aktiv analysiert, gesteuert und überwacht werden. Im Rahmen dieser einzelnen Stufen des Risikomanagementprozesses sollte zur Erreichung einer angestrebten Risiko-Rendite-Position ein Management des Gesamtrisikos auf Unternehmensebene erfolgen. Ein Unternehmen hat dabei das Verringern, Tragen oder Übernehmen von Risiken als mögliche Strategien zur Verfügung, um die gewünschte Risiko-Rendite-Position zu erreichen. Um Aussagen über die Realisierbarkeit der einzelnen Strategien in Abhängigkeit von den unterschiedlichen Unternehmenstypen der Energiewirtschaft treffen zu können, muss eine Bewertung der Strategien anhand von Effektivitäts- und Effizienzkriterien im theoretischen Bezugsrahmen des ressourcenbasierten Ansatzes und des Transaktionskostenansatzes erfolgen. Dies gilt insbesondere für die Strategien zur Steuerung wetterinduzierter Risiken und ihrer Auswirkungen in der Energiewirtschaft. Im nachfolgende Teil der hier zu bearbeitenden Themenstellung wird deshalb auf diese Inhalte detailliert eingegangen.

Teil B: Wetterinduzierte Risiken und ihre Auswirkungen in der Energiewirtschaft

4. Markt für wetterinduzierte Risiken

Aufbauend auf die grundlegenden Definitionen und Ausführungen des vorangegangenen Abschnittes werden in diesem Kapitel nun Wetterrisiken und ihre bedeutendsten Transferinstrumente, die Wetterderivate beleuchtet. Die nachfolgenden Ausführungen bilden somit die Grundlage der Analyse von wetterinduzierten Risiken in der Energiewirtschaft, welche im anschließenden Kapitel durchgeführt wird.

4.1 Wetterinduzierte Risiken

Innerhalb der grundlegenden Betrachtungen von wetterinduzierten Risiken erfolgt zum einen die notwendigen Begriffsbestimmungen zum anderen wird die Einordnung und das Management wetterinduzierter Risiken dargestellt.

4.1.1 Definition des Wetterrisikos

Wetter sind die täglichen Ausprägungen von sich kontinuierlich ändernden atmosphärischen Bedingungen an einem Ort[185]. Es ist in seiner Gesamtheit eine komplexe Mischung verschiedenster Wetterparameter, wie bspw. Luftdruck, Temperatur, Niederschlag, Wind und Sonneneinstrahlungsintensität, deren Schwankungen auf einer Tag-zu-Tag Basis durch eine hohe Zufälligkeit gekennzeichnet sind. Wetter wird dabei grundsätzlich durch die vorherrschenden klimatischen Verhältnisse geprägt[186]. Klima ist die Variation der örtlichen atmosphärischen Bedingungen über einen größeren Zeitraum, also die statistische Zusammenfassung der örtlichen Wetterverhältnisse – der Durchschnitt und die Volatilität des Wetters[187].

Im Zeitverlauf können Wettervariablen vereinzelt auch in extremen Abweichungen von den durchschnittlichen klimatischen Verhältnissen auftreten. Diese Abweichungen werden als Katastrophen bezeichnet und sind z.B. Hochwasserfluten oder Wirbelstürme. Katastrophen sind im Gegensatz zu den üblichen Wetterausprägungen durch eine geringe Eintrittswahrscheinlichkeit und hohe Schadenswirkungen gekennzeichnet. In ihrer Wirkung können sie jedoch die Existenz von Unternehmen oder einzelner Unternehmensteile gefährden. Die nicht-extremen Schwankungen der Wettervariablen sind hingegen für Unternehmen nicht von existenzieller Natur, treten dafür aber regelmäßig

---

[185] DUTTON, J./DISCHEL, B. (2001), S. 30.
[186] SMITH, S. (2002), S. 68.
[187] DUTTON, J./DISCHEL, B. (2001), S. 30.

auf. Gegen Katastrophenrisiken schützen sich Unternehmen in der Regel über den traditionellen Versicherungsmarkt. Im weiteren Verlauf dieser Themenstellung werden Katastrophenrisiken deshalb von der Betrachtung ausgenommen. Wetterinduzierte Risiken im Sinne dieser Themenstellung werden somit beschrieben als:

das finanzielle Risiko einer Unternehmung, welches durch die regelmäßigen Schwankungen unterschiedlicher Wetterparameter verursacht wird. Das Risiko ist grundsätzlich nicht katastropheninduziert und beeinflusst somit die Profitabilität einer Ressource und nicht deren Existenz[188].

4.1.2 Einordnung und Management wetterinduzierter Risiken

Aufbauend auf die grundsätzliche Definition sind die wetterinduzierten Risiken im nächsten Abschnitt zu analysieren und in die unterschiedlichen Risikokategorien einzuordnen. Des weiteren ist im Anschluss zu untersuchen, inwieweit die Notwendigkeit des Managements von wetterinduzierten Risiken gegeben ist.

4.1.2.1 Einordnung wetterinduzierter Risiken

Wetterinduzierte Risiken sind exogene Einflüsse deren Eintrittswahrscheinlichkeiten durch die Unternehmen nicht beeinflusst werden können. Die Einordnung der Wetterisiken in die entsprechenden Risikograde ist von der individuellen Risikopräferenz und -struktur eines Unternehmens abhängig[189]. Grundsätzlich lässt sich jedoch die Aussage treffen, dass die unternehmensindividuellen, wetterinduzierten Risiken Ausprägungen annehmen können, um *jedem Risikograd* zugeordnet werden zu können. So ist es einerseits vorstellbar, dass Wettereinflüsse keinen oder nur einen geringen Einfluss auf die Risikostruktur eines Unternehmens haben und somit ein vernachlässigbares Risiko darstellen. Andererseits können die gleichen Wettereinflüsse für andere Unternehmen so erheblich sein, dass das daraus resultierende Risiko nicht mehr annehmbar ist und aktiv gesteuert werden muss.

Obwohl die Ausprägungen der einzelnen Wetterparameter sehr unsicher sind und somit unvollkommene Informationen vorliegen, kann im Zusammenhang mit wetterinduzierten Risiken nicht auf eine komplexe Problemsituation geschlossen werden. Im Rahmen der Analyse von Wettereinflüssen sind die damit einhergehenden Auswirkungen auf die Unternehmen relativ genau bestimm- und quantifizierbar. Da hinsichtlich der Wirkungszusammenhänge keine hohe Unvollkommenheit der Informationen vorliegt, haben wetterinduzierte Risiken eher operativen statt strategischen Charakter. In Folge der unmittelbaren Wirkung auf die finanzwirtschaftlichen Erfolgsgrößen eines Unternehmens, sind wetterinduzierte Risiken den *finanzwirtschaftlichen Risiken* zuzurechnen.

---

[188] Vgl. BANKS, E. (2002), S. 3.
[189] Siehe auch Abschnitt 2.1.2.2.

Da Wetter definitorisch tägliche Ausprägungen unterschiedlicher Faktoren ist, haben Wetterrisiken einen *kurzfristigen Wirkungshorizont*. Sie können dabei positive wie negative Auswirkungen auf den Unternehmenserfolg haben und dabei sowohl Umsätze als auch Kosten von Unternehmen beeinflussen. In Abhängigkeit der Anzahl der auf ein Unternehmen einflussnehmenden Wetterparameter, können die wetterinduzierten Risiken dabei die Dimension eines *Einzel- oder Gesamtrisikos* annehmen.

4.1.2.2 Management wetterinduzierter Risiken

Wetterinduzierte Risiken sind ein Teilbereich der gesamten Risikostruktur einer Unternehmung. Im Sinne eines umfassenden Risikomanagements ist deshalb das Management von wetterinduzierten Risiken in das betriebliche Risiko-managementsystem einzugliedern. Dabei muss das Wetterrisikomanagement einen Wertbeitrag zur Erreichung der übergeordneten Ziele leisten, also die Sicherung der Unternehmensexistenz und des künftigen Unternehmenserfolges sowie die Minimierung der Risikokosten unterstützen. Es hat insofern die Aufgabe durch Optimierung der vorliegenden Risikostruktur die vorteilhafteste Risiko-Rendite-Konstellation zu realisieren, um im Sinne des Shareholder Value Unternehmenswert zu generieren. Im Prozess des Wetterrisikomanagementprozesses muss deshalb festgelegt werden, welche Risiken transferiert, getragen oder zusätzlich übernommen und mittels welcher Instrumente diese Strategien umgesetzt werden sollen. In Anlehnung an die allgemeine Definition des Risikomanagements ist Management von wetterinduzierten Risiken:

die in das Risikomanagementsystem der Unternehmung eingebettete Gesamtheit aller Methoden, Systeme und Maßnahmen zur Optimierung der Risiko-Rendite-Position der Wetterrisikostruktur im Sinne einer Unternehmenswertsteigerung.

Die für das Management von wetterinduzierten Risiken derzeit wichtigste und innovativste Methode ist das finanzwirtschaftliche Risikomanagement mit Wetterderivaten. Dieses Risikosteuerungsinstrument wird nachfolgend eingehender beschrieben.

4.2 Wetterderivate – Instrumente der Risikosteuerung

Wetterinduzierte Risiken wurden von Energieversorgungsunternehmen bisher als Bestandteil der gewöhnlichen Geschäftstätigkeit betrachtet oder im Rahmen operativer Maßnahmen in seinen Auswirkungen begrenzt[190]. In Folge der Liberalisierung der amerikanischen Energiewirtschaft suchten die dort tätigen Unternehmen nach Möglichkeiten, ihre Wettbewerbsfähigkeit zu verbessern und die wetterbedingten Einflüsse auf ihre Geschäftstätigkeit zu minimieren. Das Resultat war die Entwicklung eines finanzwirtschaftlichen Instrumentes mit welchem Wettereinflüsse gezielt in ihren Wirkungen auf die Geschäftstätigkeiten der Unternehmen gesteuert werden können. Diese Wetterderivate sind derzeit die wichtigsten Instrumente zur Steuerung und zum Trans-

---

[190] So gehen bspw. seit vielen Jahren Wetterinformationen in die Lastprognosen und Kraftwerkseinsatzplanungen von Energieversorgungsunternehmen ein.

fer von wetterinduzierten Risiken. Sie ermöglichen die Verbriefung und den Transfer über den Kapitalmarkt von Risiken, die aus der Unsicherheit über das Wetter resultieren[191].

4.2.1 Einführung und Grundlagen

Im Rahmen der grundlegenden Darstellungen zu Wetterderivaten erfolgt nach einer allgemeinen Begriffsbestimmung die Untersuchung der existierenden Underlyings und der Struktur von Wetterderivaten.

4.2.1.1 Begriffsbestimmung

Derivate bzw. derivative Finanztitel dokumentieren ein Vertragsverhältnis zwischen zwei Parteien und sind aus einem anderen, als Underlying fungierenden Finanzprodukt abgeleitete Finanzinstrumente. Der Wert eines Derivativs hängt somit unmittelbar von dem Wert des Underlyings ab[192]. Die zugrundeliegenden Werte bzw. Underlyings können u.a. Aktien, festverzinsliche Wertpapiere, Devisen oder Indizes sein.

Wetterderivate zeichnen sich gegenüber herkömmlichen Derivaten dadurch aus, dass ihre Underlyings keine Produkte von Finanz- oder Gütermärkten sind. Bei den zugrundeliegenden Werten handelt es sich vielmehr um Wetterparameter wie Temperatur, Niederschlag, Sonnenstunden oder Windgeschwindigkeit. Diese Wetterparameter sind keine physischen Assets und somit weder handel-, lager- oder replizierbar und haben demzufolge auch keinen Preis. Dies hat zur Folge, dass es im Gegensatz zu herkömmlichen Derivaten keinen Markt für diese wetterbasierten Underlyings gibt und somit auch kein Kurswert festgesetzt werden kann, an dem sich der Derivatemarkt orientiert. Der Wert eines Wetterderivates ist dadurch nicht auf direktem Weg anhand von Kursen eines Kassamarktes feststellbar. Analog zu Derivaten auf andere synthetische Produkte[193] werden deshalb bei Wetterderivaten zweckmäßig konstruierte Indizes zugrundegelegt, welche die Entwicklung der Wetterparameter über einen festgelegten Zeitraum widerspiegeln[194]. Diese Indizes werden als Basis für die Bewertung und die Zahlungswirkungen von Wetterderivaten eingesetzt. Die Indexabhängigkeit der Wetterderivate bedingt, dass die Abwicklung von Wetterderivaten nur über einen Barausgleich zwischen den beiden Vertragsparteien realisiert werden kann.

---

[191] Vgl. SCHIRM, A. (2000), S. 1.
[192] Vgl. RUDOLPH, B. (1995), S. 5.
[193] Bspw. DAX, EuroStoxx etc.
[194] Vgl. ELLITHORPE, D./PUTNAM, S. (1999), S. 171.

4.2.1.2 Underlyings

Es gibt eine Vielzahl von Wetterindizes, welche von staatlichen oder privaten meteorologischen Instituten[195] zur Verfügung gestellt werden. Dabei ist es für deren Gebrauch als Basis für Wetterderivate wichtig, dass die indexbildenden Messdaten der Wetterparameter transparent, einfach zu ermitteln und von Dritten unabhängig überprüfbar sind[196]. Für die Unternehmen der Energiewirtschaft sind bisher primär Temperaturindizes und mit wesentlich geringerer Bedeutung Indizes für Niederschlag und Windgeschwindigkeit wichtig[197]. Transaktionen unter Zugrundelegung von Temperaturindizes stellen ca. 96% des bisher getätigten Transaktionsvolumens dar[198]. Die Gründe hierfür sind insbesondere darin zu sehen, dass die Energieunternehmen als Initiatoren des Wetterderivatenmarktes über eine hohe Absatzsensitivität in Abhängigkeit von Temperaturschwankungen verfügen. In Studien wurde gezeigt, dass Korrelationen von bis zu 97% zwischen der Außentemperatur und dem Strom- und Gasabsatz einzelner Energieversorgungsunternehmen bestehen[199]. Des weiteren ist die Temperatur im Vergleich zu anderen Wetterparametern einfach handhabbar. Sie ist eine kontinuierlich auftretende Wettervariable und weist auch über größere Gebiete eine hohe Korrelation auf[200], was ein geringes Basisrisiko zur Folge hat[201].

Um den Zusammenhang zwischen Außentemperatur und Absatzmenge eines Energieversorgers quantifizieren zu können, wurden zwei Indizes auf Basis des Konzeptes der Degree Days (Gradtage) entwickelt. Methodisch wird hierbei die Tagesdurchschnittstemperatur[202] mit dem Referenzwert 18,3 °C (65° F) verglichen. Je stärker die Tagesdurchschnittstemperatur von dem Referenzwert abweicht, desto größer sind die Schwankungen der Energienachfrage. Heating-Degree-Days (HDD) geben an, um wieviel Grad Celsius die durchschnittliche Tagestemperatur den Referenzwert unterschreitet. Die Anzahl der HDDs ist umso höher, je niedriger die Tagesdurchschnittstemperatur ist. Für Cooling Degree Days (CDDs) ergibt sich ein umgekehrter Zusammenhang. CDDs geben somit Auskunft inwieweit die Tagesdurchschnittstemperatur den Referenzwert überschreitet. Je höher die Tagesdurchschnittstemperatur ist, desto größer ist auch die Anzahl der CDDs. Der Referenzwert von 18,3°C (65°F) ist der anhand historischer Daten ermittelte Temperaturwert dem der geringste Stromabsatz gegenübersteht.

---

[195] Für Beispiele siehe Abschnitt 4.2.3.3.
[196] Vgl. RAMAMURTIE, S. (1999), S. 174.
[197] Vgl. DISCHEL, B. (1998a), S. 3.
[198] Vgl. DEUTSCHE BANK RESEARCH (2003), S. 3.
[199] Vgl. CLEMMONS, L./HRGOVIC, J. H./KAMINSKI, V. (1999), S. 181.
[200] Vgl. DISCHEL, B. (1999), S. 183.
[201] Zum Thema Basisrisiko siehe Abschnitt 5.1.3.1.
[202] Die durchschnittliche Tagestemperatur ergibt sich als Durchschnitt von maximaler und minimaler Tagestemperatur.

Wie *Abbildung 4-1* zeigt, steigt oberhalb des Wertes der Stromabsatz aufgrund der benötigten Energie zum Kühlen von Gebäuden durch Klimaanlagen. Sinkt die Außentemperatur unterhalb des Referenzwertes wird dies als Auslöser für das Einschalten der Heizung angesehen[203]. Jeder Tageswert an HDD oder CDD während der Vertragsdauer hat einen Einfluss auf die Auszahlung des Derivats. So ergibt sich der Auszahlungsbetrag eines Degree-Day-basierten Derivats nicht anhand eines spezifischen Wertes am Auszahlungszeitpunkt, sondern aus den kumulierten Werten der Vertragsdauer[204].

Abb. 4-1: Stromabsatz in Abhängigkeit von der Außentemperatur

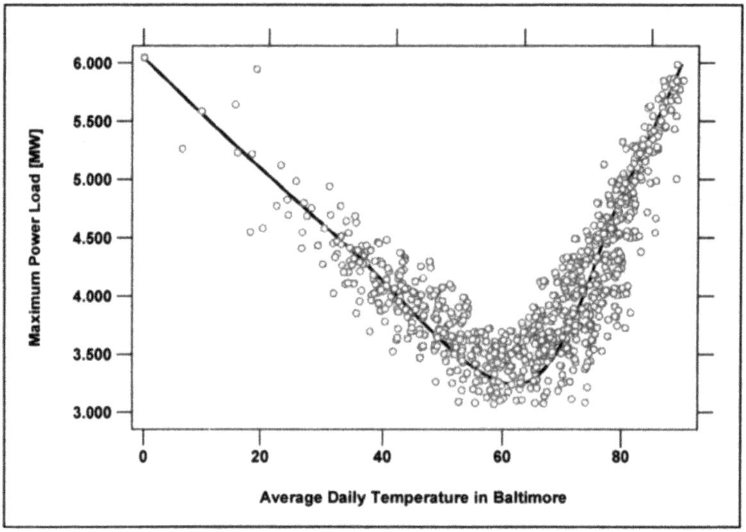

Quelle: BECKER, H./BRACHT. A. (1999), S. 10.

Neben den dargestellten kumulierten Degree-Days gibt es weitere Degree-Day Indizes, z.B. auf Basis von Maximal- und Minimal- oder Durchschnittstemperatur. Erstere haben einen Payout, wenn Extremtemperaturen, welche in besondere Risiken resultieren[205], während einer bestimmten Periode überschritten werden. Indizes auf Basis von Durchschnittstemperaturen ermitteln den Mittelwert der Tagesdurchschnittstemperaturen in einem festgelegten Zeitintervall. Diese Indizes sind aufgrund der im Vergleich

---

[203] Vgl. ELLITHORPE, D./PUTNAM, S. (2000), S. 22.
[204] Vgl. ZENG, L. (2000), S. 73.
[205] Vgl. SAUNDERSON, E. (o. J.), S. 1.

zur USA geringeren Temperaturschwankungen für europäische Wetterverhältnisse besser geeignet als HDD oder CDD Indizes[206].

Neben den beschriebenen Temperatur-Indizes gibt es weitere Wetterparameter, die als Grundlage für Wetterderivate genutzt werden, obgleich ihre Bedeutung zur Zeit noch gering ist. Neben der Erfassung von Niederschlag und Windgeschwindigkeit, die beide an Bedeutung zunehmen, sind dies insbesondere die gemessenen Sonnenstunden pro Tag oder die durchschnittliche Luftfeuchtigkeit eines Tages[207]. Im Gegensatz zur Temperatur sind Niederschlag und Windgeschwindigkeit diskrete Variablen, die selbst in kleinen oder nahe beieinander gelegenen Gebieten eine niedrigere Korrelation aufweisen[208]. Für Unternehmen die sich mittels eines Derivates auf Basis dieser Wetterparameter gegen Risiken absichern wollen, bedeutet dies ein erhöhtes Basisrisiko. Grundsätzlich ist die Bildung unterschiedlichster Indizes möglich[209]. Ausschlaggebend sind stets die Risikostruktur des sich absichernden Unternehmens und die Möglichkeiten zur Messung der relevanten Wetterparameter.

4.2.1.3 Struktur von Wetterderivaten

Ein Wetterderivat wird durch sieben Parameter gekennzeichnet. Die Parameter des Vertrages können unterschiedliche Variablenausprägungen annehmen. Als Vertragstyp kommen grundsätzlich alle Derivateformen in Betracht, wie bspw. Optionen, Swaps, Collars etc.[210]. Das Underlying bildet einer der oben dargestellten Wetterindizes. Der gewünschte Wetterindex wird dann anhand der Messdaten von vorab festgelegten Wetterstationen ermittelt, welche sich durch WBAN- oder WMO-ID-Nummern identifizieren lassen[211]. Die Höhe des Strike, der den Wert kennzeichnet, ab dem ein Vertragspartner dem anderen die festgelegten Ausgleichszahlungen leistet, richtet sich nach den Bedürfnissen der Vertragspartner. Bei der Laufzeit der Wetterkontrakte haben sich monatliche und saisonale Betrachtungszeiträume durchgesetzt. Die Wintersaison beläuft sich von November bis März und die, insbesondere in den USA ausgeprägte Sommersaison von Mai bis September[212]. Die Kontraktgröße wird durch die Parameter Tick Size bzw. Auszahlungsbetrag pro Indexpunkt sowie den Cap bzw. die Obergrenze gekennzeichnet. Die Tick Size ist der monetäre Betrag, der einem Indexpunkt zugeordnet ist. Der Cap repräsentiert den maximal möglichen Auszahlungs-

---

[206] Die Londoner Börse LIFFE nutzt dieses Konzept für die Bereitstellung von monatlichen und saisonalen Indizes.
[207] Vgl. CLEMMONS, L./HRGOVIC, J. H./KAMINSKI, V. (1999), S. 179.
[208] Vgl. GIBBS, M. (2000), S. 29.
[209] Für eine ausführliche Darstellung u.a. MEYER, N. (2002), S. 61-66.
[210] Für die Beschreibung der Instrumente und ihrer Anwendung im Rahmen der Strategieumsetzung siehe Abschnitt 7.3.
[211] WERNER, E. (2000), S. 1750.
[212] Vgl. GEMAN, H. (1999), S. 197.

betrag des Wetterderivats und wird entweder in Indexpunkten oder in Geldbeträgen angegeben[213].

Abb. 4-2: Beispiel eines Wetterderivats

Kontraktparameter	Wert
Typ	Put-Option
Underlying	Kumulierte HDD
Strike	2.850
Laufzeit	1. November 2001 - 31. März 2002
Ort	Anytown, Wetterstation ID # 12345
Kontraktgröße	Tick size = 5.000 USD pro Degree-Day Cap = 3,75 Mio. USD

Quelle: Eigene Darstellung

Die grundsätzliche Vereinbarung von Caps soll dazu dienen, in dem noch jungen Wetterderivatemarkt potenzielle Marktteilnehmer mit größerer Risikoaversion dazu zu bewegen, Wetterderivate abzuschließen, um mehr Liquidität im Markt zu schaffen[214]. In den USA hat sich auf dem OTC-Markt eine Tick Size von US$ 5.000 pro Degree-Day mit einer Auszahlungsbegrenzung von Mio. US$ 2 etabliert[215], es sind jedoch auch schon Derivate eingesetzt worden, bei denen bis zu US$ 50.000 pro Indexpunkt vereinbart wurden[216]. In der Regel werden fünf Tage nach Abschluss der Vertragsperiode die Auszahlungen geleistet[217].

---

[213] Vgl. ELLITHORPE, D./PUTNAM, S. (2000), S. 22.
[214] Vgl. GEMAN, H. (1999), S. 197.
[215] Vgl. ELLITHORPE, D./PUTNAM, S. (2000), S. 22.
[216] Vgl. RAMAMURTIE, S. (1999), S. 176.
[217] Vgl. CLEMMONS, L./HRGOVIC, J. H./KAMINSKI, V. (1999), S. 181.

4.2.2 Marktstruktur und Marktcharakteristika

Derivative Instrumente im allgemeinen und infolgedessen auch Wetterderivate werden entweder an organisierten Börsen oder ausserbörslich over-the-counter[218], kurz OTC, gehandelt. Der Markt für Wetterderivate startete im Jahr 1997 als OTC-Markt und wurde im September 1999 durch die ersten börsennotierten Kontrakte an der Chicago Mercantile Exchange ergänzt[219].

4.2.2.1 OTC-Markt

OTC-Verträge sind bilaterale Verträge zwischen Anbieter und Nachfrager. Dabei werden die Kontraktdetails individuell zwischen den Vertragsparteien ausgehandelt. Als Verhandlungsgrundlage dienen internationale Standardverträge (ISDA-Verträge[220]). OTC-Produkte sind demnach nicht standardisiert, sie zeichnen sich vielmehr dadurch aus, dass die einzelnen Spezifikationen auf die individuellen Bedürfnisse des Nachfragers (Benutzers) abgestimmt werden. Da es im OTC-Markt keine öffentliche Quelle für Marktinformationen gibt, kontaktieren die Kunden meistens mehrere Anbieter und Händler von Wetterderivaten, um dann aus den erhaltenen Offerten das beste Angebot auszusuchen. Der Handel mit OTC-Produkten zeichnet sich durch eine geringe Marktliquidität aus, verursacht durch den individuellen Zuschnitt und hoher Bedürfnisorientierung, aber auch durch höhere Margen sowie eine gewisse Unsicherheit aufgrund der fehlenden Regulierung und des Gegenparteirisikos. Diese Spezifika führen im Rahmen der Vertragsverhandlungen zu erheblichen Transaktionskosten[221].

Der OTC-Markt kann in Primär- und Sekundärmarkt unterteilt werden. Auf den Primärmarkt agieren hauptsächlich Unternehmen, die durch folgende spezifische Charakteristika gekennzeichnet sind[222]:

- gleichbleibende Wettersensitivität der Kennzahlen Absatz und Cashflow
- typischerweise anlageintensives Geschäftsmodell
- hauptsächliche Nutzung des OTC-Marktes zur Minimierung und zum Transfer der Wetterrisiken auf andere Marktteilnehmer

Eine Transaktion auf dem Primärmarkt führt in der Regel dazu, dass mehrere Transaktionen auf dem Sekundärmarkt folgen, bis alle Marktteilnehmer ihre gewünschte Risi-

---

[218] Sinngemäß über den Bankschalter.
[219] Vgl. EJC ENERGY (1999), S. 53.
[220] International Swaps and Derivatives Association, Inc.
[221] Vgl. NABE, C. A./BORCHERT, J. (1999), S. 204.
[222] Vgl. EJC ENERGY (1999), S. 54.

ko-Rendite-Position erreicht haben[223]. Folgende Merkmale kennzeichnen den Sekundärmarkt[224]:

- Marktteilnehmer sind hauptsächlich Market Maker/Broker und Händler
- Marktwachstum erfolgt in Abhängigkeit von der Bereitstellung von Kapazität und Liquidität durch die Market Maker
- Schnelle Entscheidungsfähigkeit ist Grundvoraussetzungen für die Marktteilnahme

4.2.2.2 Börsenhandel

Börsengehandelte Wetterderivate sind standardisierte Produkte mit spezifizierten Merkmalen[225]. Die Entwicklung der Börsenkontrakte erfolgte in erster Linie, um die Hedgingbedürfnisse des sich entwickelnden OTC-Marktes zu decken. Beide Märkte sollen sich durch ihr Zusammenspiel ergänzen und fördern[226]. Insbesondere für Risikohändler soll somit die Möglichkeit geschaffen werden, hohe Risiken aus dem OTC-Markt aufzuschlüsseln und zu transferieren und dabei die zusätzlichen Vorteile der Börse zu nutzen[227]. So wird das Gegenparteirisiko, welches bei einem OTC-Kontrakt besteht, an der regulierten Börse durch die Einschaltung der Clearingstelle stark reduziert. In einem Insolvenzfall tritt die Börse als Gegenpartei selbst ein, da sie die Garantie der geschlossenen Kontrakte übernimmt. Weitere grundsätzliche Vorteile des Börsenhandels gegenüber dem OTC-Markt sind die erhöhte Preistransparenz, geringere Transaktionskosten und eine normalerweise höhere Marktliquidität. Letzterer Vorteilspunkt ist in der Realität derzeit jedoch noch nicht beobachtbar, wobei auf absehbare Zeit auch keine Änderung zu erwarten ist. Bisher wurde nur eine sehr geringe Anzahl von Kontrakten gehandelt[228] und der beobachtbare Rückzug[229] wichtiger Marktteilnehmer lässt einen rasanten Liquiditätsanstieg nicht erwarten. Dennoch sollten börsengehandelte Wetterderivate zur Umsetzung wertsteigernder Risikostrategien in Energieunternehmen mit Interesse betrachtet werden, da eine effektive und flexible Mengenfixierung von Risiken nur über eine Börse gewährleistet werden kann[230].

---

[223] Vgl. MEYER, N. (2002), S. 115.
[224] Vgl. EJC ENERGY (1999), S. 55.
[225] Zu den Produktspezifikationen vgl. http://www.cme.com/httpwrapper.cfm?wrap=/wrappedpages/clearing/spex/weatherGroup.htm
[226] Vgl. CORREY, M. (2000), S. 39f.
[227] Vgl. KIM, T. (2000), S. 53f.
[228] Vgl. SAUNDERSON, E. (o. J.), S. 1-3.
[229] Vgl. SCLAFANE, S. (1998), S. 9f.
[230] Vgl. NABE, C. A./BORCHERT, J. (1999), S. 204.

4.2.3 Marktteilnehmer

Im vorangegangenen Abschnitt wurden einige Marktteilnehmer erwähnt. Nachfolgend soll im Rahmen einer einheitlichen Einteilung diese Marktteilnehmer detaillierter dargestellt werden.

4.2.3.1 Anbieter von Wetterderivaten

Auf der anbietenden Seite des Wetterrisikomarktes treten verschiedene Unternehmen auf, welche durch ihre weite Palette von Angeboten dem Markt Kapazität, Produkte und Serviceleistungen zur Verfügung stellen. Hauptanbieter von Wetterderivaten sind Energieunternehmen, Versicherungsgesellschaften und Banken.

In dem Bestreben, die Strukturen zu schaffen, um sich gegen Wetterrisiken abzusichern bzw. diese proaktiv zu managen, dominieren insbesondere amerikanische Energieunternehmen die Angebotsseite im Markt für Wetterderivate[231]. Sie liefern dabei sowohl die Marktliquidität als auch Risikolösungen für den amerikanischen, asiatischen und europäischen Markt. Die Aktivitäten der einzelnen Energieunternehmen orientieren sich dabei an den jeweiligen Unternehmenszielen. Einige Unternehmen sichern über kleinere Transaktionen ihr eigenes internes Risiko ab, während andere große Transaktionen und den Aufbau eigener Portfolios bevorzugen[232]. Eine kleine Gruppe von führenden Energieunternehmen agiert als Market Maker, welche Angebot und Nachfrage über eine weite Spanne von globalen Orten handeln[233]. Kleinere Unternehmen hingegen beschränken sich auf die Regionen, in denen sie operative Erfahrungen haben.

Die enormen prognostizierten Wachstumsraten des Wetterrisikomarktes[234] haben sowohl Versicherungs- und Rückversicherungsgesellschaften[235] als auch Banken[236] veranlasst, sich ebenfalls als Anbieter von Wetterderivaten zu engagieren. Für die Versicherungsgesellschaften, welche schon seit Jahrzehnten im wetterbedingten Katastrophenmarkt aktiv sind, ist das Engagement auf dem Wetterrisikomarkt die natürliche Ausweitung ihres Geschäftsmodells. Sie liefern dem Markt dabei hauptsächlich Produkte für den Endnutzer. Die meisten Versicherer agieren im Wetterrisikomarkt im Gleichklang mit ihrem üblichen Versicherungsgeschäft. So nutzen einige durch Kauf und Verkauf von Wetterderivaten die Möglichkeit, ihr Portfolio

---

[231] Beispielhaft sind hier zu nennen Entergy-Koch Trading, Aquilla, Coral Energy, Dynegy, El Paso Energy, Mirant, Sempra Energy Trading, TXU Energy, Centrica, Reliant Energy u.a. für weitere Beispiele vgl. BANKS, E. (2002), S. 55.
[232] Vgl. BANKS, E. (2002), S. 56.
[233] Insbesondere Entergy-Koch Trading.
[234] Siehe beispielhaft DEUTSCHE BANK RESEARCH (2003), S. 6-7.
[235] Beispielhaft sind hier zu nennen Swiss Re, AIG, Transatlantic Re, Zürich Re, Ace Tempest, AXA, AGF u.a. für weitere Beispiele vgl. BANKS, E. (2002), S. 56.
[236] Beispielhaft sind hier zu nennen Société Générale, BNP Paribas, Industrial Bank of Japan, Royal Bank of Scottland, Deutsche Bank, Dresdner Bank, HypoVereinsbank, ABN Amro, Goldman Sachs, JP Morgan Chase u.a. für weitere Beispiele vgl. BANKS, E. (2002), S. 57.

zu diversifizieren[237]. Andere hingegen handeln mit Wetterderivaten und managen ihr Portfolio aktiv.

Banken veranlasst die Aussicht auf ein überproportionales Profitieren bei steigenden Endnutzerzahlen zu Aktivitäten auf dem Wetterrisikomarkt. Ihr Engagement hängt dabei stark von ihren Marketingaktivitäten und ihrer Risikopräferenz ab. Banken mit großer wetterbeeinträchtigter Kundenbasis können Wetterderivate als Marketing Tool und Cross-Selling Produkt benutzen. Grundsätzlich fällt den Banken eine zentrale Rolle für die Weiterentwicklung des Wetterrisikomarktes zu, da sie Zugang zu Kunden mit Absicherungsbedarf hinsichtlich Wetterrisiken haben und über das entsprechende Know How verfügen, Produkte strukturieren und bepreisen zu können[238].

4.2.3.2 Endnutzer von Wetterderivaten

Auf der Nachfrageseite des Wetterrisikomarktes treten Unternehmen verschiedener Branchen auf, bei denen unternehmerische Risiken durch die natürliche Variabilität von Wetterparametern entstehen bzw. sich verändern. Dies sind insbesondere Unternehmen aus der Energie-, Bau- und Landwirtschaft sowie aus der Tourismus- und Nahrungsmittelbranche, aber auch Banken und Versicherungen. Dabei lassen sich die Endnutzer von Wetterderivaten entsprechend ihrer Motivation in die drei Gruppen Hedger, Investoren und Spekulanten unterteilen. Hedger nutzen die Wetterrisikoprodukte, um ihre Erlöse und die Volatilität ihrer Budget zu stabilisieren. Investoren nutzen die Produkte, um die Risiko-Rendite-Position ihrer Portfolios zu ändern und idealerweise zu verbessern. Spekulanten versuchen durch aktiven Handel mit Wetterderivaten Arbitrage- bzw. Spekulationsgewinne zu erzielen. Insbesondere Banken und Versicherungen agieren aufgrund ihres Know Hows und ihres Geschäftsmodells als Investoren und Spekulanten am Wetterrisikomarkt. Wohingegen Unternehmen der Bau- und Landwirtschaft sowie aus der Tourismus- und Nahrungsmittelbranche hauptsächlich als Risikohedger auftreten[239]. Energiewirtschaftliche Unternehmen können hingegen in Abhängigkeit von ihrer Risikostruktur und Ressourcenausstattung alle Möglichkeiten nutzen, auf dem Wetterrisikomarkt zu agieren[240].

Aufgrund der natürlichen Risikoaversion von Unternehmen ist insbesondere in Europa eine einseitige Nachfragestruktur der Endkunden gegeben[241]. Zunehmend treten aber insbesondere große europäische Energieunternehmen auch als Investoren auf, welche die Risiko-Rendite-Position ihres Wetterportfolios aktiv steuern[242]. So sind die ener-

---

[237] Wetterrisiken haben keine Verbindung zu Güter- und Kapitalmärkten. Werden diese Risiken in ein Portfolio integriert, wird durch die negative Korrelation der Risiken im Sinne der Portfoliotheorie eine Risikominderung stattfinden.
[238] Vgl. DENNEY, V. (2002), S. 20f.
[239] Für eine detaillierte Darstellung der Risikoprofile einzelner Branchen und deren Möglichkeiten zur Nutzung von Wetterderivaten vgl. BANKS, E. (2002), S. 67-81.
[240] Siehe Kapitel 7.
[241] MEYER, N. (2002), S. 114.
[242] So z.B. Vattenfall, Centrica, Reliant Energy sowie Überlegungen bei RWE und EON.

giewirtschaftlichen Unternehmen weiterhin die dominierenden Marktakteure. Das Nachfragewachstum seitens anderer Branchen ist immer noch sehr schwach[243].

4.2.3.3 Serviceanbieter und Dienstleister

Als Serviceanbieter und Dienstleister sind insbesondere Broker, Informationsdienste und Beratungsunternehmen von Relevanz. Die Rolle der *Broker* im Wetterrisikomarkt hängt von ihrem Geschäftsmodell ab. Traditionelle OTC-Broker agieren als unabhängige Vermittler zwischen anonym verhandelnden Vertragsparteien[244]. Versicherungsbroker unterstützen die Endkunden bei der Identifizierung und Quantifizierung ihrer Wetterisiken und helfen bei der Erstellung und Implementierung von vermittelten strukturierten Produktlösungen zum Management der wetterinduzierten Risiken[245]. *Informationsdienste* fungieren als Datenprovider für Wetterparameter und stellen somit den kritischen Erfolgsfaktor des Wetterrisikomarktes zur Verfügung. Neben staatlichen Institutionen[246] gibt es ebenfalls eine Vielzahl privater Datenanbieter. *Beratungsunternehmen* bieten ähnliche Serviceleistungen an wie Versicherungsbroker, wie bspw. Risikoanalysen und Risikopricing, ohne jedoch im Anschluss ein bestimmtes Versicherungsprodukt anzubieten[247].

---

[243] Vgl. BOWIE, M. (2001), S. 6.
[244] Z.B. Natsource, Eurobrokers, TFS, BTU Brokers, United Weather, Amerex; weitere Beispiele vgl. BANKS, E. (2002), S. 59.
[245] Z.B. Aon, Marsh, Willis Group; weitere Beispiele vgl. BANKS, E. (2002), S. 60.
[246] In den USA ist das National Oceanic and Atmospheric Administration (NOAA) mit seinen Zweigstellen National Weather Services (NWS) und dem National Climatic Data Center (NCDC). In Deutschland ist das der Deutsche Wetterdienst.
[247] Z.B. E-Acumen, Climate Risk Solutions, Weather Ventures, KPMG, Finanztrainer, ECS; weitere Beispiele vgl. BANKS, E. (2002), S. 63.

5. Wetterinduzierte Risiken in der Energiewirtschaft

Aufbauend auf die grundlegenden Ausführungen zu wetterinduzierten Risiken werden in diesem Kapitel die Spezifika der Energiewirtschaft dargestellt sowie nachfolgend wetterinduzierte Risiken von Energieunternehmen und die unternehmerischen Optionen zu deren Steuerung dargelegt und analysiert. Aufgrund der sehr unterschiedlichen Charakteristika der einzelnen nationale Energiewirtschaften erfolgt in der Analyse eine Fokussierung auf die deutsche Energiewirtschaft, um einen einheitlichen und bearbeitbaren Analyserahmen nutzen zu können.

5.1 Merkmale der Energiewirtschaft

Energie in seinen unterschiedlichen Formen ist ein essentieller Produktionsfaktor für jede Volkswirtschaft, der nicht gleichwertig durch andere Produktionsfaktoren substituiert werden kann. Die Energiewirtschaft ist der Industriezweig, welcher für die gesamte Volkswirtschaft diesen Produktionsfaktor zur Verfügung stellt bzw. nutzbar macht und somit unverzichtbare Vorleistungen für den Wirtschaftskreislauf erbringt[248].

5.1.1 Energiemärkte

Die unterschiedlichen Energiemärkte[249] einer Volkswirtschaft sind sehr individuell und in ihren Wechselwirkungen von Angebot und Nachfrage sehr komplex. Sie sind mit anderen Märkten, wie bspw. Finanzmärkten nicht vergleichbar und nur schwer mit den idealtypischen betriebswirtschaftlichen Modellen zu erklären[250]. Die auf den Energiemärkten agierenden Unternehmen wandeln Primärenergieträger unter Anwendung geeigneter Produktionstechniken in unterschiedliche Formen von End- und Nutzenergie (Sekundärenergie) um und stellen diese ständig an den benötigten Stellen in der jeweils geforderten Höhe oder Menge einer Volkswirtschaft zur Verfügung. Diese Versorgungssicherheit wird aufgrund ihrer Bedeutung und Notwendigkeit für eine Volkswirtschaft als ein eigenständiges Gut betrachtet. Die für die Gewährleistung der Versorgungssicherheit notwendigen Investitionen sind in der Regel sehr spezifisch, da sie lange Planungs- und Nutzungszeiträume sowie eine hohe lokale Kapitalbindung erfordern[251]. Dies hatte zur Folge, dass in Teilbereichen der Energiewirtschaft natürliche Monopole einzelner Unternehmen entstanden sind, welche nun in Folge der stattgefundenen Liberalisierung der Energiewirtschaft sukzessive aufgebrochen werden.

---

[248] Vgl. HENSING, I./PFAFFENBERGER, W./STRÖBELE, W. (1998), S. 16.
[249] Die Differenzierung in einzelne Energiemärkte erfolgt in der Regel anhand der unterschiedlichen Primärenergieträger, wie bspw. Kohle, Erdgas, elektrische Energie usw. Vgl. dazu u.a. HENSING, I./PFAFFENBERGER, W./STRÖBELE, W. (1998), S. 50f.
[250] Vgl. PILIPOVIC, D. (1998), S. 3.
[251] Vgl. HENSING, I./PFAFFENBERGER, W./STRÖBELE, W. (1998), S. 16.

Die von einer industriell entwickelten Volkswirtschaft genutzten Formen der End- und Nutzenergie sind hauptsächlich Elektrizität, Erdgas, Erdöl, Fernwärme[252] sowie Kohle. Diese Energieformen werden von Energieunternehmen für die Volkswirtschaft durch Umwandlung, Veredlung oder Vertrieb der Primärenergieträger Stein- und Braunkohle, sonstiger fester Brennstoffe, Erdöl, Ergas sowie Kern- und regenerativer Energien nutzbar gemacht[253]. Betrachtet man den Prozess der Energiegewinnung und –bereitstellung auf den einzelnen Energiemärkten, so ist festzustellen, dass Wetterparameter sowohl die Inputfaktoren der Erzeugung als auch die Nachfrage nach Sekundärenergie beeinflussen können und somit Risiken entstehen lassen.

Die wetterinduzierten Risiken der für die Energieerzeugung als Inputfaktoren genutzten Primärenergieträger Kernenergie, Kohle, Erdöl und Erdgas haben in der Regel Katastrophencharakter[254] und scheiden deshalb im Sinne der vorangegangenen Definition[255] für eine Bearbeitung innerhalb der vorliegenden Themenstellung aus. Einzig die Erzeugung von Elektrizität auf Basis regenerativer Energien wird von wetterinduzierten Risiken beeinflusst[256].

Bei der Nachfrage nach Nutzenergie ist festzustellen, dass diese bei allen oben erwähnten Energieträgern, außer Kohle, von Schwankungen einzelner oder mehrerer Wetterparameter beeinflusst wird. Insbesondere gilt dies für den Elektrizitäts- und Gasabsatz energiewirtschaftlicher Unternehmen mit einer Korrelation zur Außentemperatur von bis zu 97%[257]. Aber auch Erdöl, in seiner Verwendung als Heizöl sowie Fernwärme unterliegen Nachfrageschwankungen in Abhängigkeit von der Temperatur. Technische Besonderheiten der Versorgungsprozesse von Elektrizität, Erdgas und Fernwärme verstärken und komplizieren zudem die Wirkungen der Wetterparameter, so dass für viele Energieunternehmen ein signifikantes wetterinduziertes Volumenrisiko gegeben ist.

5.1.2 Technische Merkmale der Versorgungsprozesse

Die zur Gewährleistung der volkswirtschaftlichen Versorgungssicherheit zu realisierenden energiewirtschaftlichen Prozesse zeichnen sich durch technische Merkmale aus, die aufgrund physikalischer Eigenschaften der verschiedenen Energieträger erforderlich sind. Die drei Energieträger Elektrizität, Erdgas und Fernwärme sollen deshalb nachfolgend hinsichtlich der technischen Merkmale: fehlende Speicherfähigkeit, fehlende Lieferfristen und Leitungsgebundenheit untersucht werden.

---

[252] Unter Fernwärme wird hier Prozesswärme für die Industrie und Niedertemperaturwärme für Haushaltskunden subsummiert.
[253] Vgl. HENSING, I./PFAFFENBERGER, W./STRÖBELE, W. (1998), S. 20.
[254] Vgl. RAMAMURTIE, S. (1999), S. 174.
[255] Vgl. Abschnitt 4.1.1.
[256] Für eine detaillierte Darstellung siehe Abschnitt 5.2.1.1.
[257] Vgl. CLEMMONS, L./HRGOVIC, J. H./KAMINSKI, V. (1999), S. 181.

- *Fehlende Speicherfähigkeit:* Das zentrale produktionstechnische Merkmal verwendungsreifer elektrischer Energie und Fernwärme ist die Nicht-Speicherfähigkeit zu ökonomisch sinnvollen Konditionen[258]. Eine kompensatorische Lagerhaltung ist nicht praktikabel. In nennenswertem Umfang ist lediglich die Überführung elektrischer Energie in andere Energiepotenziale teilweise wirtschaftlich sinnvoll[259]. Im Gegensatz dazu ist Erdgas speicherfähig. Jedoch sind die Lagerkapazitäten im Vergleich zum Bedarf der Volkswirtschaft mit 19,5%[260] gering und nicht homogen im Markt auf alle Energieunternehmen verteilt[261]. Als Resultat sehen sich insbesondere die Unternehmen auf der Regional- und Ortsgasstufe, welche die Versorgung der Endkunden betreiben, wetterinduzierten Risiken direkt ausgesetzt.

- *Fehlende Lieferfristen*[262]: Als nicht speicherfähige Produkte müssen bei elektrischer Energie und Fernwärme die Erzeugung und der Verbrauch zeitgleich erfolgen. Eine Entkopplung und zeitliche Verschiebung von Produktion und Verbrauch ist praktisch nicht möglich, da die fehlende Speicherfähigkeit keine Bildung von Lagern zulässt[263]. Dadurch entfällt eine mögliche Pufferung, welche Engpässe bei Produktion und Übertragung oder bei Nachfrageschwankungen glätten könnte. Daraus resultieren für die Erhaltung der Stabilität der Transportnetze die technischen Notwendigkeiten, Angebotskapazitäten so zu bemessen, dass einerseits keine Engpässe entstehen und anderseits, ein Überangebot zu vermeiden. Trotz der Speicherfähigkeit des Energieträgers Erdgas muss auch hier von einer Zeitgleichheit von Angebot und Nachfrage ausgegangen werden. Erdgas ist über lange Strecken und in großem Umfang ebenfalls nur über Leitungen ökonomisch sinnvoll transportierbar[264]. Da Nachfrageschwankungen nicht über die Nutzung der Speicherkapazitäten im vollen Umfang kompensierbar sind und die Transportnetze zur Erhaltung der Versorgungssicherheit ständig stabil gehalten werden müssen, ist deshalb auch hier von einer Angebots- und Nachfragezeitgleichheit auszugehen.

- *Leitungsgebundenheit:* Elektrische Energie, Fernwärme und Erdgas können nur über spezifische Transport- und Verteilungsnetze zielgerichtet übertragen werden[265].

---

[258] Vgl. NABE, C. A./BORCHERT, J. (1999), S. 204.
[259] Zu nennen ist hier vor allem die Pumpspeicherung, d.h. die Schaffung eines Energiepotenzials in Form eines hochgelegenen Wasserreservoirs. Als Sonderformen existieren daneben Speicherung über Dampf, Druckluft, Schwungmassen, Kondensatoren. Vgl. WILHELM, G. (1997), S. 10f; MACKENTHUN, W./MARESKE, A. (1994), S. 313.
[260] Prozentualer Anteil des Arbeitsspeichervolumens im Vergleich zum Gesamtverbrauch in Deutschland 2001. Vgl. SEDLACEK, R. (2002), S. 499.
[261] So verfügen im Jahr 2001 5 Unternehmen über 78,5% des gesamten Arbeitsspeichervolumens in Deutschland. BEB Erdgas und Erdöl GmbH 14,8%, Ruhrgas AG 17,1%, RWE 12,0%, Verbundnetz Gas AG 12,6%, Wingas 22,0%. Für eine vollständige Übersicht aller Unternehmen vgl. SEDLACEK, R. (2002), S. 500-501.
[262] Vgl. VDEW (1988), S. 17.
[263] Vgl. HENSING, I./PFAFFENBERGER, W./STRÖBELE, W. (1998), S. 112.
[264] Vgl. HERMANN, R. (1997), S. 26.
[265] Vgl. GRÖNER, H. (1990), S. 304; HARMS, W./METZENHIN, A. (1990), S. 275.

Diese Netze verbinden Energieversorger und Verbraucher unmittelbar und wechselseitig miteinander. Eine sinnvolle ökonomische Alternative besteht bei elektrischer Energie und Fernwärme überhaupt nicht, bei Erdgas sind kleinere Mengen auch ohne Nutzung von Transportnetzen ökonomisch sinnvoll transportierbar[266].

Die beschriebenen technischen Merkmale der Versorgungsprozesse sowie die Verpflichtung zur Gewährleistung der Versorgungssicherheit führen dazu, dass durch eine wetterbedingte Beeinflussung und Änderungen bei Erzeugung und Nachfrage Volumenrisiken entstehen können, welche unmittelbar operativ und finanziell bei den Energieunternehmen wirksam werden.

5.1.3 Risiken in der Energiewirtschaft

Das Management von Risiken in der Energiewirtschaft ist nicht die Folge von Deregulierung und Wettbewerb im Energiemarkt. Nicht erst seit der Veränderung der marktlichen Rahmenbedingungen wird Risikomanagement von Energieversorgern betrieben. Jedoch erlauben es die Veränderungen heute nicht mehr, Risiken einfach auf den Endkunden zu übertragen. Zusätzlich zu den veränderten Rahmenbedingungen wurden neue Geschäftsfelder von den Unternehmen erschlossen[267]. Als Resultat beider Prozesse müssen Energieversorger heute erhebliche Risiken selber tragen und managen[268], was einen systematischen Aufbau von Risikomanagementsystemen unerlässlich macht[269].

Grundsätzlich sind viele Risiken in der Energiewirtschaft mit denen anderer etablierter Märkte vergleichbar. *Abbildung 5-1* stellt die Systematik der grundlegenden Risikoarten von Industrieunternehmen dar. Risiken von Industrieunternehmen unterteilen sich in Marktrisiken, betriebliche und sonstige Risiken. Unter sonstigen Risiken sind Bonitäts-, Länder- und Reputationsrisiken sowie juristische Risiken einzuordnen[270]. Als unmittelbare Folge der Liberalisierung der Energiemärkte sind Bonitätsrisiken und insbesondere Risiken der Liquidität und Bonität der (neuen) Vertragspartner (Counterparty risk) relevant geworden. Die dominierenden Risikoarten für ein Energieversorger

---

[266] Eine alternative Transportmöglichkeit sowie die Lagerung wird durch eine extreme Abkühlung des Gases möglich. Die Abkühlung bewirkt eine Aggregatszustandsänderung mit der Folge, dass das Gas flüssig wird. Dieses 'liquified natural gas' (LNG) kann dann per Schiff über große Strecken transportiert werden. Am Bestimmungsort wird der Aggregatszustandswechsel rückgängig gemacht und es erfolgt eine Einspeisung in das Transportnetz.

[267] So erfolgte in der deutschen Energiewirtschaft in den letzten Jahren eine Konzentration auf die energiewirtschaftlichen Kerngeschäftsfelder. Durch Beteiligungsverkäufe von energiefremden Unternehmen sowie die Erweiterung der Unternehmensaktivitäten in weitere versorgungsverbundene Geschäftsfelder sind bei allen Unternehmenstypen Anbieter von Multi Utility Leistungen entstanden.

[268] Vgl. ERFKEMPER, H.-D. (2000), S. 570.

[269] Vgl. NABE, C. A./BORCHERT, J. (1999), S. 208.

[270] Vgl. GEBHARDT, G./MANSCH, H. (2001), S. 24.

sind jedoch betriebliche Risiken und Marktrisiken, welche nachfolgend detaillierter dargestellt werden sollen.

Abb. 5-1: Risiken von Industrieunternehmen

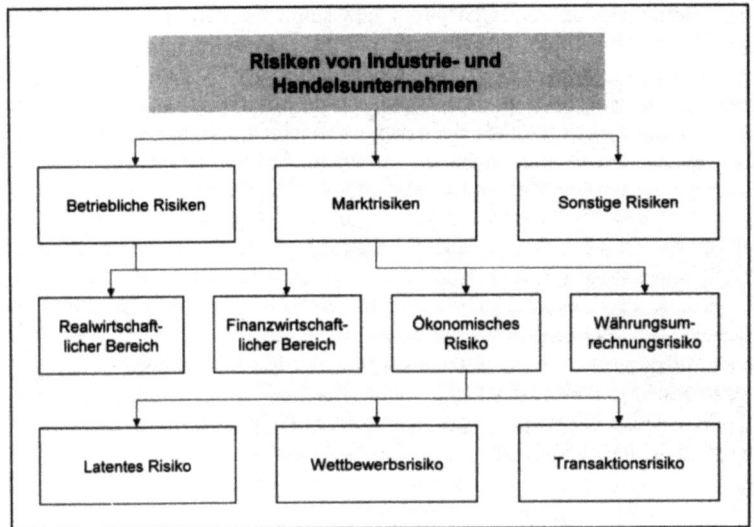

Quelle: Eigene Darstellung in Anlehnung an GEBHARDT, G./MANSCH, H. (2001), S. 23.

5.1.3.1 Betriebliche Risiken

Betriebliche Risiken betreffen den realwirtschaftlichen bzw. operativen sowie den finanzwirtschaftlichen Bereich der Energieunternehmen. Der realwirtschaftliche Bereich umfasst alle Formen der zeitlichen, qualitativen oder quantitativen Veränderung der Leistungserstellung. Dies können bspw. Verzögerung bei der Brennstoffbeschaffung, Streiks, Betriebsunterbrechungen durch Havarien oder mangelnde Kontrolle sein[271].

Im finanzwirtschaftlichen Bereich treten Risken auf, welche aus der Nutzung von Finanzinstrumenten resultieren, die zur Absicherung von Marktrisiken eingesetzt werden. Die Anwendung von Wetterderivaten ist demnach an die Risiken derivativer Finanzinstrumente gekoppelt. Diese Risiken sind Basis-, Modell-, Adressenausfall- und Liquiditätsrisiko sowie das operative Risiko.

---

[271] Vgl. BÜHLER, W. (1998), S. 6f.

Basisrisiko

Das Basisrisiko von Wetterderivaten resultiert aus den Unterschieden zwischen den Ausprägungen der Wetterparameter an den als Messpunkt fungierenden Wetterstationen und den Orten der Geschäftstätigkeit der Energieversorgungsunternehmen. Messstationen sind größtenteils an zentralen Orten und somit meistens nicht genau dort installiert, wo die wetterbedingten Geschäftsrisiken für ein Unternehmen entstehen[272]. Wetterinduzierte Risiken denen ein Unternehmen ausgesetzt ist und die es mittels Wetterderivate steuern will, können somit nicht perfekt abgesichert werden. Die daraus resultierende Unsicherheit wird als Basisrisiko bezeichnet, welches durch die Korrelation von verschiedenen Messstationen in einem Gebiet quantifiziert werden kann[273]. Je positiver diese Messstationen miteinander korreliert sind, desto niedriger ist das Basisrisiko[274]. Stehen die Wetterbedingungen an einer Messstation in engem Zusammenhang mit den Bedingungen an anderen Stationen, kann diese Wetterstation als repräsentativ für ein größeres Gebiet angesehen werden. Ein kleines Basisrisiko erleichtert die Erschaffung eines liquiden Marktes für Wetterderivate, denn je größer das Gebiet ist, dessen spezifische Wetterbedingungen durch einen Wetterindex abgebildet werden können, umso größer ist die Anzahl potenzieller Marktteilnehmer[275]. Die verschiedenen Wetterindizes weisen unterschiedliche Basisrisiken auf. Temperaturindizes zeigen eine hohe positive Korrelation auch über größere Gebiete. Indizes mit dem Underlying Niederschlag haben hingegen ein großes Basisrisiko.

Modellrisiko

Für die Bewertung des wetterinduzierten Risikos eines Unternehmens und von Wetterderivaten sind Modelle notwendig. Aus der Anwendung dieser Modelle heraus resultiert das Modellrisiko. Es beschreibt das Risiko, das durch die Anwendung eines ungeeigneten Modells eine falsche Abbildung der Realität entsteht und dadurch Verluste am Markt resultieren. Das Modellrisiko ist aufgrund der Komplexität der Energiewirtschaft und der relativen Neuheit der Wetterderivate sehr hoch. Die zu modellierenden Risikofaktoren der Energiewirtschaft unterscheiden sich erheblich von anderen etablierten Märkten. So sind die wenigen, preisbeeinflussenden Faktoren des Zins- und Equity-Marktes einfach in quantitative Modelle zu integrieren. Im Gegensatz dazu existieren eine Vielzahl von Einflussfaktoren in der Energiewirtschaft, die zur Abbildung des Marktgeschehens in komplexe Modelle überführt werden müssen. Zudem bewirkt die Neuheit der Wetterderivate, dass erst seit kurzer Zeit die Möglich-

---

[272] Vgl. ELLITHORPE, D./PUTNAM, S. (2000), S. 25.
[273] Vgl. DISCHEL, B. (1998a), S. 5.
[274] Bei einer vollständig positiven Korrelation, d.h. bei einem Korrelationsfaktor von +1 zwischen den Wetterstationen werden an diesen zu identischen Zeitpunkten die gleichen Ausprägungen der Wetterparameter gemessen, obwohl sie an unterschiedlichen Orten stehen.
[275] Vgl. DOHERTY, S./McINTYRE, R. (1999), S. 1.

keit gegeben ist, bestehende Modelle zu nutzen, anzupassen oder neue Modelle zu entwickeln[276].

Adressenausfallrisiko

Risiken des Emittenten- und des Kontrahentenausfalls ergeben das Adressenausfallrisiko. Das Emittentenrisiko beschreibt das Risiko welches entsteht, wenn ein Emittent von Wetterderivaten seinen Verpflichtungen durch Konkurs oder Illiquidität nicht mehr nachkommen kann. Das Kontrahentenrisiko beschreibt die Möglichkeit, dass der Kontrahent vor Fälligkeit des Wetterderivates ausfällt oder bei der Kontrakterfüllung Verzögerungen auftreten[277].

Liquiditätsrisiko

Das Liquiditätsrisiko hat eine Markt- und eine Unternehmensdimension. Einerseits besteht die Gefahr, dass aufgrund eines illiquiden Marktes Risikopositionen nur unter erheblichen Preiszugeständnissen verändert werden können. Andererseits kann es aufgrund möglicher finanzieller Verpflichtungen bei Wetterderivaten trotz ausgeglichener Risikoposition zu erheblichen Abflüssen an liquiden Mitteln aus den Unternehmen kommen[278].

Operatives Risiko

Alle bisher bekannten Verluste beim Einsatz von herkömmlichen Derivaten sind größtenteils auf operative Risiken zurückzuführen. Operative Risiken, die nicht zu verwechseln sind mit dem Teil der betrieblichen Risiken, entstehen durch fehlerhafte Systeme, menschliches Versagen, mangelnde Kontrolle und fehlende oder mangelhafte Informationsquellen mit der Folge, dass verlustbringende Positionen am Markt eingegangen werden[279].

5.1.3.2 Marktrisiken

Marktrisiken zerfallen in das ökonomische Risiko und das Währungsumrechnungsrisiko. Letzteres Risiko entsteht bei der Konsolidierung ausländischer Unternehmensbeteiligungen. Da in der Regel keine Zahlungswirkungen mit der buchhalterischen Konsolidierung verbunden sind, wird der finanzielle Überschuss des Unternehmens nicht beeinflusst. Bestandteile des ökonomischen Risikos sind das latente Risiko sowie das Transaktions- und Wettbewerbsrisiko[280].

---

[276] Vgl. MEIßNER, D./SCHOLAND, M. (2000), S. 560.
[277] Vgl. GEBHARDT, G./MANSCH, H. (2001), S. 36f.
[278] Vgl. GEBHARDT, G./MANSCH, H. (2001), S. 37.
[279] Vgl. GEBHARDT, G./MANSCH, H. (2001), S. 38.
[280] Vgl. GEBHARDT, G./MANSCH, H. (2001), S. 26f.

Latentes Risiko

Latente Risiken sind Folge wettbewerblicher Konkurrenz bei internationalen Ausschreibungen[281]. Für energiewirtschaftliche Unternehmen sind dies z.b. der Bau oder die Betreibung von Kraftwerksanlagen sowie die Beteiligung an ausländischen Unternehmen.

Transaktionsrisiko

Transaktionsrisiken bestehen für vereinbarte Geschäfte, bei denen die Angemessenheit der Preiskomponenten erst nachträglich feststellbar ist. Bei Energieunternehmen treten diese Risiken auf, wenn langfristige Strom- und Primärenergiebezugsverträge oder Lieferverträge abgeschlossen worden sind, welche die heutigen Marktbedingungen nicht mehr reflektieren und somit bei ungesicherter Position hinsichtlich Marktpreisänderungen unprofitabel sind.

Wettbewerbsrisiko

Das Wettbewerbsrisiko beschreibt mögliche Auswirkungen auf die Ergebnisgrößen der Unternehmen aufgrund der Veränderung der relativen Wettbewerbsposition. Von den vielfältigen Ursachen für Energieunternehmen sollen hier neben den wetterinduzierten Risiken insbesondere Kundenrisiken und Investitionsrisiken in Erzeugungskapazität hervorgehoben werden.

Kundenrisiken entstehen durch kurzfristigen oder nicht erwarteten Kundenwechsel. Durch die fehlende Lagerfähigkeit der betrachteten Energieträger müssen Überkapazitäten mit einem Preisrisiko am Spotmarkt verkauft oder Produktionskapazitäten reduziert werden[282]. *Investitionsrisiken* in Erzeugungs-kapazität resultieren bspw. aus den technologischen Verbesserungen bei der Stromerzeugung. Mit bestimmten Kraftwerkstypen ist infolge ihrer Kostenstruktur eine wettbewerbsfähige Stromproduktion nicht immer gegeben. Liegen die Erzeugungsgrenzkosten über dem Marktpreis ist eine ökonomisch sinnvolle Stromproduktion nicht möglich. Die Erzeugungskapazitäten stellen dann nur noch Optionen zur Stromerzeugung dar, was zur Folge haben kann, dass sich getätigte Investitionen niemals amortisieren werden[283].

---

[281] Vgl. GEBHARDT, G./MANSCH, H. (2001), S. 28.
[282] Vgl. MEIßNER, D./SCHOLAND, M. (2000), S. 559.
[283] Vgl. ERFKEMPER, H.-D. (2000), S. 570.

5.2 Wetterinduzierte Risiken der Energieversorgungsunternehmen

Wetterinduzierte Risiken als Bestandteil der Marktrisiken von energiewirtschaftlichen Unternehmen ergeben sich aus den Schwankungen der Wetterparameter, denen ein Energieversorgungsunternehmen (EVU) ausgesetzt ist und führen zu Volumenrisiken auf der Angebots- und Nachfrageseite der Unternehmen.

5.2.1 Wetterinduzierte Risken in der Energiewirtschaft

Das Wetter wird von den EVU als relevantester, unabhängiger Einflussfaktor angesehen, der die Energienachfrage und im Bereich regenerativer Energien auch die Energieerzeugung beeinflusst[284]. Die aus den Schwankungen der Wetterparameter resultierenden Risiken haben deshalb auch einen signifikanten Einfluss auf den Unternehmenserfolg einzelner Energieversorgungsunternehmen.

5.2.1.1 Angebotsrisiken

Regenerative Stromerzeugungstechnologien auf der Basis von Wasserkraft, Windkraft und Photovoltaik werden von den entsprechenden Ausprägungen der Wetterparameter beeinflusst. Während der Anteil der Photovoltaik an der Stromerzeugung keine signifikante Größenordnung erreicht hat, steigt die Stromerzeugung mittels Windkraftanlagen in den letzten Jahren, insbesondere durch staatliche Förderungen, stetig an[285]. Die weltweit relevanteste regenerative Erzeugung basiert auf jedoch Wasserkraft. Diese Erzeugungstechnologie ist angewiesen auf die ihr zur Verfügung stehenden Wasserreservoirs, welche wiederum von den Wetterparametern Niederschlag und Temperatur abhängig ist. Die Wasserreservoirs nehmen bei steigendem Niederschlag ganzjährlich zu. Steigende Temperaturen haben jahreszeitspezifische Wirkungen auf die zur Stromerzeugung zur Verfügung stehenden Wassermengen. Während hohe Temperaturen im Frühling zu einer verstärkten Schneeschmelze führen und somit die verfügbare Wassermenge erhöhen, verringert Hitze im Sommer diese.

5.2.1.2 Nachfragerisiken

Nachfragerisiken entstehen hauptsächlich durch Schwankungen der Temperatur, dem für Energieunternehmen relevantesten Risikofaktor unter den Wetterparametern[286]. Während tägliche Schwankungen nicht signifikant von Bedeutung sind, entstehen Risiken für EVU vor allem bei nicht antizipierten saisonalen und jährlichen Schwankungen. Der Wetterparameter Temperatur zeichnet sich dabei hinsichtlich seiner Auswirkungen auf das Nachfrageverhalten der Kunden durch eine saisonale Unter-

---

[284] Vgl. ROHRER, M./NÖTZLI, C. (2000), S. 52.
[285] Vgl. ALLNOCH, N. (2000), S. 345.
[286] Vgl. BERGSCHNEIDER, C./KARASZ, M./SCHUMACHER, R. (1999), S. 77.

schiedlichkeit aus. Ist in der Wintersaison die tatsächliche Temperatur höher als die normal durchschnittliche, sinken die Absatzmengen des Energieversorgers. In Abhängigkeit der vorherrschenden technischen Ausrüstung zur Heizbedarfssteuerung der Kunden, schwanken insbesondere Gas- und Fernwärmenachfrage aber auch die Stromnachfrage. Im Umkehrschluss sieht sich ein EVU einer verstärkten Nachfrage ausgesetzt, wenn die tatsächliche Temperatur geringer als die normal durchschnittliche ist. In Abhängigkeit eigener Erzeugungskapazitäten und der Variabilität bestehender Lieferverträge müssen die Energieunternehmen auf Grund der physikalischen Restriktionen bei der Energiespeicherung[287] den Mehrbedarf über die Energiespotmärkte abdecken.

Im Gegensatz zum Winter führt in der Sommersaison eine höhere als normal durchschnittliche Temperatur zu einem Anstieg der Stromnachfrage. Dies ist Folge davon, dass bei höheren Temperaturen eine verstärkte Nutzung der Klimatechnik zur Raumkühlung erfolgt[288]. Jedoch erfolgt dies nur in solchen geographischen Lagen, wo signifikant hohe Temperaturen auftreten, wie bspw. in den USA. Für die gemäßigten Breiten Mittel- und Westeuropas ist dies nicht relevant. Infolgedessen gibt es in den USA ganzjährig den Bedarf zur Steuerung von Wetterrisiken, in Europa größtenteils nur in der Wintersaison.

Die Schwankungen der Wetterparameter beeinflussen fast ausschließlich das Mengenrisiko von Energieunternehmen. Dabei wird bei einer verringerten Nachfrage zu wenig Umsatz generiert, der bei c.p. der Margen zu geringerem Gewinn führt. Verstärkt wird dies dadurch, dass bei geringer Nachfrage ein Überangebot vorliegen kann, dass aufgrund der technischen Restriktionen der Versorgungsprozesse zu einem zusätzlichen Preis- und somit Margenverfall führen kann. Bei einer überdurchschnittlichen Nachfrage steigt zwar der Umsatz, aber durch die überproportional steigenden Produktionskosten oder den teuren Einkauf an den Energiespotmärkten kann jedoch ebenfalls ein Margenverfall folgen.

5.2.2 Energieversorgungsunternehmen

Nachdem festgestellt wurde, welche Energieträger und welche Bereiche in EVU wetterinduzierten Risiken ausgesetzt sind, muss nachfolgend untersucht werden, welche Unternehmenstypen besonders betroffen sind und wie die einzelnen Risikoprofile der Unternehmenstypen aussehen. Für diese Analyse müssen grundsätzlich Unternehmen untersucht werden, die mindestens einer der oben genannten Risikoformen ausgesetzt sind. Dies sind in erster Linie Energieversorgungsunternehmen im Sinne des EnWG, die eine Versorgung der Volkswirtschaft mit Gas und/oder Strom gewährleisten. In Folge der Marktliberalisierung ist ein Aufbrechen der traditionell gewachsenen Strukturen feststellbar. Unternehmen der unterschiedlichen Marktstufen der Strom- und

---

[287] Für eine ausführliche Darstellung siehe Abschnitt 5.1.2.
[288] Vgl. ELLITHORPE, D./PUTNAM, S. (2000), S. 24.

Gaswirtschaft vermischen sich durch horizontale und vertikale Integration zusehends. So verfügen die EVU zunehmend über ein Produktportfolio, welches die Kundenversorgung mit Elektrizität, Erdgas und Fernwärme einschließt. Energieversorgungsunternehmen die nur einen Energieträger anbieten, werden hingegen immer weniger. So bieten 61,3%[289] aller Energieversorgungsunternehmen in Deutschland heute mittlerweile Gas- und Stromprodukte im Querverbund an. Im Zuge der europaweiten Liberalisierung der Energiemärkte wird sich dieser Trend vermutlich weiter verstärken. Deutschlandweit werden im Sinne des EnWG 578 Energieversorgungsunternehmen unterschieden[290] und anhand unterschiedlicher Kriterien typisiert.

5.2.2.1 Branchenübliche Typisierungsmöglichkeiten

Für eine Typisierung von Energieversorgungsunternehmen werden häufig die Kriterien: Marktstufen, Wertschöpfungsaktivitäten, Geschäftsfelder und Eigentümerstruktur verwendet.

- *Marktstufen*: Eine Unterteilung nach Marktstufen legt den traditionellen dreistufigen Aufbau in der Strom- und Gaswirtschaft zugrunde. Der Aufbau orientiert sich dabei an der Aufgabenerfüllung der EVU innerhalb der Versorgungskette von der Erzeugung zum Endverbrauch. In der Stromversorgung haben die Verbundunternehmen ihre Schwerpunkte in der Stromerzeugung und -übertragung, die Regionalversorger übernehmen die Weiterverteilung sowie die Flächenversorgung und lokale bzw. kommunale EVU die Endverteilung der Elektrizität an den Kunden. Ähnlich ist die Struktur in der Gaswirtschaft. Wenige Ferngasunternehmen fördern oder beziehen Gas, welches über Regionalverteiler und Ortsgasunternehmen an den Endverbraucher geliefert wird.

- *Wertschöpfungsaktivitäten*: Die Typisierung anhand von Wertschöpfungsaktivitäten betont die Positionierung der EVU entlang der Wertschöpfungskette. Unterschieden werden können reine Erzeuger, reine Verteiler und integrierte EVU, welche Erzeugungs- als auch Übertragungs- bzw. Verteilungsaktivitäten wahrnehmen.

- *Geschäftsfelder*: Werden die EVU entsprechend der Geschäftsfelder untergliedert, lassen sich Unternehmen identifizieren, deren Geschäftsfelder von der ausschließlichen Stromversorgung über das Angebot verwandter leitungs-gebundener Produkte wie Gas, Fernwärme und Wasser bis hin zu breit diversifizierten Konglomeraten reichen.

- *Eigentümerstruktur*: Auf Basis der Eigentümerstruktur bzw. Trägerschaft lassen sich EVU der öffentlichen Hand, private EVU und gemischtwirtschaftliche EVU unterscheiden. EVU der öffentlichen Hand verfügen über 5%, private EVU über 75% und gemischtwirtschaftliche EVU über 5% bis 75% Privatkapitalanteil.

---

[289] Vgl. BGW (2002), o. S.
[290] Vgl. VDEW (2002), o. S.

Anhand einzelner branchentypischer Klassifizierungsansätze wird eine Erstellung wetterbedingter Risikoprofile und eine nachfolgende Typisierung der Energieversorgungsunternehmen nicht ermöglicht. Die jeweiligen Einteilungen tragen der angestrebten Klassifizierung nicht hinreichend Rechnung. Die branchenüblichen Einordnungen sind somit zu modifizieren bzw. zu ergänzen, um eine adäquate Typisierung zu erreichen, welche die unterschiedlichen wetterinduzierten Risikostrukturen von Energieversorgungsunternehmen hinreichend reflektiert. Nachfolgend sind deshalb Faktoren zu identifizieren, welche geeignet sind, das individuelle Profil von Wetterrisiken eines EVUs zu beschreiben.

5.2.2.2 Faktoren zur wetterbasierten Risikoprofilermittlung

In der wissenschaftlichen Literatur findet sich keine Darstellung von Faktoren, welche die Ableitung eines Risikoprofils der Energieversorgungsunternehmen hinsichtlich ihrer wetterinduzierten Risiken ermöglicht. Deshalb sollen hier auf Basis der Praxiserfahrungen und theoretischer Überlegungen ein Set an relevanten Faktoren beschrieben werden, welche es ermöglichen, wetterindizierte Risikoprofile von Energieversorgungsunternehmen zu erstellen. Als relevante Faktoren haben sich die geographische Lage der Geschäftätigkeit, Geschäftsfelder, Wertschöpfungsstufen sowie Kunden- und Erzeugungsstruktur eines EVUs als Charakterisierungsmerkmale herausgestellt.

- *Geographische Lage der Geschäftstätigkeiten:* Die Risikostruktur eines EVUs wird sehr stark von der geographischen Lage seiner Geschäftätigkeiten beeinflusst. Da Wetter über große Räume sehr heterogen ist, werden Unternehmen mit einem großen Versorgungsgebiet unterschiedlichen Wettereinflüssen zum gleichen Zeitpunkt ausgesetzt. Bei der Analyse der Gesamtrisikostruktur kann dann durch mögliche kompensatorische Einflüsse unter den einzelnen Wetterparametern im Gegensatz zu signifikanten einzelnen Wetterrisiken ein akzeptables Gesamtrisiko auf Unternehmensebene erreicht werden. Je lokaler bzw. kleiner das Versorgungsgebiet eines EVUs, desto signifikanter werden einzelne wetterinduzierte Risiken auf finanzielle Erfolgsgrößen wirksam werden.

- *Geschäftsfelder:* Die Geschäftsfelder eines EVUs bestimmen die Anzahl der unterschiedlichen Wetterparameter, die Einfluss auf den Unternehmenserfolg haben können. Ist bspw. ein EVU nur im Geschäftsfeld Erdgas tätig, sieht es sich mit einem Einzelrisiko auf der Nachfrageseite in Abhängigkeit von Temperaturschwankungen konfrontiert. Ein EVU welches hingegen die Geschäftsfelder Strom, Gas und Fernwärme betreibt, hat ein wesentlich vielschichtigeres Wetterrisiko. Die Einzelrisiken der unterschiedlichen Nutzenergien werden im Sinne eines umfassenden Risikomanagements zusammengefasst, so dass durch Portfolioeffekte ein Gesamtrisiko auf Unternehmensebene existiert, welches geringer als die Summe der Einzelrisiken ist. Je höher die Anzahl der Geschäftsfelder ist, welche von Schwankungen einzelner oder mehrerer Wetterparameter beeinflusst werden, desto vielschichtiger und komplexer ist das wetterinduzierte Risiko für das EVU.

Kapitel 5: Wetterinduzierte Risiken in der Energiewirtschaft

- *Wertschöpfungsstufen:* Grundsätzlich gibt es in der Energiewirtschaft die Wertschöpfungsstufen Erzeugung, Transport, Handel und Verteilung. Eine direkte Beeinflussung durch wetterinduzierte Risiken ist auf den Wertschöpfungsstufen Erzeugung, Transport und Verteilung gegeben. Hier können Volumenschwankungen aus der Änderung einzelner oder mehrerer Wetterparameter resultieren. In Abhängigkeit der besetzten Wertschöpfungsstufen sind die EVU dann Erzeugungs- und/oder Nachfragerisiken ausgesetzt, was Auswirkungen auf die Gesamtrisikostruktur und -komplexität hat.

- *Kundenstruktur:* Die Kunden eines EVUs sind Industrie- und Haushaltskunden sowie sonstige Kunden. Industriekunden benötigen elektrische Energie, Erdgas sowie Fern- oder Prozesswärme größtenteils für ihre Produktionsprozesse, welche in der Regel von Wettereinflüssen entkoppelt sind. Haushaltskunden hingegen passen ihr Nachfrageverhalten den Ausprägungen der Wetterparameter an. Daraus folgt, dass je größer der Anteil an Haushaltskunden in der Kundenstruktur des EVUs ist, desto größer sind die wetterinduzierten Risiken.

- *Erzeugungsstruktur:* Die Erzeugungsstruktur eines EVUs gibt Auskunft über die Zusammensetzung des Primärenergieträgermixes, der für die Erzeugung von elektrischer Energie genutzt wird. Die wetterindizierten Risiken für ein EVU sind um so größer, je höher der prozentuale Anteil von regenerativen Primärenergien und Kraft-Wärme-Kopplung an der Gesamterzeugung ist[291].

Für die hier untersuchte deutsche Energiewirtschaft ergeben sich jedoch aufgrund regulatorischer Eingriffe des Gesetzgebers Verwerfungen der originären wetterinduzierten Risikostruktur. So wird im Rahmen des Erneuerbare-Energien-Gesetz (EEG) definiert, dass die auf Basis regenerativer Energien erzeugten Strommengen jederzeit ins Transportnetz eingespeist werden können und vom Transportnetzbetreiber zu einen festgelegten Preis vergütet werden müssen. Dies hat zur Folge, dass das durch regenerative Energieerzeugung entstandene wetterinduzierte Risiko vom Erzeuger teilweise auf den Transportnetzbetreiber übertragen wird. Einem EVU mit einem hohen Anteil an regenerativer Stromerzeugung verbleibt damit weiterhin das Risiko aufgrund wetterinduzierter Schwankungen geringere Mengen Strom zu erzeugen und damit Ertragsschwankungen ausgesetzt zu sein. Der Gesetzgeber überträgt jedoch durch die Abnahmeverpflichtung das operative Risiko der Netzstabilität und Versorgungssicherheit auf den Transportnetzbetreibers. Dieser hat auch bei unregelmäßigsten Einspei-

---

[291] Kraft-Wärme-Kopplungsanlagen sind eine Erzeugungstechnologie, welche die Energieausnutzung der Primärenergieträger erhöht. Zur Elektrizitätserzeugung werden überwiegend Wärmekraftwerke auf Basis fossiler Brennstoffe und Kernenergie eingesetzt, deren Wirkungsgrad mit bis zu 42% relativ gering ist. Bei der Elektrizitätserzeugung entsteht als Kuppelprodukt Abwärme, die für die Stromerzeugung nicht eingesetzt werden kann. Kraft-Wärme-Kopplungsanlagen nutzen diese Abwärme zur Herstellung industrieller Prozesswärme oder zur Erzeugung von Raumwärme und erhöhen somit den Wirkungsgrad der Umwandlung der Energieträger.

sungen regenerativ erzeugter Strommengen die Versorgungssicherheit und Netzstabilität zu gewährleisten. Aufgrund der unregelmäßig eingespeisten regenerativ erzeugte Strommengen führt dies bei dem Transportnetzbetreiber zu erhöhten Aufwendungen für Ausgleichs- und Regelenergie sowie Portfoliomanagement. Damit ist der Transportnetzbetreiber von wetterinduzierten Schwankungen regenerativer Stromerzeugung regelmäßig und im hohen Maße betroffen. Bei der Betrachtung wetterinduzierter Risiken eines EVU aufgrund regenerativer Energieerzeugung ist somit nicht nur die Frage der Erzeugungsstruktur relevant, sondern auch die Rolle als Transportnetzbetreiber.

Zur Erstellung des jeweiligen Risikoprofils werden nun nachfolgend die erarbeiteten Klassifizierungsfaktoren auf Basis qualitativer und quantitativer Daten miteinander verglichen.

5.2.3 Wetterbasierte Risikoprofile der Energieversorgungsunternehmen

Als exponierter Faktor bei der Beurteilung der wetterinduzierten Risiken für ein EVU hat sich der Faktor geographische Lage der Geschäftsaktivitäten herauskristallisiert. Durch die natürliche Risikominimierung der Wetterrisiken bei großen Versorgungsgebieten ergeben sich vielfältigere Möglichkeiten, die mit dem Wetter verbundenen Risiken unternehmenswertsteigend zu steuern. Zusätzlich ist feststellbar, dass mit diesem Faktor auch die Unternehmensgröße der Energieversorger eng verbunden ist. So sind EVU mit einem sehr großen und teilweise internationalen Versorgungsgebiet in der Regel frühere Verbundunternehmen oder Ferngasunternehmen. Energieversorger mit kleinen, lokalen Versorgungsgebieten sind hingegen Stadtwerke und Ortsgasgesellschaften. Es ist somit eine Verbindung zu einer allgemein akzeptierten Klassifizierungsgrundlage, der Unterteilung nach Marktstufen, gegeben, die nachfolgend auch als Basis für die Erstellung der wetterbasierten Risikoprofile genutzt wird. Um der zunehmenden Vermischung der EVU Rechnung zu tragen und dennoch reine Strom- oder Gasunternehmen in die Betrachtungen zu integrieren, wird im weiteren Verlauf nach internationalen, nationalen und kommunalen Energieversorgungsunternehmen unterschieden. Dies hat zudem den wünschenswerten Nebeneffekt, dass Überschneidungen hinsichtlich der Begrifflichkeiten vermieden werden können.

5.2.3.1 Internationale Energieversorgungsunternehmen

Die Analyse der einzelnen Faktoren des wetterinduzierten Risikoprofils hat folgende Ergebnisse ergeben:

- *Geographische Lage der Geschäftsaktivitäten:* Die Unternehmen sind mit ihren Geschäftstätigkeiten weltweit vertreten. Im Durchschnitt werden 15-20% der Umsätze der relevanten Geschäftsfelder im Ausland generiert. In Deutschland verfügen die EVU über ein weiträumiges Versorgungsgebiet in dem die Erzeugungs- und Speicherkapazitäten sowie die zu versorgenden Kunden angesiedelt sind. Die gesamten Geschäftstätigkeiten sind infolgedessen gleichzeitig unterschiedlichen Wettereinflüssen ausgesetzt. Einzelne Wetterparameter haben aufgrund des großen nationalen und internationalen Versorgungsgebietes somit keine signifikante Wirkung auf die finanziellen Erfolgsgrößen des gesamten Unternehmens.

- *Geschäftsfelder:* Die internationalen EVU generieren durchschnittlich 84,5% ihrer Umsätze in den Geschäftsfeldern Strom, Gas und Fernwärme. Dies bedeutet, dass fast die vollständige Erlösstruktur der Unternehmen wetterinduzierten Risiken unterliegt und von den Wetterparameterschwankungen beeinflusst werden kann. Es ist somit ein vielschichtiges und komplexes Wetterrisiko gegeben.

- *Wertschöpfungsstufen:* Die internationalen EVU sind auf allen Wertschöpfungsstufen der Energiewirtschaft vertreten. Sie erzeugen 80% der Gesamtmarktstrommenge und verteilen davon 33% an die Endkunden. Die EVU betreiben die nationalen Transportnetze und alle Unternehmen verfügen über eine Handelsabteilung. Damit haben die internationalen EVU Erzeugungs- und Nachfragerisiken aufgrund sich ändernder Wetterparameter.

- *Kundenstruktur:* 31,3 % der Stromlieferungen und ca. 29% der Gaslieferungen von internationalen EVU werden an Haushaltskunden getätigt. Dies hat zur Folge, dass aufgrund der wetterabhängigen Verbrauchanpassung dieser Kundengruppe ein ausgeprägtes Nachfragerisiko gegeben ist.

- *Erzeugungsstruktur:* Das eigene Erzeugungsrisiko von elektrischer Energie ist relativ gering. Die Stromerzeugung erfolgt nur zu 4,3% auf Basis regenerativer Energien. Durch ihre Rolle als Transportnetzbetreiber bekommen die internationalen EVU jedoch die wetterbedingten Erzeugungsrisiken der nationalen und kommunalen Energieversorgungsunternehmen teilweise übertragen.

Zusammenfassend ist festzuhalten, dass die internationalen Energieversorgungsunternehmen ein relevantes wetterinduziertes Risiko haben. Dabei dominieren trotz teilweiser Risikoübertragung die Nachfragerisiken gegenüber den Erzeugungsrisiken. Durch den natürlichen Hedge infolge der großen Versorgungsgebiete und internationalen Geschäftstätigkeiten resultiert jedoch ein geringes, breit diversifiziertes Gesamtrisiko auf Unternehmensebene.

5.2.3.2 Nationale Energieversorgungsunternehmen

Die nationalen EVU haben durchschnittlich folgende Risikostruktur:

- *Geographische Lage der Geschäftsaktivitäten:* Die nationalen Energieversorgungsunternehmen verfügen über ein kleines bis mittleres nationales Versorgungsgebiet und haben verschwindend geringe internationale Geschäftsaktivitäten. So erfolgt in der Regel keine Erzeugung von elektrischer Energie im Ausland und auch Auslandsumsätze mit 0,01% vom Gesamtumsatz sind vernachlässigbar. Die Geschäftstätigkeiten sind infolgedessen verstärkt einzelnen Wettereinflüssen ausgesetzt. Diese einzelnen Wetterparameter haben somit eine signifikantere Wirkung auf die finanziellen Erfolgsgrößen der Unternehmen.

- *Geschäftsfelder:* Die Umsätze der nationalen EVU sind zu ca. 85% wetterinduzierten Risiken ausgesetzt, wobei die Schwerpunkte bei der Strom- und Gasversorgung liegen. Damit liegt ein im Vergleich zu internationalen EVU weniger vielschichtiges und komplexes Wetterrisiko vor.

- *Wertschöpfungsstufen:* Die Unternehmen sind in den Wertschöpfungsstufen Erzeugung, Handel und Verteilung aktiv. So werden 9% der Gesamtmarktstrommenge erzeugt und 31% der Endkunden versorgt. Handelsaktivitäten betreiben 31% der nationalen EVU. Die nationalen EVU haben somit ebenfalls Erzeugungs- und Nachfragerisiken aufgrund volatiler Wetterparameter.

- *Kundenstruktur:* Von den 31% der versorgten Endkunden sind 36,3 % Haushaltskunden, was zur Folge hat, dass wie bei internationalen EVU auch ein ausgeprägtes Nachfragerisiko vorhanden ist.

- *Erzeugungsstruktur:.* Für nationale EVU ist ebenfalls ein relevantes Erzeugungsrisiko gegeben. Da 25% der erzeugten Strommenge auf Basis von regenerativen Energien oder KWK-Technik erzeugt wird, ist von einer starken Reagibilität der Stromerzeugung und damit der Ertragslage infolge sich ändernder Wetterparameter auszugehen. Das Risiko im Rahmen der regenerativen Stromerzeugung wird dabei teilweise auf die internationalen Energieunternehmen übertragen.

In Summe ist festzustellen, dass nationale EVU signifikanten wetterinduzierten Risiken ausgesetzt sind. Dabei sind erhebliche Erzeugungs- und Nachfragerisiken gegeben. Diese sind im Vergleich zu internationale EVU nicht so komplex, da die nationalen EVU in weniger Geschäftsfeldern und Wertschöpfungsstufen aktiv sind. Kompensationseffekte auf Unternehmensebene sind aufgrund der regionalen Geschäftstätigkeit nicht möglich. Die Wetterrisiken beeinflussen somit unmittelbar den Geschäftserfolg der Unternehmen.

5.2.3.3 Kommunale Energieversorgungsunternehmen

Die Risikoprofile der kommunalen EVU sind durch folgende Faktorausprägungen gekennzeichnet:

- *Geographische Lage der Geschäftsaktivitäten:* Die Geschäftsaktivitäten der Unternehmen sind ausschließlich im Inland und dort in sehr kleinen Versorgungsgebieten angesiedelt. Dies hat zur Folge, dass die Geschäftstätigkeiten sehr stark von einzelnen Wetterparameter beeinflusst werden, die unmittelbare und direkte Wirkung auf die finanziellen Erfolgsgrößen der kommunalen EVU in signifikanter Größenordnung haben.

- *Geschäftsfelder:* Die Umsätze der kommunalen EVU in den Geschäftsfeldern Strom, Gas und Fernwärme betragen 54,2% des Gesamtumsatzes. Dies bedeutet, dass mehr als die Hälfte der Erlösstruktur der Unternehmen unmittelbar von Wetterparameterschwankungen beeinflusst werden kann. Es liegt somit ein hohes und komplexes Wetterrisiko vor.

- *Wertschöpfungsstufen:* Von vereinzelten Ausnahmen abgesehen sind die kommunalen EVU nur im Bereich der Verteilung tätig. Es existieren somit ausschließlich Nachfragerisiken in Folge von Wetterschwankungen.

- *Kundenstruktur:* Die Nachfragerisiken resultieren aus der Versorgung von 36% aller Stromendkunden, wovon 32,4% Haushaltskunden sind. Daraus folgt, dass die kommunalen EVU ein sehr ausgeprägtes Nachfragerisiko haben.

- *Erzeugungsstruktur:* Wetterinduzierte Erzeugungsrisiken sind hingegen nicht vorhanden, da die Erzeugungskapazitäten der kommunalen EVU verschwindend gering sind. Sie betragen nur 0,11% der Gesamtmarktstromproduktion.

Abschließend kann somit festgehalten werden, dass die kommunalen EVU ein sehr hohes wetterinduziertes Risiko auf der Nachfrageseite haben, welches in seiner Zusammensetzung komplexe Strukturen haben kann und unmittelbar die finanziellen Erfolgsgrößen der Unternehmen beeinflusst. Diese unmittelbare Beeinflussung des Unternehmenserfolges wird durch die lokale Begrenztheit der Versorgungsgebiete hervorgerufen. Regional diversifizierte Energieversorgungsunternehmen, wie bspw. internationale oder große nationale EVU sind deutlich weniger vom Wetterrisiko betroffen als kleine und mittlere EVU, für die Wetterrisiken existenzbedrohenden Charakter haben können.

5.3 Steuerungsmethoden von wetterinduzierten Risiken in der Energiewirtschaft

Für die unterschiedlichen Risikostrukturen der einzelnen EVU stehen verschiedene Möglichkeiten zur Verfügung, diese aktiv zu gestalten und zu steuern. Für eine Beurteilung dieser Möglichkeiten sind die Risikokonzeptionen und -strategien auf ihre Anwendbarkeit und Vorteilhaftigkeit hin zu überprüfen. Im Mittelpunkt stehen dabei die Analysen hinsichtlich der Zielerreichung und Kostenoptimalität der Risikokonzeptionen.

5.3.1 Beurteilungsfaktoren zur Auswahl von Risikomanagementinstrumenten

Für die Auswahl geeigneter Methoden zum Management wetterinduzierter Risiken sind im ersten Schritt Faktoren zu bestimmen, anhand derer die Eignung der einzelnen Methoden beurteilt werden kann. Dabei müssen die Faktoren Aussagen unter Effektivitäts- und Effizienzgesichtspunkten ermöglichen.

Als Effektivitätskriterien sind zu nennen: die Exaktheit, Schnelligkeit und Nachhaltigkeit der Zielerreichung sowie die Korrekturmöglichkeiten der Wirkungen der umgesetzten Risikomanagementmaßnahmen.

- Der Grad bzw. die *Exaktheit der Zielerreichung* erlaubt eine Beurteilung inwieweit es unter Anwendung einzelner Methoden möglich ist, festgelegte Ziele zu erreichen. Je höher die Exaktheit der Zielerreichung ist, desto effektiver ist die Methode geeignet, zur Zielerreichung beizutragen.

- Die *Schnelligkeit der Zielerreichung* gibt Auskunft darüber, in welchem zeitlichen Rahmen das festgelegte Ziel unter Einsatz der Risikomanagementmethoden erreicht werden kann. Dabei ist eine Methode um so effektiver, je schneller die Zielerreichung realisiert werden kann.

- Die *Nachhaltigkeit der Zielerreichung* spezifiziert, wie dauerhaft die Zielerreichung mit den Methoden realisiert werden kann. Je höher die Nachhaltigkeit der Zielerreichung, desto effektiver ist die jeweilige Methode.

- Die *Korrekturmöglichkeiten* der Wirkungen von im Rahmen einzelner Methoden stattgefundener Risikomanagementmaßnahmen ist kein eigenständiger Faktor. Vielmehr verstärkt oder schwächt er die Wirkungen der vorab dargestellten Faktoren. Er ermöglicht Aussagen darüber, wie die Wirkungen von Maßnahmen, die sich hinsichtlich ihrer Zielgenauigkeit, Schnelligkeit oder Nachhaltigkeit zur Zielerreichung als ungeeignet erwiesen haben, korrigiert werden können.

Die Effizienz der einzelnen Risikomanagementinstrumente kann anhand der transaktionskostentheoretischen Argumentation beurteilt werden. Die Kostenunterschiede der Transaktionen im Rahmen der einzelnen Risikokonzeptionen sind insbesondere darauf zurückzuführen, wie aufwendig die institutionelle Umsetzung gestaltet ist, wie stark die Anreize für einen sparsamen Ressourceneinsatz sind und wie kostengünstig die Transaktionsprobleme bewältigt werden können. Die Kostengünstigkeit wird dabei an den Faktoren Faktorspezifität, strategische Relevanz, Unsicherheit und Häufigkeit beurteilt[292]. Je weniger spezifisch/strategisch relevant/unsicher/(häufig) demnach eine Leistung ist, desto geringere Transaktionskosten entstehen.

5.3.2 Konzepte der Risikosteuerung

Für ein umfassendes und integriertes Risikomanagement sind im Rahmen des Risikomanagementprozesses die wesentlichen Risiken zu erkennen, zu erfassen und entsprechend ihrer Einordnung mit strategischen, operativen und finanzwirtschaftlichen Mitteln wirksam zu steuern[293]. Im folgenden Abschnitt wird deshalb untersucht, in wieweit die strategische, operative und finanzwirtschaftliche Risikokonzeption geeignet sind, wetterinduzierte Risiken der EVU aktiv zu steuern.

5.3.2.1 Strategische Risikosteuerung

Im Rahmen der strategischen Risikosteuerung werden Konzepte und Strategien entwickelt und umgesetzt, mit denen die Existenz der Unternehmung sowie eine aktive, langfristige Gestaltung der Unternehmensentwicklung dauerhaft gesichert werden kann. Ausgangspunkt der Strategieentwicklung sind Unternehmens- und Umweltanalysen, mit denen Stärken und Schwächen der eigenen Unternehmung und der Konkur-

---

[292] Vgl. Abschnitt 3.1.3.3.
[293] Vgl. BURGER, K.-M. (1998), S. 234.

renten sowie die strategisch bedeutenden zukünftigen Veränderungen der Umwelt qualitativ erfasst werden. Auf Basis dieser Analysen wird geprüft, ob die gesetzten Ziele mit den gegenwärtigen Strategien noch erreicht werden können oder ob diese anzupassen sind bzw. neue Strategien entwickelt werden müssen. Diese qualitative Vorgehensweise des strategischen Managements erlaubt es, für präzise definierte strategische Geschäftsfelder spezifische Ziele festzulegen, mit ihr verbundene Risiken zu bewerten und entsprechende Risikostrategien abzuleiten.

Strategische Risikosteuerung eines Energieversorgungsunternehmens wird im Rahmen von Entscheidungen zur Entwicklung strategischer Geschäftsfelder und den damit verbundenen Investitionen sowie bei Entscheidungen über Unternehmensbeteiligungen notwendig. Als Folge der strategischen Entscheidungen verändert sich das grundsätzliche wetterinduzierte Risikoprofil eines EVUs, da Veränderungen bspw. durch neue Geschäftsfelder oder weitere Geschäftstätigkeiten in anderen geographischen Lagen erfolgen. Somit erfolgt eine Steuerung von wetterinduzierten Risiken im Rahmen des strategischen Risikomanagements, indem das Portfolio der einzelnen Wetterrisiken dahingehend diversifiziert wird, dass sich das gesamthafte Wetterrisiko des Unternehmens durch Portfolioeffekte verringert.

Die Exaktheit der Zielerreichung hinsichtlich der Steuerung wetterinduzierter Risiken ist durch strategische Maßnahmen nur begrenzt gegeben. Die Erreichung einer angestrebten Risiko-Rendite-Position bspw. durch eine Erweiterung oder Verlagerung von Geschäftstätigkeiten in Regionen oder Geschäftsfelder mit einer negativen Korrelation zu dem bestehenden wetterbasierten Risikoprofil des EVUs ist nur sehr schwer realisierbar, wenn nicht gar unmöglich. Sollte die gewünschte Risiko-Rendite-Position dennoch erreichbar sein, ist dies an einen längerfristigen Zeithorizont geknüpft. Wetter mit seinen unterschiedlichen Ausprägungen ist jedoch durch einen kurzfristigen Zeithorizont gekennzeichnet. Die Zeithorizonte beider Faktoren sind demnach nicht miteinander kompatibel. Die Nachhaltigkeit von Maßnahmen der strategischen Risikosteuerung ist hingegen sehr groß. Die Auswirkungen der eingeleiteten strategischen Maßnahmen sind aufgrund ihres langfristigen Wirkungshorizontes geeignet, dauerhaft eine gewünschte Risiko-Rendite-Position zu erreichen. Dies impliziert aber auch, dass Korrekturmöglichkeiten nur schwer realisierbar sind. Ändern sich die Wetterrisiken des Energieversorgers, ist es nur sehr schwer möglich, die strategischen Entscheidungen rückgängig zu machen oder anzupassen.

Anhand der untersuchten Kriterien lässt sich demnach schlussfolgern, dass strategische Maßnahmen unter Effektivitätsgesichtspunkten ungeeignet sind, wetterinduzierte Risiken zu managen.

Im Rahmen der Effizienzuntersuchung von strategischen Risikomanagementmaßnahmen zur Steuerung wetterinduzierter Risiken ist festzustellen, dass die institutionelle Umsetzung des strategischen Risikomanagements neben den Analysen zur Ermittlung des wetterinduzierten Risikoprofils auch vielfältige Analysen der Unternehmensumwelt sowie die Einbindung umfangreicher Managementkapazitäten erfordert. Die Kosten der institutionellen Umsetzung des strategischen Risikomanagements sind somit sehr hoch. So sprechen insbesondere die Eigenschaften der hierarchischen Koordination der Transaktionsvorhaben gegen eine Ressourceneffizienz. Ein effizienter Ressourceneinsatz ist demnach bei der Anwendung der strategischen Risikokonzeption zur Steuerung wetterinduzierter Risiken im Vergleich zum operativen und finanzwirtschaftlichen Risikomanagement nicht gegeben.

Energiewirtschaftliche Investitionen haben in der Regel eine hohe Faktorspezifität. Bei Investitionen in neue Erzeugung- oder Speicherkapazitäten sowie die Erschließung neuer Geschäftsfelder sind umfangreiche Absicherungsmaßnahmen notwendig, um sich vor opportunistischen Verhalten der Transaktionspartner zu schützen. Eine hohe strategische Relevanz ist ebenfalls mit diesen Maßnahmen stets verbunden. Weiterhin werden Transaktionen im Rahmen des strategischen Risikomanagements von vielfältigen Umweltzuständen und Verhaltensweisen der Transaktionspartner beeinflusst. Es ist somit eine hohe Unsicherheit hinsichtlich zukünftiger unvorhergesehener Änderungen der situativen Bedingungen oder des Verhaltens des Transaktionspartners gegeben. Die Häufigkeit gleicher strategischer Entscheidungen ist in der Regel gering. Strategische Entscheidungen sind üblicherweise Einzelfallentscheidungen, so dass Skaleneffekte nicht generierbar sind.

Es ist somit festzuhalten, dass strategisches Risikomanagement auch unter Effizienzgesichtspunkten ungeeignet ist, wetterinduzierte Risiken von Energieversorgungsunternehmen zu steuern, da die Transaktionskosten für die Zielerreichung zu hoch sind.

Die Ergebnisse der theoretischen Untersuchung werden durch die Praxis gestützt. Einhellig wurde in den Expertengesprächen die Möglichkeit wetterinduzierte Risiken mit strategischem Risikomanagement hinreichend steuern zu können, als ungeeignet angesehen. Strategische Entscheidungen sind in der Regel nicht an die Bewertung wetterinduzierter Risiken gebunden. Veränderungen des wetterinduzierten Risikoprofils in Folge strategischer Entscheidung sind vielmehr als ein Nebeneffekt dieser Entscheidungen anzusehen. Aktiv in die strategischen Entscheidungen der EVU einzubeziehen ist jedoch die Analyse der erkennbaren Trends in der Klima- und somit auch in der Wetterentwicklung, wie bspw. die globale Erwärmung oder das Auftreten von Klimaerscheinungen wie El Nino. Auch ist die Entscheidung, ob wetterinduzierte Risiken des EVUs zu managen sind, eine strategische Entscheidung der Unternehmensführung. Es sind dabei grundlegende risikopolitische Entscheidungen hinsichtlich der eindeutigen Festlegung zu treffen, welche operativen und finanziellen Risiken das EVU einzugehen bereit ist. Im Rahmen dieser Anforderungen sind wetterinduzierte Risiken von einem allgemein akzeptierten Bestandteil der gewöhnlichen Geschäftstätigkeit zu einer strategischen Entscheidung umzuwandeln[294].

---

[294] Vgl. ELLITHORPE, D./PUTNAM, S. (2000), S. 19.

5.3.2.2 Operativ

Während das strategische Risikomanagement Grundsatzentscheidungen und Rahmenbedingungen definiert, erfolgt im operativen Risikomanagement die Umsetzung der strategischen Entscheidungen sowie die Handhabung der täglichen Risikosituationen. Dies sind alle Formen der zeitlichen, qualitativen oder quantitativen Veränderung der Leistungserstellung. Das operative Management von wetterinduzierten Risiken ist die traditionelle Art der Energieversorgungsunternehmen, die Auswirkungen der Risiken auf den Unternehmenserfolg zu steuern. Insofern gehen meteorologische Daten schon seit langem in die Erstellung der Lastprognosen von Kapazitätsauslastungsplanungen und zur Planung eines bedarfsgerechten Einkaufs der EVU ein[295]. So erfolgt über die Optimierungen der Kraftwerks- und Speicherkapazitäten, die Anpassung des Strom- und Gashandels sowie den Abschluss von zeitlich befristeten Bezugs- und Lieferverträgen die Reduzierung der wetterbedingten Schwankungen auf den Unternehmenserfolg.

Mit operativen Risikomanagementmaßnahmen ist eine bedingte Steuerung wetterinduzierter Risiken und somit eine begrenzte Exaktheit der Zielerreichung realisierbar. Insbesondere die Anpassung wetterinduzierter Nachfrage- oder Erzeugungsschwankungen über die Optimierung und Flexibilität der Erzeugungs- und Speicherkapazitäten, ist nur begrenzt möglich. So muss ein EVU als grundlegende Vorraussetzung für eine operative Risikosteuerung über ausreichende eigene Kapazitäten verfügen, um Schwankungen neutralisieren zu können. In Zeiten der europaweiten Liberalisierung und dem einhergehenden Abbau von Kapazitäten zur Stromerzeugung sowie der verstärkten gleichzeitigen Nachfrage aller EVU nach Erdgas als Energieträger ermöglicht eine operative Risikosteuerung größtenteils nur mit Einschränkungen. Zum anderen ist eine Optimierung ausschließlich zum Ausgleich wetterbedingter Schwankungen durch die Gewährleistung der Versorgungssicherheit nicht möglich. Die Versorgung der Volkswirtschaft ist als übergeordnetes Ziel ausschlaggebend für den Versorgungsprozess. Weiterhin unterliegt die Erzeugung und der Transport der Energieträger physischen Restriktionen, die eine uneingeschränkte Anpassung an die Schwankungen der Wetterparameter nicht möglich macht. Auch das längerfristige operative Risikomanagement über den Abschluss von Bezugs- und Lieferverträgen ist aufgrund der durch die Liberalisierung notwendig gewordenen Flexibilisierung nicht uneingeschränkt geeignet. Sollte die angestrebte Risiko-Rendite-Position im Rahmen einer Optimierung der Erzeugungs- und Speicherkapazitäten dennoch möglich sein, so ist dies in der Regel sehr zeitnah realisierbar. Da diese operativen Risikomanagementmaßnahmen täglich an die veränderten Umweltbedingungen geknüpft sind, ist die Nachhaltigkeit dieser Maßnahmen als gering zu bewerten. Anpassungen, um die gewünschte Risiko-Rendite-Position zu erhalten, sind ständig vorzunehmen. Dies hat zur Folge, dass die Korrekturmöglichkeiten sehr groß sind. Ändern sich die lokalen Wetterrisiken ist es sehr schnell möglich, die operativen Entscheidungen entsprechend an-

---

[295] Vgl. MEYER, N. (2002), S. 29.

zupassen. Bei längerfristigen Bezugs- und Lieferverträgen ist dies jedoch nicht gegeben.

Anhand der untersuchten Kriterien lässt sich demnach schlussfolgern, dass operative Maßnahmen unter Effektivitätsgesichtspunkten nur bedingt geeignet sind, wetterinduzierte Risiken zu managen.

Betrachtet man das operative Management von wetterinduzierten Risiken anhand der Effizienzkriterien so ist feststellbar, dass die institutionelle Umsetzung aufwendig gestaltet ist. Die Optimierung von Erzeugungs- und Speicherkapazitäten erfordert einen signifikanten organisatorischen und personellen Aufwand innerhalb des EVUs. Anreize für einen sparsamen Ressourcenansatz sind aufgrund der hierarchischen institutionellen Umsetzung nur begrenzt gegeben. Im Vergleich zu den strategischen Maßnahmen können die Transaktionsprobleme dennoch kostengünstiger bewältigt werden. Operative Transaktionen zeichnen sich durch eine geringe Faktorspezifität und strategische Relevanz aus. Die Unsicherheit hinsichtlich der Umweltzustände und des Verhaltens der Transaktionspartner ist aufgrund der internen Organisation der Transaktionen relativ gering, was jedoch Kontrollen aufgrund möglicher Agency-Konflikte notwendig macht und somit zusätzliche Kosten erzeugt[296]. Trotz der Häufigkeit der operativen Entscheidungen sind dennoch keine Skaleneffekte oder ähnliche Vorteile generierbar. Es ist somit abschließend festzuhalten, dass operative Maßnahmen zur Steuerung wetterinduzierter Risiken unter Effizienzgesichtspunkten ebenfalls nur bedingt geeignet sind.

Mit Verweis auf die bisherige Praxis in den Energieversorgungsunternehmen wurden im Rahmen der Expertengespräche diese theoretischen Überlegungen bestätigt. Operatives Risikomanagement von wetterinduzierten Risiken ist durch die Restriktionen im Zuge der Versorgungssicherheit und physischen Besonderheiten nur eingeschränkt geeignet, die gewünschte Risiko-Rendite-Position zu erreichen. Kleine EVU sind aufgrund der in der Regel fehlenden Erzeugungs- und Speicherkapazitäten nicht in der Lage operatives Management von Wetterrisiken zu betreiben. Große, internationale EVU können hingegen aufgrund ihrer Ressourcenausstattung operatives und finanzwirtschaftliches Risikomanagement gut miteinander kombinieren und somit Risikomanagement unternehmenswertsteigernd betreiben.

5.3.2.3 *Finanzwirtschaftlich*

Finanzwirtschaftliches Management von wetterinduzierten Risiken in der Energiewirtschaft erfolgt mit Wetterderivaten, die eingesetzt werden, um die Risikostrukturen der Unternehmen bewusst und zielorientiert zu verändern. Diese derivativen Finanzinstrumente haben sich aufgrund der Limitierungen der alternativen Risikosteuerungs-

---

[296] Siehe Abschnitt 3.1.4.

konzepte etabliert, da sie die einzigartige Möglichkeit liefern, eine neue Kategorie von Risiko aus der Gesamtrisikostruktur des Unternehmens herauszulösen, welche in der Vergangenheit als Kosten der gewöhnlichen Geschäftstätigkeit akzeptiert wurden[297]. Es wird so, im Kontrast zum wirkungsbezogenen Management durch operativen Maßnahmen, ein ursachenbezogenes Management betrieben.

Mit finanzwirtschaftlichen Risikomanagementmaßnahmen wird eine exakte Zielerreichung ermöglicht. Die angestrebte Risiko-Rendite-Position ist durch Anwendung einzelner oder durch Kombination mehrerer Wetterderivate uneingeschränkt erreichbar. Dabei werden den Wirkungen der wetterinduzierten Risiken auf den unternehmerischen Erfolg den Ausgleichszahlungen bei Fälligkeit der Wetterderivate gegenübergestellt. Durch den aufwendigen Risikoanalyseprozess ist die gewünschte Risiko-Rendite-Position jedoch nicht unmittelbar erreichbar. Die Nachhaltigkeit der Zielerreichung ist hingegen hoch, da entsprechend der Vorstellungen eines EVUs die Zeitperiode der Wetterderivate angepasst werden kann. Die Möglichkeiten Korrekturen vorzunehmen sind hier nicht gegenläufig zu der Nachhaltigkeit der Zielerreichung. Die einzelnen Kontrakte sind zwar in ihren Spezifikationen und Laufzeiten nicht mehr abänderbar. Sollte aber eine andere Risiko-Rendite-Position angestrebt werden, kann diese über die exakte Modellierung eines anderen Kontraktes ermöglicht werden. Das Gesamtrisiko der beiden Wetterderivate ergibt dann die neue gewünschte Risiko-Rendite-Position.

Unter Effektivitätsgesichtspunkten sind finanzwirtschaftliche Maßnahmen somit sehr gut geeignet, wetterinduzierte Risiken zu steuern.

Analysiert man das finanzwirtschaftliche Management von wetterinduzierten Risiken unter Effizienzbetrachtungen so ist feststellbar, dass die institutionelle Umsetzung nicht aufwendig gestaltet werden muss. Die Durchführung des finanzwirtschaftlichen Managements der wetterinduzierten Risiken kann durch Adaption bewährter Prozesse, z.B. Management von Preisrisiken, realisiert werden. Anreize für einen sparsamen Ressourceneinsatz sind über die marktliche Koordination der Preise für Wetterderivate gegeben. Die transaktionsspezifischen Investitionen zur Transaktion von Wetterderivaten haben eine hohe Faktorspezifität, da sie nur für die Realisierung der gewünschten Risiko-Rendite-Position im Rahmen des Wetterrisikomanagements nutzbar sind. Die strategische Relevanz ist hingegen, wie bei operativen Maßnahmen, gering. Die Unsicherheit hinsichtlich der Umweltzustände und des Verhaltens der Transaktionspartner ist aufgrund der Organisation der Transaktionen über den Markt höher als bei operativen Maßnahmen. Die Häufigkeit der finanzwirtschaftlichen Entscheidungen ist von den angewendeten Strategien abhängig. Skaleneffekte können erzielt werden, wenn ein EVU als Investor oder Spekulant am Markt agiert und somit ständig Transaktionen tätigt. Zumindest können aber bei allen Strategien, die über mehrere Perioden angewandt werden, die Kosten des ersten aufwendigen Analyseprozesses verteilt werden.

---

[297] Vgl. ELLITHORPE, D./PUTNAM, S. (2000), S. 19.

Es ist demnach abschließend festzuhalten, dass finanzwirtschaftliche Maßnahmen zur Steuerung wetterinduzierter Risiken unter Effizienzgesichtspunkten gut geeignet sind.

In der Praxis werden diese theoretischen Überlegungen bestätigt. Finanzwirtschaftliches Risikomanagement mit Wetterderivaten ermöglicht eine Erweiterung des Aufbaus und Ausgleichs von Risikopositionen, die mit energiewirtschaftlichen Realoptionen nicht identisch nachgebildet werden können. Dabei ist der Ausgleich oder der Aufbau der gewünschten Risiko-Rendite-Postion mit geringen Liquiditätsanforderungen und geringen Transaktionskosten verbunden[298]. Wetterderivate erlauben damit in vielen Fällen ein einfacheres und effektiveres Management der Volumenrisiken in der Energiewirtschaft, indem sie eine Separation der Volumenrisiken vom Gesamtrisiko und den kostengünstigen Transfer dieser Risiken auf andere Marktteilnehmer ermöglichen, welche diese Risiken leichter tragen können bzw. tragen wollen.

Zusammenfassend kann festgehalten werden, dass die finanzwirtschaftliche Risikokonzeption die geeignetste Methode zur Steuerung wetterinduzierter Risiken eines EVUs ist. Einzig der aufwendige und komplizierte erste Analyseprozess kann in einigen Fällen dazu führen, dass bei geringfügigen Risiken und einem funktionierenden Asset Management auf Basis einer optimalen Infrastruktur operative Risikomanagementmaßnahmen kostengünstiger sein können. Die strategische Risikokonzeption ist hingegen vollkommen ungeeignet, die Wetterrisiken eines EVUs zu steuern.

5.3.3 Strategien zur Risikosteuerung

Wie die Vielzahl der beschriebenen Risiken eines EVUs und insbesondere die Auswirkungen wetterinduzierter Risiken deutlich machen, muss für ein erfolgreiches Agieren auf liberalisierten Energiemärkten ein aktiver Umgang mit Risiken erfolgen[299]. Die effizienteste und effektivste Konzeption für das Steuern von wetterinduzierten Risiken ist das Risikomanagement mit finanzwirtschaftlichen Instrumenten. Dabei besteht "die zentrale ökonomische Funktion" der Wetterderivate darin, eine isolierte "Bewertung, Bündelung und Weitergabe von Marktrisiken"[300] zu ermöglichen. Wetterderivate erlauben es somit den EVU, ihre individuelle Ausgangsposition, ihre Erwartungen und Risikopräferenzen zu gestalten bzw. umgestalten zu können. Der Einsatz der Wetterderivate kann dabei von den Motiven der Risikominimierung oder der gezielten Risikoübernahme hervorgerufen werden[301]. Die Möglichkeit der Separation der

---

[298] Vgl. RUDOLPH, B. (1995), S. 17.
[299] Vgl. NABE, C. A./BORCHERT, J. (1999), S. 207.
[300] DEUTSCHE BUNDESBANK (1994), S. 44.
[301] Für die Motive vgl. die Arbeiten von WORKING, H. (1953), S. 314-343; HICKS, J. R. (1939), S. 137; KEYNES, J. M. (1930), S. 142ff.

Risikoübernahme von einer mit Liquiditätsentzug verbundenen Bestandshaltung von finanziellen Mitteln ist dabei eines der wesentlichen Motive des Einsatzes von Wetterderivaten.

5.3.3.1 Risikominimierung

Risikominimierung ist als Strategiealternative anzuwenden, wenn die unternehmenspolitisch festgesetzten Risikolimite durch die bestehende Struktur der wetterinduzierten Risiken überschritten werden. Einen EVU stehen dann die Möglichkeiten der Vermeidung, Verminderung und Übertragung zur Verfügung, die über den Limiten liegenden Risiken zu steuern. Bei der Umsetzung der Risikominimierungsstrategien muss dabei stets im Auge behalten werden, dass eine Reduktion möglicher negativer Abweichungen vom Erwartungswert regelmäßig mit einer Reduzierung möglicher positiver Abweichungen oder der Zunahme einer anderen Risikoart verbunden ist.

- Das *Vermeiden* von Risiken führt zur vollständigen Beseitigung des Risikopotenzials. In Bezug auf die Steuerung von wetterinduzierten Risiken kann diese Option als nicht geeignet angesehen werden. Die Geschäftstätigkeit eines Energieversorgungsunternehmens ist stets mit Wetterrisiken verbunden. Die Vermeidung der Wetterrisiken würde so mit einer Beendigung der unternehmerischen Geschäftstätigkeit des Energieversorgungsunternehmens einhergehen.

- Das *Vermindern* von Risiken bewirkt eine Verringerung der Eintrittswahrscheinlichkeit und der potenziellen Schäden von Risikoereignissen. Diese Möglichkeit im Rahmen einer Risikominimierungsstrategie ist für die Steuerung wetterinduzierter Risiken teilweise anwendbar. Die Schwankungen und Ausprägungen der unterschiedlichen Wetterparameter entziehen sich als externe Faktoren der Beeinflussbarkeit jedes Energieversorgers. Die Eintrittswahrscheinlichkeit kann somit nicht beeinflusst werden. Hingegen können potenzielle Schäden durch operatives Risikomanagement der wetterinduzierten Risiken minimiert werden.

- Bei der *Übertragung* von Risiken wird das Gefahrenpotenzial oder nur die Folgen eines Risikoereignisses auf Dritte übertragen. Hierzu zählen im Rahmen des Managements von wetterinduzierten Risiken feste Abnahmeverträge und Wetterderivate. Die Grenzen fester Abnahmeverträge liegen hierbei in der Durchsetzbarkeit bei Vertragsverhandlungen und die zunehmende Flexibilisierung innerhalb der Energiewirtschaft. Die Grenzen bei Wetterderivaten liegen in der Vollständigkeit der Übertragungsmöglichkeiten. Ein vollständiger Transfer von Wetterrisiken auf andere Marktteilnehmer ist aufgrund der hohen Transaktionskosten nicht ökonomisch sinnvoll zu realisieren und würde andererseits den Sinn des unternehmerischen Engagements in Frage stellen. Diese Strategie würde im Extremfall auf die gesamte Tätigkeit des Unternehmens gerichtet sein und würde bei ihrer Umsetzung zur Folge haben, dass Investitionen in das EVU einer risikolosen Anlage entsprechen würde. Im Sinne einer angestrebten Steigerung des Unternehmenswertes muss die Möglichkeit der vollständigen Risikoübertragung als anwendbare Option ausgeschlossen werden. Eine teilweise Übertragung von wetterinduzierten Risiken auf andere Marktteilnehmer in Abhängigkeit der eigenen Risikostruktur und -präferenz ist hingegen im Rahmen der Marktbedingungen durch operative und finanzwirtschaftliche Instrumente möglich.

5.3.3.2 Risikotragung

Das Tragen von Risiken ist als Strategiealternative in Betracht zu ziehen, wenn geringfügige wetterinduzierte Risiken existieren, die Kosten möglicher Steuerungsmaßnahmen ökonomisch nicht vertretbar sind sowie bewusst die Risikofinanzierung durch das Unternehmen gewählt worden ist.

- *Geringfügige wetterinduzierte Risiken:* Überschreiten die wetterinduzierten Risiken nicht das festgelegte Risikomaß des Unternehmens, können sie vom Unternehmen akzeptiert werden. Die Ursachen für geringfügige Wetterrisiken können zum einen darauf zurückzuführen sein, dass ein vielfältiges Erzeugungs- und Kundenportfolio vorhanden ist, das durch die Aktivitäten in unterschiedlichen Geschäftsfeldern und geographischen Lagen zu einem natürlichen Hedge[302] und somit zu einem geringen Gesamtrisiko auf Unternehmensebene führt. Dies ist insbesondere bei großen internationalen EVU möglich. Zum anderen können die existierenden wetterinduzierten Risiken durch eine geringfügig risikoaverse Präferenz des Unternehmens im tragbaren Bereich sein, was bei anderen EVU ein Überschreiten des Akzeptanzniveaus zur Folge hätte.

- *Ökonomisch nicht vertretbare Steuerungsmaßnahmen:* Ist kein natürlicher Hedge oder eine geringe Risikoaversion gegeben, kann dennoch ein aktives Risikomanagement nicht immer sinnvoll sein. Das finanzwirtschaftliche Management der Wetterrisiken ist spezifisch und insbesondere an die Verfügbarkeit des notwendigen Know Hows und Kapitals gebunden. Ist dieses im EVU nicht vorhanden, ist der aufwendige Analyseprozess und die Produktmodulierung nicht durchführbar. Des weiteren können die Kosten der Risikosteuerung, in Form einer zu zahlenden Risikoprämie an den Risikonehmer, zu hoch sein. Insbesondere für kleinere EVU, die nicht über das entsprechende Know How und die finanziellen Ressourcen verfügen, kann es ökonomisch nicht vertretbar sein, die wetterinduzierten Risiken zu steuern, obwohl für diese Unternehmen nicht selten ein existenzbedrohendes Risiko vorhanden ist[303].

- *Risikofinanzierung:* Als weitere Alternative kann sich die Unternehmung bewusst entscheiden, relevante Wetterrisiken zu tragen und mögliche Konsequenzen durch Vorhaltung finanzieller Mittel abzusichern. Die Bereitstellung der finanziellen Mittel kann entweder aus dem Cashflow oder über die Bildung von Reserven erfolgen. Das EVU muss dabei aber stets die Opportunitätskosten der Kapitalvorhaltung und die Transaktionskosten einer Risikominimierung gegeneinander abwägen.

---

[302] Zur Erläuterung siehe Abschnitt 2.1.2.2.
[303] Vgl. MEYER, N. (2002), S. 57.

5.3.3.3 Risikoübernahme

Risikoübernahme als die bewusste Inkaufnahme und die aktive Übernahme von Risiken, welche nicht aus der Risikostruktur der Unternehmung resultieren, kann für Unternehmen sinnvoll sein, um zusätzlichen Unternehmenswert zu generieren, der ohne die Übernahme der zusätzlichen Risiken nicht möglich wäre.

Für Energieversorgungsunternehmen sind drei grundsätzliche Möglichkeiten denkbar, zusätzliche Risiken in ihr bestehendes Risikoportfolio zu integrieren und damit zusätzlichen Unternehmenswert zu schaffen. Die EVU können im Rahmen von Handelsaktivitäten zur gezielten Veränderung ihrer derzeitigen Risiko-Rendite-Position sowie zur Projektfinanzierung zusätzliche Wetterrisiken aufnehmen.

- *Handelsaktivitäten:* Eine reine Handelstätigkeit (Trading) von Wetterderivaten ist, wie auch der Ein- und Verkauf von Strom auf eigene Rechnung, über das Spekulationsmotiv erklärbar. Als Spekulation wird die Übernahme eines Marktrisikos bezeichnet, in Erwartung, dass sich das Underlying dahingehend ändert, dass zugleich eine positive Änderung des Derivatepreises eintritt.

- *Gezielte Veränderung der vorhandenen Risiko-Rendite-Position:* EVU treten in diesem Fall als Emittenten eines Wetterderivates auf, ohne die zusätzlich übernommenen Risiken auf dem Sekundärmarkt teilweise oder vollständig weiterzugeben. In Abhängigkeit der emittierten Produkte erhalten die EVU eine Prämie (bei Optionen) oder Teile des Upside-Potenzials der Gegenpartei als Gegenleistung für das übernommene Risiko.

- *Projektfinanzierung:* Hierbei wird eine Verbindung von finanzwirtschaftlichen Instrumenten zu energiewirtschaftlichen Realoptionen hergestellt. So ist es bspw. vorstellbar, dass ein EVU die Finanzierung eines Spitzenlastkraftwerkes teilweise über die Emission eines Wetterderivates realisiert. Hat ein EVU festgestellt, dass ein regelmäßiger Bedarf im Bereich der Spitzenlast aufgrund temperaturabhängiger Nachfragespitzen notwendig ist, kann als Alternative zum Einkauf der Fehlmengen am Spotmarkt der Bau eines Spitzenlastkraftwerkes erwogen werden. Überschüssige Kapazitäten können im Vorfeld über den Verkauf einer temperaturindizierten Call-Option an ein anderes EVU verkauft werden. Die Optionsprämie wird zur Finanzierung des Spitzenlastkraftwerkes in Stillstandszeiten verwendet und bei temperaturinduzierten Nachfragespitzen wird der Eigenbedarf und der Fremdbedarf des anderen EVU produziert[304].

Zusammenfassend bleibt festzuhalten, dass Management wetterinduzierter Risiken typischerweise Maßnamen zur Reduzierung oder Eliminierung von Risiken umfasst, es aber auch dazu verwendet werden kann, Risiken umzuwandeln, zu tragen oder in einigen Fällen sogar zu vergrößern.

---

[304] Für weitere Beispiele siehe ELLITHORPE, D./PUTNAM, S. (2000), S. 24-27.

5.4 Zusammenfassung Teil B

Wetterinduzierte Risiken sind die nicht-katastrophenbedingten Risiken, die durch Schwankungen einzelner Wetterparameter Auswirkungen auf die Erfolgsstrukturen von Unternehmen haben. Sie können dabei Dimensionen annehmen, die eine aktive Steuerung und die Einbindung in das unternehmensweite Risikomanagementsystem erfordern. Als geeignete Steuerungsinstrumente haben sich Wetterderivate in den letzten Jahren etabliert. Wetterderivate sind derivative Finanzinstrumente, die sich gegenüber den herkömmlichen Derivaten darin unterscheiden, dass sie Volumen- statt Preisrisiken absichern und das ihre Basisobjekte Wettervariablen und nicht Güter- oder Kapitalmarktprodukte sind. Auf dem Wetterrisikomarkt erfolgt der Handel der Wetterderivate in Form von OTC- und Börsenprodukten.

Wetterinduzierte Risiken beeinflussen insbesondere Energieversorgungsunternehmen, die Erzeugungs- aber hauptsächlich Nachfrageschwankungen infolge sich ändernder Wettereinflüsse ausgleichen müssen. Dabei werden die verschiedenen Unternehmenstypen der Energiewirtschaft unterschiedlich von den Wetterrisiken beeinflusst. Internationale EVU sind zwar vielfältigen Wettereinflüssen ausgesetzt, diese gleichen sich jedoch durch einen natürlichen Hedge innerhalb des umfangreichen und lokal diversifizierten Portfolios der Geschäftätigkeiten teilweise aus, so dass auf Gesamtunternehmensebene zumeist ein akzeptables Risikoniveau gegeben ist. Im Gegensatz dazu haben kommunale EVU aufgrund des sehr kleinen Versorgungsgebietes und der hohen Anzahl an Haushaltskunden ein sehr ausgeprägtes wetterinduziertes Risiko das sich unmittelbar auf den Unternehmenserfolg auswirkt. Um diese Wetterrisiken entsprechend steuern zu können, bieten sich insbesondere das finanzwirtschaftliche Risikomanagement mit Wetterderivaten und vereinzelt auch das operative Risikomanagement an.

Die Durchführung des Managements von Wetterrisiken wird im nachfolgenden Teil dieser Arbeit eingehend dargestellt. Dem gesamten Abschnitt liegt der Aufbau des grundsätzlichen Risikomanagementprozesses zugrunde. So wird im Anschluss an die Risikoanalyse, im Rahmen der Risikosteuerung die Untersuchung der Realisierbarkeit der einzelnen Risikomanagementstrategien durch die verschiedenen energiewirtschaftlichen Unternehmenstypen als Schwerpunkt dieses Abschnittes durchgeführt. Im Ergebnis werden Aussagen darüber formuliert, welche Unternehmenstypen aufgrund ihrer Ressourcenausstattung und der Transaktionskosten welche Strategie vor dem Hintergrund der Unternehmenswertsteigerung verfolgen können. Die Erläuterungen zur Risikoüberwachung schließen den Risikomanagementprozess ab.

Teil C: Managementprozess wetterinduzierter Risiken in der Energiewirtschaft

6. Risikoanalyse

Im Managementprozess von wetterinduzierten Risiken erfolgt nach einer grundlegenden Festlegung der Ziele des Risikomanagements von Wetterrisiken eine Risikoanalyse, deren wesentliche Bestandteile die Risikoidentifikation und -bewertung sind. Mit Hilfe der Risikoanalyse werden die wetterinduzierten Risiken eines EVUs entsprechend ihrer Art und Höhe formalisiert und quantifiziert. Dieser recht anspruchsvolle Bestandteil des Risikomanagementprozesses ist durch die aufwendige Datensammlung und -analyse zumindest bei erstmaliger Durchführung sehr zeitintensiv.

6.1 Risikoidentifikation

Risikoidentifikation im Rahmen des Managements von wetterinduzierten Risiken ist die systematische und strukturierte Erfassung der Wetterrisiken und ihrer Wirkungszusammenhänge im Energieversorgungsunternehmen. Zur Identifizierung der wetterinduzierten Risiken bietet sich das Verfahren der Regressionsanalyse an. Dabei wird das wetterbedingte Risiko durch die Regression von historischen Absatz-, Erzeugungs- oder Beschaffungsmengen auf die Volatilität ursächlicher historischer Wetterdaten ermittelt[305]. Ergibt sich aus der Regressionsanalyse eine enge positive Korrelation, so können die Schwankungen des Wetterparameters als ursächlich für die Schwankung der analysierten Kenngrößen angesehen und ein funktionaler Zusammenhang zwischen beiden Größen bestimmt werden.

Im ersten Schritt sind somit die Wetterparameter zu identifizieren, welche das EVU in seiner Geschäftstätigkeit beeinflussen. Die mit den Schwankungen der Wetterparameter einhergehenden einzelnen Risiken müssen nachfolgend hinsichtlich ihrer Wirkungen auf die betriebswirtschaftlichen Erfolgsgrößen des Unternehmens untersucht werden. Im Ergebnis werden die identifizierten Risiken in einer unternehmensspezifischen Risikomatrix zusammengefasst und dokumentiert. Die nachfolgende Analyse dieser Risikomatrix ermöglicht es den EVU die betriebswirtschaftliche Erfolgsgröße zu ermitteln, welche im größten Umfang von den Schwankungen der Wetterparameter beeinflusst und im Rahmen der Risikosteuerung gemanagt werden muss.

---

[305] SCHIRM, A. (2000), S. 724.

6.1.1 Ermittlung der relevanten Wettervariablen

Die Ermittlung der relevanten Wetterparameter ist innerhalb der Risikoidentifikation ein wichtiger Bestandteil. Ein rein intuitives Vorgehen ist vielmals nicht ausreichend. Um nachfolgende Transaktionen im Rahmen des Wetterrisikomanagements strukturieren zu können, muss das EVU in der Lage sein, die spezifischen Wetterparameter zu identifizieren, welche die Ursache für die Volatilitäten der betriebswirtschaftlichen Erfolgsgrößen sind[306]. Für eine korrekte Abbildung der individuellen Risikosituation des EVU in einem dem Wetterderivat zugrundeliegenden Index bedarf es einer intensiveren Betrachtung der Auswirkungen einzelner Wetterparameterschwankungen. Da EVU wetterinduzierten Risiken auf der Nachfrage- als auch auf der Erzeugungsseite ausgesetzt sind, muss entsprechend der individuellen Struktur der Geschäftätigkeiten eine differenzierte Analyse der Volumenschwankungen durchgeführt werden. Die EVU müssen dabei feststellen, welche Geschäftsfelder von welchen Wetterparametern beeinflusst werden. Dabei besteht die Möglichkeit, das einzelne Geschäftsfelder von mehreren Wetterparametern beeinflusst werden, was eine spätere Modellierung eines geeigneten Wetterindexes erschwert. Die einzelnen Geschäftsfelder sind dabei separat zu untersuchen und insbesondere die spezifische Kundenstruktur ist zu beachten.

6.1.1.1 Bereinigung historischer Wetterdaten

Im Vorfeld der Verwendung von historischen Wetterdaten zur Ermittlung des wetterinduzierten Risikoprofils der EVU und im späteren Verlauf zur Bewertung von Wetterderivaten ist eine Bereinigung dieser Daten vorzunehmen. Wie alle empirischen Daten, die für statistische Auswertungen herangezogen werden, so müssen auch Wetterdaten generell einen hinreichenden Umfang aufweisen und auf Basis gleicher oder sehr ähnlicher Rahmenbedingungen ermittelt worden sein. Dies ist bei meteorologischen Rohdaten in vielen Fällen nicht gegeben, so dass vor einer Verwendung der Wetterdaten eine Bereinigung von externen Einflüssen und eine Trendanpassung vorzunehmen ist.

Besonders wichtig ist es, die Verzerrungen der historischen Wetterdaten, die aufgrund von externen Einflüssen entstanden sind, zu bereinigen. Obwohl für die nationalen Wetterdienste Standards für die Datenerhebung vorgegeben werden, sind vielfach Mängel hinsichtlich der Qualität und der Vollständigkeit gegeben. So weisen lange Messreihen in der Regel Lücken bei der Datenerfassung auf, die bspw. aufgrund von technischen Schwierigkeiten bei der Messung oder Dokumentation hervorgerufen werden. Sollte die quantitative Erfassung lückenfrei sein, besteht die Notwendigkeit der qualitativen Überprüfung der Daten. So können aufgrund der Veränderung der Messorte, -verfahren und -technik die Konsistenz der Wetterdaten erheblich beeinflusst worden sein[307]. Zusätzlich beeinflussen Veränderungen im Messumfeld die

---

[306] Vgl. CRCM (2001), S. 23.
[307] So kommt es vor, dass bei Wetterstationen die Messhöhe verändert wurde und damit tendenziell veränderte Daten erfasst werden oder dass Messstationen z.B. mit Flughäfen umgesiedelt werden.

Messdaten in erheblichem Umfang. So werden durch Änderungen demographischer Faktoren in Ballungsgebieten, wärmespeichernden Betonneubauten und durch Zunahme des Straßenverkehrs die Messdaten nachhaltig verändert. Dieser Einfluss ist als "heat-island"-Effekt in der Meteorologie bekannt[308]. Da ein EVU die Bereinigung in den seltensten Fällen selber vorzunehmen in der Lage ist, die Nachfrage nach bereinigten Wetterdaten aber zunehmend steigt, bieten die nationalen Wetterdienste vermehrt bereinigte Messdaten an. Bestehen auch in diesen Datenreihen noch Lücken, kann ein EVU durch Interpolation oder Schätzung anhand vergleichbarer anderer Messreihen eine vollständige Bereinigung durchführen.

Ebenso wichtig wie die quantitative und qualitative Bereinigung der Messdaten, ist eine genaue Analyse von jüngeren Trends innerhalb der historischen Wetterdaten. Diese können für die zukünftige Wetterentwicklung maßgeblich sein und müssen bei der Modulierung der zukünftigen Wetterverläufe deshalb berücksichtigt werden. Dies geschieht indem die verwendete Länge des Datenmaterials so angepasst wird, dass der Trend Berücksichtigung findet.

Sind die entsprechenden Wetterdaten nach der Bereinigung für das EVU anwendbar, muss im Anschluss ermittelt werden, welche betrieblichen Erfolgsgrößen durch die unterschiedlichen Ausprägungen der einzelnen Wetterparameter beeinflusst werden.

6.1.1.2 Geschäftsfeldanalysen

Nach der Bereinigung der historischen Wetterdaten kann die Analyse der Geschäftsfelder erfolgen. Dabei werden die historischen Verläufe der Unternehmensabsatz- und -erzeugungsmengen dem historischen Verlauf der einzelnen Wetterparameter gegenübergestellt und Abhängigkeiten identifiziert. Die nachfolgenden Ausführungen stellen die häufigsten wetterbedingten Auswirkungen in Energieversorgungsunternehmen beispielhaft dar.

Strom

Die Identifizierung der relevanten Wettervariablen, die Einfluss auf die Stromerzeugung haben, ist in der Regel eindeutig möglich. Die regenerativen Stromerzeugungstechnologien sind meistens augenfällig mit spezifischen Wetterparametern verbunden. So sind z.B. Photovoltaikanlagen abhängig vom Bedeckungsgrad bzw. von der Anzahl der Sonnenstunden und Windenergieanlagen von der Windkraft. Einzig die Energieerzeugung auf der Basis von Wasserkraft muss differenzierter betrachtet werden. Ausschlaggebend für die Stromerzeugung ist hier die verfügbare Wassermenge, welche wiederum vom Niederschlag und im Frühling durch die Schneeschmelze beeinflusst wird. Niederschlag ist ein Wetterparameter, der sehr unterschiedliche lokale Ausprägungen hat, das Einzugsgebiet der Wassermengen eines Wasserkraftwerkes ist hingegen sehr weitläufig. Die Erfassung aller Niederschläge des weitreichenden

---

[308] Vgl. DISCHEL, B. (1998a), S. 10.

Einzugsgebietes, welche die Zuflüsse des Wasserreservoirs der Wasserkraftwerke speisen, ist schwer realisierbar und kostenintensiv. Deshalb werden zunehmend die Pegelstände oder Fließmengen der Flüsse, die das Wasserreservoir speisen, als Wetterindex zugrundegelegt. Dies sind nun keine Wetterparameter im herkömmlichen Sinne, geben aber das Risiko besser wieder.

Abhängigkeiten bei der Stromerzeugung von der Temperatur sind bei Anwendung der KWK-Technologie gegeben. Da diese Technologie auch zur Erzeugung von Fernwärme genutzt wird, wird diese Thematik dort eingehender dargestellt.

Nachfragerisiken können in Abhängigkeit von der Temperatur[309], Niederschlag[310] und Bedeckungsgrad[311] entstehen. Grundsätzlich sind die Wirkungen der einzelnen Wetterparameter zuerst einzeln und nachfolgend zusammen auf die Stromnachfrage zu analysieren. Besteht eine Nachfrageabhängigkeit zu einem Wetterparameter, ist die Modellierung eines geeigneten Indexes relativ einfach zu realisieren. Treten die unterschiedlichen Einflüsse gleichzeitig auf, sind sie in ihrer Gesamtheit sehr komplex und somit nur schwer in einem geeigneten Index darstellbar.

Gas

Bei dem Energieträger Gas sind bekanntermaßen nur wetterinduzierte Nachfragerisiken vorhanden. Diese werden fast ausschließlich durch Schwankungen der Temperatur verursacht. Dies hat seine Ursache darin, dass Erdgas größtenteils zu Heizzwecken genutzt wird. Der zunehmende Einsatz von gasbefeuerten Kraftwerken zur Stromerzeugung führt ebenfalls zu einer steigenden wetterbedingten Reagibilität der Gasnachfrage und zu einer Interdependenz zwischen Strom- und Gasmarkt[312]. Steigt der Stromverbrauch, so hat dies einen Anstieg der abgesetzten Gasmenge zur Folge. Da die Stromerzeugung jedoch nicht ausschließlich temperaturabhängig ist, sind die Rückwirkungen auf die Gasnachfrage nicht proportional.

Fernwärme

Die Fernwärmenachfrage setzt sich aus dem Bedarf an Prozesswärme und der Wärme zur Raumtemperaturregulierung zusammen. Prozesswärme wird in der Regel im Rahmen von Produktionsprozessen eingesetzt und ist somit von Wettereinflüssen größtenteils entkoppelt. Der Wärmebedarf zur Raumtemperaturregelung ist hingegen unmittelbar von Temperaturschwankungen betroffen. Bei dem Einsatz von Kraft-Wärme-Kopplungsanlagen wird Wärme- mit Stromerzeugung kombiniert. Dabei wird die bei der Stromherstellung erzeugte Abwärme dazu benutzt, unter Anwendung von

---

[309] Aufgrund von Temperaturschwankungen verändert sich der Bedarf zur Raumtemperaturänderung (Heizung oder Kühlung).
[310] Wird der Strom zum Betrieb von Beregnungsanlagen in der Landwirtschaft genutzt, sinkt der Stromabsatz bei steigendem Niederschlag.
[311] Der Bedeckungsgrad lässt durch einen erhöhten oder verminderten Bedarf an elektrischer Beleuchtung die Nachfrage variieren.
[312] OFGEM (2000), S. 1ff.

Wärmetauschern, das Wasser von Fernwärmekreisläufen zu erhitzen. Die technisch bedingte Kopplung von Strom und Wärme erfordert eine Steuerung der Kraftwerke nach dem temperaturabhängigen Wärmebedarf. So hat ein möglicher warmer Winter neben einem geringeren Fernwärmeabsatz auch eine entsprechend geringere Stromproduktion zur Folge. Wetterinduzierte Nachschwankungen bei Fernwärme verursachen somit bei der Anwendung von KWK-Technologie Erzeugungsrisiken bei der Stromgewinnung.

Die analysierten Geschäftsfelder sind in Anhängigkeit ihrer Wichtigkeit für den Unternehmenserfolg nun in die Risikomatrix einzuordnen und den relevanten Wetterparametern gegenüberzustellen. Im Anschluss muss das EVU festlegen, welche betriebswirtschaftliche Erfolgsgröße gesteuert werden soll.

6.1.2 Festlegung der betriebswirtschaftlichen Erfolgsgröße

Die wetterbedingten Nachfrage- und Erzeugungsschwankungen haben unterschiedliche Wirkungen auf die einzelnen finanzwirtschaftlichen Kenngrößen. Neben der Beeinflussung der unterschiedlichen Erlöskenngrößen ist feststellbar, dass sich wetterinduzierte Risiken indirekt auch auf die Preise am Handelsmarkt auswirken. Somit wird neben der Erlös- auch die Kostenstruktur von Energieversorgungsunternehmen beeinflusst. Das EVU hat deshalb die Aufgabe festzustellen, welche Kenngröße aufgrund der Wetterrisiken am meisten beeinträchtigt wird.

Die Nachfrageschwankungen haben unmittelbaren Einfluss auf die unterschiedlichen Erlösparameter Absatz, Umsatz, Cashflow. Welche der Kenngrößen als Analyse- und Steuerungskenngröße zugrundegelegt wird, muss das EVU individuell entscheiden. In der Regel erfolgt die Auswahl der Kenngröße anhand ihrer Kompatibilität zum bestehenden Wertmanagementsystem des EVUs. In den meisten Fällen wird der Cashflow als Kenngröße verwendet, um unmittelbar die Wertsteigerung einzelner Risikosteuerungsmaßnahmen bewerten zu können.

Die Kosten der EVU können durch wetterbedingte Nachfrage- und Erzeugungsschwankungen beeinflusst werden. So bewirken Erzeugungsschwankungen bspw. aufgrund nicht ausreichend zur Verfügung stehender Wasser- oder Windmengen, dass die Grenzkosten der Erzeugung über den Marktpreisen liegen und somit die Erzeugung mit diesen Kapazitäten unrentabel wird. Ähnliches tritt ein, wenn die Nachfrage z.B. aufgrund geringer Temperaturen sinkt. Die plötzlich vorhandenen überschüssigen Spitzenlast-Erzeugungskapazitäten erzeugen Leer- und Vorhaltekosten infolgedessen die Grenzkosten der Erzeugung im Vergleich zu den Grenzkosten einer normalen Nachfrage steigen. Es können aber auch aufgrund eines wetterinduzierten Mehrbedarfs die Kosten steigen. Kann der Mehrbedarf an Strom oder Gas durch eigene Erzeugungs- oder Lagerkapazitäten nicht ausgeglichen werden oder die Stromerzeugung würde durch den Anlauf von Spitzenlastkraftwerken mit ohnehin höheren Kosten pro KWh verbunden sein, muss zur Erfüllung bestehender Lieferverträge die Energieträger zu höheren Beschaffungskosten auf den volatilen Energiespotmärkten eingekauft werden.

Auf Basis der Analyse der Erlös- und Kostenkenngrößen ist das EVU nun in der Lage, die betriebliche Kenngröße zu wählen, die einerseits den Einfluss der Wetterrisiken auf das EVU am besten widerspiegelt und andererseits im Rahmen des Wertmanagementsystems eine Steuerung ermöglicht.

6.1.3 Erstellung der Risikomatrix

Die in der *Abbildung 6-1* dargestellte Risikomatrix bietet für die EVU einen Rahmen, innerhalb dessen die unterschiedlichen Risiken systematisch identifiziert und ihre Auswirkungen später qualitativ erfasst werden können.

Abb. 6-1: Risikomatrix zur Erfassung wetterinduzierter Risikofaktoren

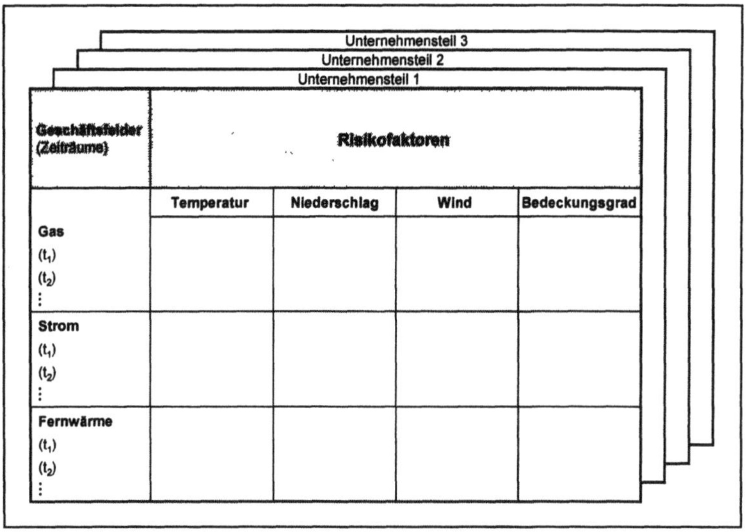

Geschäftsfelder (Zeiträume)	Risikofaktoren			
	Temperatur	Niederschlag	Wind	Bedeckungsgrad
Gas (t_1) (t_2) ⋮				
Strom (t_1) (t_2) ⋮				
Fernwärme (t_1) (t_2) ⋮				

(Unternehmensteil 1, Unternehmensteil 2, Unternehmensteil 3)

Quelle: eigene Darstellung

Die Spalten der Frontseite repräsentieren die Wetterrisikofaktoren. Diese werden zerlegt in die wichtigsten Wetterparameter, die die Ursache und die Höhe des Wetterrisikos des EVUs am signifikantesten bestimmen. Die Zeilen der Matrix enthalten die Geschäftsfelder des EVUs, die von den Wetterparametern beeinflusst werden. Die Geschäftsfelder müssen dabei unmittelbar von mindestens einem der in den Spalten aufgeführten Risiken beeinflusst werden, d.h. es werden nur Effekte erster Ordnung berücksichtigt.

Da die EVU aufgrund der jahreszeitlichen Saisonalität zyklisch ausgeprägte Erlös- und Kostenstrukturen haben, sind ebenfalls die Zeiträume festzustellen, in denen die Geschäftstätigkeit in besonderem Maße beeinflusst werden. Durch die Berücksichtigung des zeitlichen Anfalls der Risiken können die risikobehafteten betriebswirtschaftlichen Größen zusammengefasst werden. Die Länge der einzelnen Perioden orientiert sich dabei sinnvollerweise an den Jahreszeiten. Die Frontseite des Würfels charakterisiert somit in qualitativer Weise die wetterbedingten Risikopositionen des EVUs.

Die Gesamtwirkung der Risikofaktoren auf die betriebswirtschaftlichen Erfolgsgrößen hängt davon ab, inwieweit Kompensationen zwischen den einzelnen Komponenten der Erfolgsgrößen bestehen. Durch die Erfassung der einzelnen Unternehmensteile bzw. Standorte der EVU lassen sich die Ausgleichsmöglichkeiten von Risiken zwischen Unternehmensteilen, bspw. durch Netting[313] besser darstellen. Bei der Abgrenzung einzelner Unternehmensteile bietet es sich an, diejenigen Organisationseinheiten als eigenständig zu betrachten, die eine Finanzierungsrechnung erstellen können. Es ist dabei denkbar, dass die einzelnen Unternehmensteile auf unterschiedlichen Aggregationsebenen definiert werden und somit strategische Geschäftseinheiten, strategische Geschäftsfelder oder Konzerngesellschaften umfassen.

6.2 Risikobewertung

Ziel der Risikobewertung ist es, nach der qualitativen Charakterisierung der Risiken im Rahmen der Risikoidentifikation, eine quantitative Beurteilung vorzunehmen sowie ein Risikoportfolio zu bilden.

6.2.1 Quantifizierung der Risiken

Um die identifizierten Wetterrisiken in Risikograde einteilen zu können, müssen sie zuvor quantifiziert werden. Die Quantifizierung umfasst die Bestimmung der direkten und indirekten Verlust- und Gewinnmöglichkeiten sowie die Beurteilung der dazugehörigen Eintrittswahrscheinlichkeiten. Da die zukünftige Entwicklung dieser beiden Maßgrößen nicht bekannt ist, muss eine Schätzung anhand von Vergangenheitswerten durchgeführt werden. Die Exaktheit dieser Schätzungen hängt dabei insbesondere vom Umfang und von der Qualität der verfügbaren Vergangenheitswerte ab.

Um die notwendige Qualität des Datenmaterials herzustellen, sind, neben der bereits erörterten Bereinigung der vorliegenden Wetterdaten, ebenfalls die betriebswirtschaftlichen Kenngrößen zu bereinigen. Um eine Vergleichbarkeit der Kenngrößen über mehrere Zeiträume zu ermöglichen, und somit den Anforderungen ähnlicher Rahmenbedingungen zu genügen, müssen die historischen Zeitreihen der betriebswirtschaftlichen Kenngrößen um Sondereinflüsse, die nicht auf die Wetterparameter zurückzuführen sind, bereinigt werden. Solche Sondereinflüsse können aus Veränderungen der Produktions- und Kostenstruktur des EVU oder aus verändertem Verbrauchsverhalten, Strukturveränderungen hinsichtlich des Kundenstammes und des Produktvertriebs resultieren.

---

[313] Siehe Abschnitt 6.2.2.

Im nächsten Schritt werden die beiden bereinigten historischen Zeitreihen von betriebswirtschaftlicher Kenngröße und Wetterdaten in Zusammenhang gestellt. Dabei ist das Ziel, Korrelationen zwischen den Kenngrößen zu identifizieren, um letztendlich die Sensibilität der festgelegten betriebswirtschaftlichen Steuergröße quantifizieren zu können. Dabei ist es wichtig, den wetterinduzierten Volumenschwankungen die entsprechend richtigen Preise zuzuweisen. Bei über den Zeitverlauf konstanten Preisen ist die Quantifizierung unproblematisch, während variierende Preise entsprechend Mehraufwand mit sich bringen. Besondere Schwierigkeiten entstehen bei der Quantifizierung, wenn wetterinduzierte Mengenschwankungen simultan mit wetterbedingten Preisschwankungen auftreten und die Erstellung einer Gewinnfunktion in Abhängigkeit des Wetterparameters äußerst schwierig zu realisieren ist.

Im weiteren Verlauf muss das EVU feststellen, welches Wetter als das durchschnittlich normale angesehen werden muss, um mögliche finanzielle Schäden oder Gewinne relativ zu diesem normalisierten Wetter zu ermitteln. In der Regel wird der aus der Korrelationsanalyse gewonnene historische Mittelwert der Wetterparameter verwendet. Der normale Gewinn oder Verlust des EVUs ist dann der Wert, welcher beim historischen Mittelwert eintritt. Ob sich der so ermittelte normale Gewinn einstellt, hängt von der Eintrittswahrscheinlichkeit des zukünftigen Wetters ab. Um das damit verbundene Risiko einschätzen zu können, ist somit eine Verteilungsannahme über zukünftige Wetterverläufe nötig. Diese gesamte Thematik ist eng mit der Modellierung von Wetterverläufen und infolgedessen mit der Bewertung von Wetterderivaten verbunden. Da für letzteres noch kein allgemein anerkanntes Bewertungsmodell existiert und die Modellierung von Wetterverläufen fortlaufend in wissenschaftlichen Arbeiten weiterentwickelt wird, soll diese komplexe Thematik hier nicht weiter erörtert werden[314]. In der Regel orientieren sich die EVU aus Praktikabilitätsgründen bei der Bestimmung des Erwartungswertes der einzelnen Wetterparameter am historischen Mittelwert und passen diesen eventuell an jüngere oder langfristige Trends an.

6.2.2 Risikoaggregation

Ist das EVU mehreren Einzelrisiken ausgesetzt, müssen diese aggregiert werden, um Kompensationseffekte ermitteln und nutzen zu können. Ziel der Risikoaggregation ist es somit, die auf die Risikoidentifikation und -quantifikation aufbauende Bestimmung des Gesamtrisikoumfangs des EVUs sowie der relativen Bedeutung der Einzelrisiken. Dabei sind Wechselwirkungen der Risiken explizit zu berücksichtigen.

Die mit den quantifizierten Risiken ergänzte Risikomatrix der Risikoanalyse weist den geringsten Aggregationsgrad auf. Bei einer Erstellung dieser dreidimensionalen Risikomatrix mussten für jeden Unternehmensteil, jedes Geschäftsfeld und jeden Risiko-

---

[314] Für den letzten Stand der wissenschaftliche Arbeiten zu dieser Thematik siehe BRIX, A./JEWSON, S./ZIEHMANN, C. (2002), S. 127-150 und 169-184; ROULSTON, M. S./SMITH, L. A. (2002), S. 115-126; SMITH, S. (2002), S. 53-72.

faktor die Ausprägungen des zugehörigen finanziellen Überschusses ermittelt werden. Offensichtlich verbietet sich in der Regel aus Praktikabilitätsgründen diese vollständig disaggregierte Darstellung der Risikosituation des EVUs. Ist hingegen nur ein Unternehmensteil einem nennenswerten Risiko ausgesetzt und wird dieses zudem nur durch einen Risikofaktor bestimmt, dann kann eine Ermittlung des Risikos auch disaggregiert erfolgen. Ist dieser Fall nicht gegeben, sind die Risiken zeitlich horizontal und vertikal zu aggregieren.

Zeitlich horizontale Aggregation

Durch zeitlich horizontale Aggregation besteht die Möglichkeit, Risikopositionen durch Diversifikationseffekte zwischen den Risiken der verschiedenen Unternehmensteile und durch internes Netting von gegenläufigen Risikopositionen zu reduzieren. Die Summe der Einzelrisiken bei einer unter +1,0 liegenden Korrelation wird stets unter dem Gesamtrisiko liegen. Die Höhe dieses Ausgleichseffektes hängt von der Größe der Einzelrisiken und der Höhe des Korrelationseffektes ab. Für die Charakterisierung der Risikopositionen mit Hilfe von Korrelationen spielt deren zeitliche Stabilität ein große Rolle. Zeitlich instabile Korrelationen erzwingen deren laufende Neuschätzung und führen zudem zu einem Schätzrisiko. Durch die zeitlich horizontale Aggregation in einzelnen Unternehmensteilen und über verschiedene Unternehmensteile hinweg, werden Risikoausgleichseffekte zwischen verschiedenen Risikofaktoren für die finanzwirtschaftliche Risikosteuergröße eines Unternehmensteils erfasst, d.h. die Summe der Risiken der finanzwirtschaftlichen Steuergröße einzelner Unternehmensteile ist höher als das Risiko der finanziellen Überschüsse des Gesamtunternehmens.

Zeitlich vertikale Aggregation

Neben der zeitlich horizontalen Aggregation besteht noch die Möglichkeit zur zeitlich vertikalen Aggregation der Risiken. Hierzu werden die finanziellen Verluste oder Überschüsse verschiedener Zeiträume diskontiert und addiert. Damit erfolgt das Vorziehen der finanziellen Wirkungen zukünftiger Wetterrisiken in die Gegenwart. Ermittelt ein EVU im Rahmen der Risikoquantifizierung nur potenzielle Risiken für die eine Periode, ist eine vertikale Aggregation nicht möglich und nicht nötig.

Eine Risikoanalyse, die auf den Marktwert des Gesamtunternehmens abzielt, setzt eine zeitlich horizontale und vertikale Aggregation voraus. Sie repräsentiert eine Aggregation über alle drei Dimensionen der Risikomatrix und bildet somit die höchste Aggregationsstufe. Für den abgegrenzten Bereich der Handelsbücher wird diese höchste Stufe der Aggregation vorausgesetzt, damit sich die Risiken kurzfristig auf der Grundlage von Marktwerten erfassen, steuern und kontrollieren lassen. Auf der Basis der Aggregationsergebnisse werden die durch Risiken verursachten Streuungsbänder der zukünftigen Cashflows auf Unternehmensebene ermittelt. Insgesamt wird so durch die Risikoaggregation das Fundament geschaffen, ein fundiertes wertorientiertes Steuern der wetterinduzierten Risiken zu ermöglichen.

Als Ergebnis der gesamten Risikoanalyse lässt sich das Risikoportfolio eines EVUs in Form einer qualitativ vervollständigten Risikomatrix abbilden. Die Risikomatrix gibt dann einen Überblick über die aktuelle Risikosituation des Unternehmens und gewährleistet, dass die Entscheidungsträger über die Risikosituation des Unternehmens informiert sind und entsprechende Steuerungsmaßnahmen einleiten können.

7. Risikosteuerung

Die im Rahmen der Risikoanalyse stattgefundene Identifikation und Bewertung der wetterinduzierten Risiken hat es den Energieversorgern ermöglicht, ihr Wetterrisiko hinreichend zu quantifizieren. Es besteht nun im Rahmen der Risikosteuerung die Aufgabe, festzulegen, ob und wenn ja wie die bestehende Risikostruktur angepasst werden soll, um eine optimale Risiko-Rendite-Position zu erreichen. Dabei ist im ersten Schritt diese Risiko-Rendite-Position von der Unternehmensleitung festzulegen und nachfolgend unter Anwendung geeigneter Risikostrategien und -instrumente zu realisieren.

7.1 Festlegung der Risikoposition

Die Art und Weise wie Risiken im allgemeinen und Wetterrisiken im speziellen aufzufassen und zu handhaben sind, werden durch die risikopolitischen Grundsätze in Form von Unternehmensleitlinien und Risikolimiten festgelegt. Dabei orientieren sich die risikopolitischen Grundsätze an der Erzielung des größten Wertbetrages zur Steigerung des Unternehmenswertes im Sinne des Shareholder Value.

Die Intention der Unternehmensleitlinien, die im Einklang mit den normativen Elementen der Unternehmensführung stehen, liegt in der Etablierung und Stärkung des Risikobewusstseins aller Mitarbeiter[315]. Diese dokumentierten Verhaltensregeln sollen alle Mitarbeiter im Unternehmen zu einem vernünftigen Umgang mit Risiken anleiten und die Entwicklung einer Risiko- und Kontrollkultur anstoßen[316]. Die risikopolitischen Grundsätze sind elementarer Bestandteil der Unternehmenspolitik und müssen an dieser ausgerichtet sein. Risikopolitik fällt damit in den originären Aufgaben- und Verantwortungsbereich der Unternehmensleitung[317]. Die Ziele der Risikopolitik lassen sich in drei Kategorien einteilen: Existenzsicherung, Zukunftssicherung und Optimierung der Risikokosten. Für diese Ziele sind von der Unternehmensleitung Risikolimite festzulegen, die Grundlage und den Rahmen für das unternehmensweite Risikomanagement darstellen. Für den operativen Bereich des Risikomanagements können sich damit Einschränkungen hinsichtlich des Handlungsspielraumes ergeben.

- *Existenzsicherung:* Als Ziel wird ein maximaler Gesamtschaden festgelegt, der für selbstzutragende Risiken in einer Periode anfallen darf. Diese Zielvereinbarung und somit der maximale Gesamtschaden richtet sich nach der Strategie, die verfolgt wird. Dabei kann die Höhe des Gesamtschadens auch niedriger sein als die finanzielle Belastbarkeit des Unternehmens.

---

[315] Vgl. KROMSCHRÖDER, B./LÜCK, W. (1998), S. 1573.
[316] Vgl. KPMG (2000), o. S.
[317] Vgl. BUSCHMANN, E. F. (1992), S. 724.

- *Zukunftssicherung:* Um eine kontinuierliche Entwicklung des Unternehmens zu gewährleisten, müssen die Risiken, welche in Verbindung zu den Kernkompetenzen und zu den Zukunftsinvestitionen stehen, im Rahmen des Risikomanagements mit besonderer Aufmerksamkeit gesteuert werden. Zur gezielten Weiterentwicklung des Unternehmens können hier auch zusätzliche Risiken eingegangen werden.

- *Optimierung der Risikokosten:* Der Einsatz der risikopolitischen Instrumente wird so festgelegt, dass die Risikokosten möglichst niedrig sind. Gleiches gilt für die Transaktionskosten, die durch den Einsatz der risikopolitischen Instrumente entstehen. Der Mix der risikopolitischen Instrumente ist dann optimal, wenn der Grenznutzen der Sicherheit den Grenznutzen der Sicherungsmaßnahmen aufwiegt. Sollten übergeordnete Ziele diesem Kostenniveau widersprechen, müssen diese jedoch zu einem möglichst niedrigen Kostenniveau realisiert werden.

Die so festgelegten Rahmengrundsätze definieren letztendlich die Risikoneigung des Unternehmens und beschreiben dessen grundsätzliches Risikoprofil[318]. Im Rahmen dieses grundsätzlichen Risikoprofils müssen die Energieversorgungsunternehmen ihre gewünschte Risiko-Rendite-Position bei den wetterinduzierten Risiken festlegen und in die Gesamtrisikostruktur des Unternehmens einbinden sowie quantifizierte Risikolimite definieren.

Die gewünschte Risiko-Rendite-Position und die daraus abgeleiteten Limite werden dabei von der Unternehmensleitung aus der Risikopräferenz des Energieversorgungsunternehmens und der Erzielung des höchsten Beitrages zur Unternehmenswertsteigerung abgeleitet. Dabei ist zu beachten, dass der Grenznutzen der Sicherheitsmaßnahmen mit steigenden Sicherheitsgrad abnimmt, d.h. dass eine Verringerung des Risikos durch zunehmende Sicherheitsmassnahmen stets mit einer Verringerung der Rendite einhergeht. Des weiteren ist bei der Festlegung der Risikolimite für wetterinduzierte Risiken darauf zu achten, dass bei der Absicherung mit Wetterderivaten diese nicht isoliert betrachtet werden, sondern im Zusammenhang gestellt werden mit den Risiken aus der operativen Geschäftstätigkeit.

Ist die gewünschte Risiko-Rendite-Position festgelegt, ist diese mit der bestehenden Position zu vergleichen und entsprechende Maßnahmen zur Anpassung vorzunehmen. Die möglichen Strategien zur Anpassung der bestehenden an die gewünschte Risiko-Rendite-Position werden im nachfolgenden Abschnitt untersucht.

---

[318] Vgl. KROMSCHRÖDER, B./LÜCK, W. (1998), S. 1574.

7.2 Strategieoptionen und Strategieauswahl

In Abhängigkeit von der analysierten und quantifizierten Risikostruktur sowie der angestrebten Risiko-Rendite-Position sind unterschiedliche Strategien zur Anpassung möglich. Grundsätzlich sind dabei risikoneutrale, risikoscheue und risikofreudige Strategien zu unterscheiden. Zu untersuchen ist in diesem Zusammenhang die zentrale Frage der hier zu bearbeitenden Themenstellung, ob die Vertreter der drei unterschiedlichen Unternehmenstypen überhaupt in der Lage sind, vor dem Hintergrund ihrer spezifischen Risikostruktur und Ressourcenausstattung, alle Strategien zu nutzen. So wird im ersten Abschnitt anhand der einzelnen Unternehmenstypen die Ergebnisse der Experteninterviews und der Studien der wissenschaftlichen Literatur dargestellt. Nachfolgend werden dann die gewonnenen Erkenntnisse innerhalb des theoretischen Bezugsrahmen diskutiert.

7.2.1 Meinungsbild in der Praxis

In der Praxis besteht Einigkeit darüber, dass die Anwendung der Strategien Risikominimierung, -tragung und -übernahme im Rahmen der Managements wetterinduzierter Risiken von Energieversorgungsunternehmen grundsätzlich möglich ist. Branchenspezifische Restriktionen sind nicht gegeben, so dass bei der Existenz notwendiger, nachfolgend noch zu analysierender, Voraussetzungen die EVU aktiv ihre angestrebte Risiko-Rendite-Position realisieren können.

7.2.1.1 Strategieoptionen internationaler Energieversorgungsunternehmen

Das Meinungsbild der Praxis in Bezug auf die Realisierbarkeit der unterschiedlichen Risikomanagementstrategien durch internationale EVU war sehr homogen. Demnach verfügen diese Unternehmen über die notwendigen Voraussetzungen, auf Basis einer strategischen Entscheidung der Unternehmensführung, grundsätzlich alle Managementstrategien anwenden zu können, um ihre gewünschte Risiko-Rendite- Position zu erreichen. Die Anwendung der Strategien in den internationalen EVU richtet sich somit nur nach deren Risikopräferenzen und Zielen und unterliegt keinen weiteren Limitationen. Die grundsätzliche Risikopräferenz des Unternehmens wird durch die Risikopolitik festgelegt, die Präferenz bei Wetterrisiken ist hingegen eng mit den Zielen verbunden, die mit einer Steuerung des Wetterrisikoprofils erreicht werden sollen. Ist bspw. auf Unternehmensebene festgelegt worden, dass aufgrund des ausgeglichenen Wetterrisikoportfolios das Management der Wetterrisiken zur Generierung zusätzlicher Wertbeiträge genutzt werden soll, so werden sicherlich Risikoübernahmen und ein aktiver Handel einzelner Risiken dafür eingesetzt werden.

Risikominimierung

Internationale EVU haben durch die lokal unterschiedlichen Geschäftstätigkeiten und die verschiedenen wetterbeeinflussten Geschäftsfelder ein sehr diversifiziertes Portfolio an wetterinduzierten Risiken. Trotz das ein vollständiger natürlicher Hedge nie gegeben ist, wird das verbleibende wetterinduzierte Restrisiko im Vergleich zu anderen unternehmerischen Risiken in der Regel als nachrangig eingeordnet. Durch die regional unterschiedlichen Erzeugungs- und Speicherkapazitäten und Nachfrageprofile ist im Rahmen der technischen Optimierung der Kapazitäten sowie durch eine aktive Unterstützung der unternehmensinternen Handelsabteilungen ein Ausgleich der wetterinduzierten Schwankungen auf realwirtschaftliche Erfolgsgrößen größtenteils durch operatives Risikomanagement möglich. Sollten durch extreme Wetterschwankungen nicht alle Risiken durch die Portfolioeffekte und das operative Risikomanagement eliminierbar sein, ist das verbliebene Restrisiko in der Regel unterhalb der festgelegten Limitvorgaben und von den internationalen EVU tragbar. Des weiteren ist es den EVU aufgrund ihrer Marktstellung möglich, über den Abschluss von Liefer- und Bezugsverträgen wetterinduzierte Risiken auf andere Marktteilnehmer zu übertragen und somit ihr eigenes Risiko zu minimieren. Die Anwendung von Wetterderivaten zur Risikominimierung findet nur im Einzelfall statt. Existiert ein einzelnes lokales Wetterrisiko, welches das wetterinduzierte Gesamtrisiko des EVU so signifikant erhöht und die Möglichkeiten des operativen Risikomanagements nicht anwendbar sind, kommen Wetterderivate zum Einsatz. Ein weiterer Grund für den Einsatz von Wetterderivaten zur Risikominimierung ist darin zu sehen, dass der Wunsch besteht, Erfahrungen mit den neuen Finanzinstrumenten zu sammeln. Zum Kennenlernen der derivativen Finanzinstrumente und ihrer Wirkungsweise auf das Unternehmen werden Einzelrisiken zu Versuchszwecken über eine Periode abgesichert[319].

Risikotragung

Die Risikotragung als strategische Option wird von den internationalen EVU angewendet, wenn die Risiken nicht signifikant und somit eher von untergeordneter Bedeutung sind oder die Risiken als Gegenstand der normalen Geschäftstätigkeit betrachtet werden. Im ersteren Fall sind die Risiken, aufgrund der schon bei der Risikominimierung angeführten Gründe, in ihren Dimensionen überschaubar und unter den Limitfestlegungen, so dass sie eine untergeordnete Rolle in der internen Risikostruktur des EVU spielen. Im zweiten Fall entscheiden sich die EVU für das bewusste Tragen der wetterinduzierten Risiken. Dies ist möglich, weil auf Basis eines breit diversifizierten Risikoprofils, resultierend aus einer ausgeglichenen Vertragsgestaltung und einer Kraftwerkspark- und Speicheroptimierung, bewusst die möglichen positiven Ausprägungen der Wettereinflüsse genutzt werden sollen. Als mögliche Kompensation der negativen Auswirkungen wetterinduzierter Risiken werden finanzielle Ressourcen

---

[319] So hat bspw. Innogy den Stromabsatz für die Periode von einem Monat abgesichert und nachfolgend eine Projektgruppe ins Leben gerufen, die eine unternehmensweite Anwendung von Wetterderivaten für unterschiedliche Strategien prüft.

vorgehalten. Des weiteren wird eine Risikosteuerung mittels Wetterderivate ebenfalls abgelehnt, wenn ein indiskutables Aufwand-Nutzen-Verhältnis existiert.

Risikoübernahme

Internationale Energieversorgungsunternehmen können ebenfalls als Risikonehmer auftreten, da sie über die Ressourcen und die Risikostruktur verfügen, wetterinduzierte Risiken schnell bewerten und in ihr Portfolio integrieren zu können. Dabei wird neben dem diversifizierten Portfolio die Verfügbarkeit eigener Erzeugungskapazitäten, Transportnetze, Handelsabteilungen und das entsprechende Know How als notwendige Voraussetzungen angesehen, zusätzliche Wetterrisiken übernehmen zu können. Das diversifizierte Portfolio gibt den internationalen EVU die Möglichkeit, Einzelrisiken zu übernehmen und erst danach über ein Gesamtrisiko zu verfügen, welches vergleichbar ist mit dem von weniger diversifizierten Unternehmen wie bspw. kommunalen EVU. Die internationalen EVU treten dann als Emittent oder als risikonehmender Vertragspartner von Wetterderivaten auf und behalten das übernommene Risiko entweder vollständig in ihrem Risikoprofil oder teilen es und geben es am Sekundärmarkt weiter. Durch Trennung der einzelnen Wertschöpfungsstufen und ihrer häufigen Organisation in eigenen Unternehmenseinheiten besteht die Gefahr, dass unterschiedliche Wetterportfolios gebildet werden. Deshalb sollte die Bildung der Portfolios und die Weitergabe von Risiken in der Regel durch die Handelsabteilungen der Unternehmen erfolgen. Die Handelsabteilungen verfügen in der Regel über das umfassendste Know How, das u.a. durch die Handelsaktivitäten bei Strom und Gas gewonnen wurde. Dieses Wissen kann dann teilweise auf den Handel von Wetterrisiken übertragen werden.

Neben den Voraussetzungen eines diversifizierten Portfolios und der Verfügbarkeit notwendigen Know Hows müssen insbesondere organisatorische Voraussetzungen, auslöst durch rechtliche Anforderungen, erfüllt werden, um Risiken übernehmen und aktiv handeln zu können. So verfügt das KonTraG[320] die Einrichtung eines Risikocontrollings für Finanzinstrumente als ein notwendiges Teilsystem der Risikoüberwachung. Das Gesetz lässt dabei die Ausgestaltung grundsätzlich offen, schreibt aber für Kreditinstitute Mindestanforderungen vor[321]. Plant ein EVU den Handel mit Wetterderivaten im Sinne einer Risikoübernahmestrategie, muss das EVU die zentralen Aussagen der Mindestanforderungen ebenfalls umsetzen, wenn vergleichbare Geschäfte wie bei Kreditinstituten in nicht unerheblichen Umfang anfallen. Die Umsetzungen der Mindestanforderungen und der Nachweis zur Befähigung im Umgang mit Risiken wird behördlich kontrolliert, so dass von dem Erwerb einer "kleinen Banklizenz" gesprochen wird.

---

[320] Gesetz zur Kontrolle und Transparenz im Unternehmensbereich
[321] Verlautbarung über Mindestanforderungen an das Betreiben von Handelsgeschäften der Kreditinstitute. Vgl. dazu BUNDESAUFSICHTSAMT FÜR KREDITWESEN sowie DEUTSCHE BUNDESBANK (1996), S. 55-64; HANENBERG, L. (1996), S. 637-648; HÖFER. B./JÜTTEN, H. (1995), S. 752-756.

7.2.1.2 Strategieoptionen nationaler Energieversorgungsunternehmen

Als Bindeglied zwischen den beiden Endpunkten internationaler und kommunaler EVU nehmen die nationalen Energieversorgungsunternehmen eine Zwischenstellung ein, deren eindeutige Charakterisierung hinsichtlich ihrer Strategietauglichkeit aufgrund der fließenden Übergänge zu den anderen Unternehmenstypen schwierig war. So ist dann auch hinsichtlich der Anwendbarkeit aller Risikomanagementstrategien nationaler EVU ein differenziertes Meinungsbild in der Praxis festzustellen. Insbesondere ist man unterschiedlicher Meinung darüber, ob Risikoübernahmen von diesen EVU realisierbar sind. Die Unternehmen verfügen üblicherweise nicht über solche ausgeglichenen Wetterrisikoportfolios wie internationale EVU. Damit sind sie in ihren Möglichkeiten eingeschränkt, zusätzliche wetterinduzierte Risiken zu absorbieren und in ihr Risikoprofil einzugliedern. So wird mehrheitlich für eine Einzelfallprüfung votiert, wobei die Anwendung der unterschiedlichen Managementstrategien für Wetterrisiken im Einklang mit den Risikopräferenzen und der Risikodeckungsmasse des Unternehmens stehen müssen.

Risikominimierung

Ist als Ergebnis der Einzelfallprüfung ein signifikantes wetterinduziertes Risiko festgestellt worden, so sollten nationale EVU in Abhängigkeit von ihrer Risikopräferenz Wetterderivate als finanzwirtschaftliche Instrumente zur Risikominimierung nutzen. Dabei wird die Risikopräferenz, neben der Risikostruktur, in erster Linie durch die grundlegende Unternehmensstrategie, die Eigentümerstruktur sowie durch die Konkurrenzbedingungen im Versorgungsgebiet bestimmt.

Die grundsätzliche Unternehmensstrategie eines nationalen EVU ist der relevanteste Entscheidungsfaktor hinsichtlich der Minimierung wetterinduzierter Risiken mittels Wetterderivate. Verfolgt das EVU ein expansives Unternehmensziel oder sind unternehmenskritische Projekte initiiert worden, welche die Unternehmensressourcen in vollen Umfang beanspruchen, sind die nationalen EVU auf sichere finanzielle Einkünfte angewiesen. Finanzielle Ressourcen, um signifikante wetterinduzierte Schwankungen der finanziellen Erfolgsgrößen kompensieren zu können, sind in der Regel dann nicht vorhanden. Des weiteren verfügen die nationalen EVU nicht über die technischen Ressourcen die eine operative Reduzierung der Wetterrisiken ermöglichen würden. So werden 31 % der Endkunden mit Elektrizität versorgt, aber nur 9 % der notwendigen Strommenge selber erzeugt. Steigt hier die Nachfrage überproportional an, ist ein Ausgleich über die Optimierung der Erzeugungskapazitäten nicht möglich. Existieren dazu noch fixe Lieferverträge werden die wetterinduzierten Schwankungen fast linear wirksam und ein notwendiger, in der Regel teurer Nachkauf auf dem Spotmarkt verschlechtert den finanziellen Erfolg des EVU erheblich. Eine Verstetigung der Cashflows mit Wetterderivaten ist deshalb anzustreben.

Des weiteren wirkt sich die Eigentümerstruktur insbesondere dahingehend aus, dass die Bereitschaft wetterinduzierte Risiken durch den Einsatz von Wetterderivaten zu minimieren, bei gleicher Risikostruktur bei privatwirtschaftlichen Unternehmen stärker ausgeprägt ist, als bei EVU der öffentlichen Hand.

Ein weiterer Entscheidungsfaktor für den Einsatz von Wetterderivaten zur Risikominimierung sind die Wettbewerbsbedingungen im Versorgungsgebiet. Ist die Konkurrenz im Versorgungsgebiet infolge der Liberalisierung größer geworden, ist ein Ansteigen des Interesses der nationalen EVU zu beobachten Risiken, die bisher zur normalen Geschäftstätigkeit gezählt haben, jetzt zur Verbesserung der Wettbewerbsfähigkeit aktiv zu steuern. Dies gilt insbesondere für das Management von wetterinduzierten Risiken.

Risikotragung

Wetterinduzierte Risiken werden hingegen getragen, wenn das nationale EVU saturiert ist und kein signifikantes Wetterrisiko besteht. Die durch die Wetterrisiken hervorgerufenen Schwankungen der finanziellen Erfolgsgrößen gleichen sich über einen größeren Zeitraum aus. Sind keine unternehmenskritischen Projekt initiiert oder ein Expansionskurs geplant, ist eine Verstetigung der Cashflows in jeder Periode nicht zwingend notwendig. Das Tragen der wetterbasierten Risiken ist so unter Vorhaltung ausreichender finanzieller Ressourcen zum Ausgleich potenzieller Volatilitäten möglich. Im Einzelfall kommen geringe Portfolioeffekte und technische Möglichkeiten des Wetterrisikomanagements hinzu und verringern das Gesamtrisiko auf Unternehmensebene zusätzlich.

Das Tragen von Wetterrisiken kann auch dann als Strategie bewusst umgesetzt werden, wenn es aufgrund eines komplexen Wetterrisikoportfolios den EVU nicht möglich ist, die Risiken hinreichend zu quantifizieren oder ein unwirtschaftliches Aufwand-Nutzen-Verhältnis existiert und somit keine optimale Risikominimierung möglich ist. Die Nichtquantifizierbarkeit ist dabei in der Regel auf das fehlende Know How in den Unternehmen zurückzuführen. Das Tragen der Wetterrisiken muss dabei aber grundsätzlich mit der Risikopolitik des Unternehmens vereinbar sein.

Die Möglichkeit Wetterrisiken zu tragen, wird jedoch nicht von allen Marktexperten geteilt. Demnach sollten Wetterrisiken grundsätzlich abgesichert werden. Das Argument des Ausgleiches über einen bestimmten Zeitraum ist nicht plausibel. Die finanziellen Wirkungen einer gesicherten und einer ungesicherten Position mögen über einen längeren Zeitraum möglicherweise identisch sein, so hat bei der gesicherten Position bei gleicher finanzieller Wirkung jedoch eine Risikominimierung stattgefunden, aus der im Vergleich zur ungesicherten Position eine Wertsteigerung resultiert.

Risikoübernahme

Übernahmen zusätzlicher wetterinduzierter Risiken in die bestehende Risikostruktur der nationalen EVU sind nur vereinzelt möglich. Es müssen mehrere Voraussetzungen erfüllt sein, damit diese Strategie von den EVU realisiert werden kann. Die Unternehmen müssen über eine ausreichende Größe hinsichtlich des Versorgungsgebietes, der Endkundenanzahl und der Versorgungsvolumina verfügen, um Portfolioeffekte generieren zu können. Des weiteren muss signifikantes Know How verfügbar und eine grundlegende strategische Entscheidung der Unternehmensleitung vorhanden sein.

In Abhängigkeit von den Zielen, die mit einer Risikoübernahme verbunden sind und bei Vorhandensein der genannten Voraussetzungen, können kleine Risikovolumina übernommen werden. Das Emittieren von Wetterderivaten und das nachfolgende Halten der zusätzlichen Risiken im eigenen Risikoprofil ist für die nationalen EVU nur begrenzt geeignet. Aufgrund der begrenzten Portfolioeffekte sind nur kleine Risikovolumina übernehmbar. Größere Risikovolumen im OTC-Primärmarkt zu übernehmen und nachfolgend zu teilen und am Sekundärmarkt zu platzieren, ist aufgrund der derzeitigen Marktsituation mit fehlender Liquidität nicht möglich.

Eine Begrenzung der Risikovolumina resultiert ebenfalls aus der Kreditlinienrelevanz einiger Wetterderivate. So werden bei Swaps und Collars der maximale Auszahlungsbetrag der Kreditlinie des EVUs entgegengerechnet. Beträgt bspw. der Cap eines Swaps 2 Millionen Euro, dann steht dieser Betrag dem EVU als abrufbares Fremdkapital im Rahmen des Finanzmanagements nicht mehr zur Verfügung. Das hat zur Folge, das nur kleine Risikovolumina übernehmbar sind, wenn der Kreditrahmen des EVU nicht überdurchschnittlich erweitert werden soll. Für Unternehmen mit angespannter Finanzlage ist selbst dies nicht mehr möglich, auch wenn die anderen Voraussetzungen für eine Risikoübernahme gegeben sind.

Die Übernahme von wetterinduzierten Risiken zu Handelszwecken sind mit Bedingungen verbunden, die ebenfalls insbesondere für die nationalen EVU kritisch sind. Einerseits muss das entsprechende Know How verfügbar sein, die zusätzlichen Risiken schnell bewerten und integrieren zu können. Andererseits müssen die rechtlichen Voraussetzungen, wie auch bei den internationalen EVU, geschaffen werden, zusätzliche Risiken überhaupt übernehmen zu können. Dies ist insbesondere für kleinere Unternehmen schwierig, da die vorgeschriebene Funktionentrennung bis hin zum Vorstand aufgrund der begrenzten Managementkapazitäten nicht immer realisierbar ist.

Festzuhalten bleibt, das nationale EVU im Einzelfall wetterinduzierte Risiken übernehmen können, aufgrund der Vielzahl an notwendigen Voraussetzungen werden sie aber nicht als großer Risikonehmer am Markt auftreten.

7.2.1.3 Strategieoptionen kommunaler Energieversorgungsunternehmen

In der selben Eindeutigkeit, wie sich bei internationalen EVU die Praxis für die Durchführbarkeit aller drei Risikostrategien ausgesprochen hat, so wird für die kommunalen Energieversorgungsunternehmen dies grundsätzlich ausgeschlossen. Aufgrund der fehlenden Möglichkeiten, Portfolioeffekte zu nutzen sowie der begrenzt verfügbaren materiellen und immateriellen Ressourcen ist es für die lokalen EVU nicht möglich, Risiken zu übernehmen. Bei einer vielmehr sehr stark ausgeprägten lokalen Wetterabhängigkeit sollten die lokalen EVU vornehmlich ihre Wetterrisiken minimieren.

Risikominimierung

Die lokalen Energieversorgungsunternehmen versorgen im Durchschnitt ein Drittel aller Stromendkunden, verfügen aber über keine Stromerzeugungskapazitäten. Die Beschaffung von Strom und Gas erfolgt über langfristige, meist fixe Lieferverträge. Resultieren aus wetterinduzierten Schwankungen Nachfrageänderungen der Kunden beeinflussen diese unmittelbar die zyklischen Erlösstrukturen der kommunalen EVU. Die Höhe der wetterinduzierten Risiken kann dabei teilweise existenzgefährdend sein. Deshalb ist es für diese kleineren, lokalen Unternehmen sinnvoll, Risikominimierung mit Wetterderivaten zu betreiben. Jedoch werden hier die Auswirkungen der Eigentümerstruktur noch stärker wirksam als bei den nationalen EVU. Unternehmen mit hoher privatwirtschaftlicher Beteiligung treten dem Wetterrisikomanagement interessierter gegenüber. Ausschlaggebend für eine Umsetzung einer Risikominimierungsstrategie mit Wetterderivaten ist aber das Vorhandensein des spezifischen Know Hows und von finanziellen Ressourcen. Die Begrenztheit beider Faktoren in den kommunalen EVU ist der Haupthinderungsgrund für die Strategieumsetzung.

Risikotragung

Das bewusste Tragen der wetterinduzierten Risiken resultiert demnach aus dem Fehlen des Know Hows und der finanziellen Ressourcen. Ist das spezifische Know How im Unternehmen nicht verfügbar, ist der aufwendige Risikoanalyse- und Risikobewertungsprozess zur Ermittlung des wetterinduzierten Risikoprofils unter Aufwand-Nutzen-Verhältnissen ökonomisch nicht mehr sinnvoll. Der Einkauf des erforderlichen Know Hows und die Kosten der Absicherung übersteigen oft die finanzielle Leistungsfähigkeit der kommunalen EVU. Somit resultiert das bewusste Tragen der wetterinduzierten Risiken in der Regel aus dem für die kommunalen EVU ungünstigen Kosten-Nutzen-Verhältnis.

Risikoübernahme

Für kleinere kommunale Unternehmen ist die Risikoübernahme wenn überhaupt nur in verschwindend geringen Ausnahmefällen realistisch, z.B. bei Zusammenschlüssen mehrerer Stadtwerke und ausreichend verfügbaren Know How. Auch in diesen Fall müssen die rechtlichen Anforderungen zur Risikoübernahme erfüllt werden, was im Vergleich zu den nationalen EVU sich noch schwieriger gestaltet. Die einseitige Risikostruktur der kommunalen EVU ermöglicht zudem keine Portfolioeffekte. Aufgrund der fehlenden Erzeugungs- und Speicherkapazitäten sind ebenfalls keine technischen Optimierungsmöglichkeiten gegeben. Die Realisierung einer Risikoübernahmestrategie ist demzufolge mit solch hohen Transaktionskosten und überproportionalen relativen Ressourceneinsatz verbunden, dass es für kommunale EVU in der Regel ökonomisch nicht sinnvoll ist, diese Strategie umzusetzen.

7.2.2 Einordnung in den theoretischen Bezugsrahmen

Nach der Darstellung des Meinungsbildes der Praxis ist die Anwendbarkeit der unterschiedlichen Strategieoptionen für die verschiedenen Unternehmenstypen der Energiewirtschaft nun nachfolgend innerhalb des erarbeiteten theoretischen Bezugsrahmens zu diskutieren. Es soll damit die Möglichkeit geschaffen werden, die Ergebnisse von Praxis und Theorie im Anschluss miteinander zu vergleichen und Aussagen abzuleiten zu können.

7.2.2.1 Vorgehensweise zur Evaluation der Strategieoptionen

Um die Anwendbarkeit der einzelnen Risikomanagementstrategien zur Steuerung wetterinduzierter Risiken innerhalb des theoretischen Bezugsrahmens diskutieren zu können, ist es im Vorfeld notwendig, das grundsätzliche methodische Vorgehen der Strategieevaluation kurz zu beschreiben.

- Ausgangspunkt der Betrachtungen ist die Darstellung der für die Realisation der einzelnen Risikomanagementstrategien notwendigen Voraussetzungen. Diese setzen sich aus den materiellen und immateriellen Ressourcen eines EVUs zusammen, die im Zusammenhang mit den Strategieumsetzungen erforderlich sind.

- Im nächsten Schritt wird innerhalb des Argumentationsrahmens des ressourcenbasierten Ansatzes analysiert, inwieweit die einzelnen Unternehmenstypen der Energiewirtschaft aufgrund ihrer Ressourcenausstattung in der Lage sind, die verschiedenen Strategien umzusetzen.

- Aufbauend auf den ermittelten Aussagen über die ressourcenbasierte Fähigkeit zur Strategierealisation der einzelnen Unternehmenstypen wird nachfolgend untersucht, inwieweit die Umsetzung der Strategien kostenoptimal erfolgen kann. Die Effizienzbetrachtungen werden dabei im theoretischen Argumentationsrahmen des Transaktionskostenansatzes durchgeführt.

- Als Ergebnis der gesamten Analyse werden Aussagen hinsichtlich der Fähigkeit zur Strategieumsetzung und zur Erzielung komparativer Wettbewerbsvorteile der unterschiedlichen Unternehmenstypen der Energiewirtschaft getroffen. Dabei ist die Prämisse einer Unternehmenswertsteigerung infolge der Strategierealisationen stets zu beachten. So ist z.B. eine Strategie, welche Nutzen in Form zusätzlicher Cashflows stiftet, dabei aber die Fähigkeit und Ressourcen eines EVU so beansprucht, dass das Risiko auf Unternehmensebene überproportional ansteigt, nicht als unternehmenswertsteigend anzusehen.

7.2.2.2 Ressourcenanforderungen der Risikomanagementstrategien

Für die Realisation der einzelnen Risikomanagementstrategien sind vielfältige Voraussetzungen in Form materieller und immaterieller Ressourcen notwendig. Innerhalb der nachfolgenden Analyse werden ausschließlich die relevantesten Ressourcen erarbeitet, so dass im Rahmen der weitergehenden Analysen sinnvolle Aussagen getroffen werden können, ohne die hier vorliegende Arbeit über Bedarf auszudehnen.

Risikominimierung

Die Risikominimierung wetterinduzierter Risiken kann durch Verminderung und Übertragung dieser Risiken erfolgen. Die Verminderung der Risiken geschieht durch operatives Risikomanagement, indem die wetterbedingten Nachfrage- und Erzeugungsschwankungen durch eine Optimierung der Erzeugungs- und Speicherkapazitäten sowie der Handelsgeschäfte ausgeglichen werden. Notwendige Ressourcen zur Realisation dieser Strategieoption sind somit verfügbare Erzeugungs- und Speicherkapazitäten sowie eine Unternehmensinfrastruktur, die Handelaktivitäten ermöglicht. Die Übertragung von wetterinduzierten Risiken erfolgt im Rahmen des finanzwirtschaftlichen Wetterrisikomanagements mittels Wetterderivate. Die hierfür notwendigen Ressourcen sind Know How in Form von Analyse- und Bewertungsmodellen und in Abhängigkeit vom gewählten Wetterderivat auch finanzielle Ressourcen.

Risikotragung

Die Risikotragung als mögliche Strategie erfolgt bei geringfügigen wetterinduzierten Risiken, bei ökonomisch nicht sinnvollem Kosten-Nutzen-Verhältnis der Steuerungsmaßnahmen sowie durch Risikofinanzierung. Geringfügige wetterinduzierte Risiken auf Unternehmensebene resultieren bei Energieversorgungsunternehmen in der Regel aus einem umfangreichen, lokal diversifizierten Erzeugungs- und Kundenportfolio, im Rahmen dessen durch den natürlichen Hedge der einzelnen Geschäftsfelder und geographischen Geschäftsaktivitäten das Risiko auf Gesamtunternehmensebene reduziert wird. Das Tragen von Wetterrisiken aufgrund eines wirtschaftlich nicht sinnvollen Kosten-Nutzen-Verhältnisses anderer Risikosteuerungsmaßnahmen ist dahingehend als aktives Steuern der eigenen Risiko-Rendite-Position anzusehen, dass es den bewussten Verzicht auf Umsetzung anderer Maßnahmen darstellt. Die hierfür notwendige Ressource ist das entsprechende Know How unter Verwendung von Analyse- und Bewertungsmodellen, um die Unvorteilhaftigkeit einer anderen Strategie festzustellen. Die Risikofinanzierung hingegen erfordert ausschließlich die Bereitstellung finanzieller Ressourcen.

Risikoübernahme

Risikoübernahme als strategische Option zur Steuerung von Wetterrisiken erfolgt durch Handelsaktivitäten, durch eine gezielte Veränderung der Risiko-Rendite-Position und im Rahmen von Projektfinanzierungen. Der Aufbau eines Wetterportfolios zu Handelszwecken ist an vielfältige Ressourcen geknüpft. So muss die Infrastruktur des EVUs so gestaltet sein, dass mindestens die Funktionentrennung des Handels von anderen Funktionen des Risikomanagements gewährleistet ist. Es müssen Know How und Managementkapazitäten verfügbar sein, um die Handelsaktivitäten realisieren zu können. Des weiteren sind ausreichend finanzielle Ressourcen erforderlich, da einerseits einige Wetterderivate kreditlinienrelevant sind und andererseits mögliche Handelsverluste ausgeglichen werden müssen[322]. Für eine gezielte Veränderung der Risiko-Rendite-Position ist als Voraussetzung ein umfangreiches, lokal diversifiziertes Erzeugungs- und Kundenportfolio notwendig, das durch den natürlichen Hedge der Einzelrisiken zu einen geringem Risiko auf Unternehmensebene führt. Weiterhin sind finanzielle Ressourcen und das entsprechende Know How zur Bestimmung der eigenen Risikoposition einerseits und andererseits zur Strukturierung und Emission eigener Wetterderivate notwendig. Für die Projektfinanzierung bedarf es finanzieller Ressourcen und relevanten Know Hows hinsichtlich des finanzwirtschaftlichen Risikomanagements mit Wetterderivaten.

Als notwendige Voraussetzungen, um unterschiedliche Risikostrategien zur Steuerung wetterinduzierter Risiken realisieren zu können, haben sich folgende Ressourcen herauskristallisiert:

– *materielle Ressourcen:* Erzeugungs- und Speicherkapazitäten, finanzielle Mittel und Managementkapazitäten

– *immaterielle Ressourcen:* Infrastruktur des Risikomanagements, verfügbares Know How, umfangreiches sowie ein lokal diversifiziertes Erzeugungs- und Kundenportfolio

7.2.2.3 Bewertung der Ressourcen

Die für die Realisation der einzelnen Strategien notwendigen Ressourcen werden anhand von Bewertungskriterien untersucht, die aus dem ressourcenorientierten Ansatz als Element des theoretischen Bezugsrahmens der vorliegenden Arbeit resultieren. Zu den Bewertungskriterien, welche die Schaffung nachhaltiger Wettbewerbsvorteile begünstigen, zählen der hohe Anteil von schwer transferierbaren, schwer imitierbaren und zugleich schwer substituierbaren Ressourcen am Ressourcenbedarf der Strategieumsetzung sowie die Abnutzungsbeständigkeit der Ressourcen.

- *Schwer transferierbare, imitierbare und substituierbare Ressourcen*: Schwer zu transferierende Ressourcen sind tendenziell immobil, d.h. sie können entweder nicht oder nur zu unverhältnismäßig hohen Transaktionskosten gehandelt werden, da entweder entsprechende Verfügungsrechte für sie nur unzureichend formuliert werden können oder sie außerhalb ihres angestammten Einsatzbereiches ihre ökonomischen Nutzen stiftende Wirkung verlieren.

---

[322] Der Handel mit börsennotierten Wetterderivaten erfordert einen täglichen Ausgleich von aufgelaufenen Verlustpositionen.

Schwer zu imitierende Ressourcen führen zu hohen Transaktionskosten bei deren Nachbildung und sind gekennzeichnet durch eine spezifische Vergangenheitsentwicklung die das Unternehmens bei der Erstellung der Ressource durchlaufen ist, durch Interdependenzen mit anderen Ressourcen und das Ausmaß an Unklarheit über vermutete Kausalzusammenhänge zwischen der Ressource und einem darauf aufbauenden Wettbewerbsvorteil[323].

Substitutionen, d.h. die gleiche Wirkung einer bestimmten Art von Ressourcen durch den Einsatz anderer Ressourcen zu erzielen, sind nur dann in Erwägung zu ziehen, wenn der Ressourcentransfer über den Markt oder die unternehmensinterne Imitation nicht möglich bzw. ökonomisch vergleichsweise unvorteilhaft sind. Im Sinne von Alternativkosten kann über Simulationsrechnungen der Aufwand bestimmt werden, der für einen Einsatz alternativer Faktoren in Form von andersartigen Ressourcen entstünde. Die mit diesem Aufwand verbundenen Kosten bilden für das an einem Zugang zu einer spezifischen Ressourcenkombination interessierten Unternehmen einen Anhaltspunkt für deren Wert.

Leicht transferierbare, imitierbare oder substituierbare Ressourcen, die hingegen isoliert voneinander ohne größeren Aufwand und ohne signifikante zeitliche Verzögerungen über den Markt bezogen, von einem Wettbewerber kopiert, oder an deren Stelle andere Ressourcen verwendet werden können, sind hingegen nur in geringem Ausmaß unternehmensspezifisch und demzufolge lediglich bedingt dazu geeignet, einen nachhaltigen komparativen Wettbewerbsvorteil auf dem Markt aufzubauen und/oder ihn zu schützen.

- *Abnutzungsbeständigkeit:* Die Nachhaltigkeit eines Wettbewerbsvorteils wird maßgeblich durch die Abnutzungsbeständigkeit der ihm zugrundeliegenden Ressource(n) beeinflusst. Je weniger sich Ressourcen durch ihren Gebrauch abnutzen bzw. obsolet werden, desto nachhaltiger kann ein darauf aufbauender komparativer Wettbewerbsvorteil sein[324]. Im Hinblick auf ihre Abnutzbarkeit weisen materielle und immaterielle Ressourcen z. T. erhebliche Unterschiede auf. Die Abnutzungsbeständigkeit einer Ressource stellt für sich genommen keine hinreichende Bedingung für die Nachhaltigkeit eines komparativen Wettbewerbsvorteils dar. Ihre zunehmende Ausprägung hat lediglich einen verstärkenden Einfluss auf die anderen Charakteristika[325].

Tabelle 7-1 fasst nachfolgend die Auswirkungen der Charakteristika von Ressourcen auf die Nachhaltigkeit eines durch sie begründeten komparativen Wettbewerbsvorteils zusammen.

---

[323] Vgl. BARNEY, J. B. (1991), S. 108-109; GRANT, R. M. (1991), S. 127.
[324] Vgl. BAMBERGER, I./WRONA, T. (1996a), S. 135.
[325] Vgl. BAMBERGER, I./WRONA, T. (1996a), S. 135-136; BAMBERGER, I./WRONA, T. (1996b), S. 387; GRANT, R. M. (1991), S. 124-125.

Tab. 7-1: Nachhaltigkeit komparativer Wettbewerbsvorteile in Abhängigkeit der Charakteristikaausprägungen von Ressourcen

Charakteristikum	Ausprägung	
	Niedrig	Hoch
1. Transferierbarkeit	+	-
2. Imitierbarkeit	+	-
3. Substituierbarkeit	+	-
4. Abnutzungsbeständigkeit	-	+

Legende: + = positiver Einfluss auf die Nachhaltigkeit; - = negativer Einfluss auf die Nachhaltigkeit
Quelle: eigene Darstellung

Anhand der aus dem ressourcenbasierten Ansatz hervorgegangenen Charakteristika von Ressourcen ist nachfolgend eine Bewertung der für die Umsetzung von Risikomanagementstrategien notwendigen Ressourcen möglich:

- *Materielle Ressourcen:* zeichnen sich hinsichtlich ihrer Abnutzungsbeständigkeit dadurch aus, dass ihre Nutzung regelmäßig zu einer Wertminderung führt. Im besonderen trifft die Abnutzung durch Gebrauch auf finanzielle Mittel zu, die durch ihren Gebrauch andere Formen der Ausprägung annehmen und somit vollständig untergehen. Erzeugungs- und Speicherkapazitäten sind hingegen langlebige Wirtschaftsgüter. Ihre Abnutzungsbeständigkeit ist eng verbunden mit dem Ausmaß ihrer betrieblichen Nutzung. Trotz der anzunehmenden täglichen Nutzung ist nur eine geringfügige Erosion dieser Ressource anzunehmen.

  – *Verfügbarkeit an finanziellen Mitteln:* zeichnen sich dadurch aus, dass sie neben einer geringen Abnutzungsbeständigkeit vollständig transferierbar sind. Trotz des uneingeschränkten Zugangs aller EVU ist nicht jede beliebige Struktur an finanziellen Mitteln nachbildbar bzw. imitierbar. Insbesondere die Höhe der finanziellen Mittel, weniger die Struktur der Zusammensetzung, ist Begrenzungen bei der Imitation ausgesetzt. So wird es bspw. für ein kleines EVU nicht möglich sein, den Kassenbestand eines internationalen EVUs nachzubilden, wenn dieser höher ist als die gesamte Bilanzsumme des kleinen EVUs. Finanzielle Mittel an sich haben im Wirtschaftsleben kein sinnvolles Substitut. Die Verfügbarkeit an finanziellen Mitteln kann hingegen durch die Verfügbarkeit von Anlage- als auch von anderen Umlaufvermögenswerten substituiert werden. Die Ressource Verfügbarkeit an finanziellen Mitteln ist damit nur bedingt geeignet, nachhaltige Wettbewerbsvorteile zu ermöglichen.

  – *Erzeugungs- und Speicherkapazitäten:* sind eingeschränkt mobile Ressourcen und nehmen eine Mittelstellung auf dem Kontinuum zwischen vollständiger Immobilität und vollständiger Mobilität ein. Sie können zwar prinzipiell gehandelt werden, doch entweder stiftet ihr Einsatz in dem EVU, das derzeit über sie verfügt, einen signifikant höheren Nutzen als in allen anderen Unternehmen, oder die mit ihrem marktlichen Austausch verbundenen Transaktionskosten sind unverhältnismäßig hoch. Mit zunehmender Einschränkung ihrer Fungibilität steigt ihr Potenzial zur Erhöhung der Nachhaltigkeit eines komparativen Wettbewerbsvorteils.

Die Imitierbarkeit von Erzeugungs- und Speicherkapazitäten ist ebenfalls nur eingeschränkt möglich. So besteht zwar die grundsätzlich uneingeschränkte Möglichkeit, eine bestehende Struktur anhand ihrer technischen Ausprägung zu imitieren, jedoch ist die, für das Management von Wetterrisiken wichtige, Nachbildung geographischer Ausprägungen nicht realistisch.

Eine Substitution von bestehenden Erzeugungs- und Speicherkapazitäten ist aufgrund des Fehlens von technischen Alternativen nicht möglich. So ist zusammenfassend festzuhalten, dass die Ressource Erzeugungs- und Speicherkapazität geeignet ist, nachhaltige Wettbewerbsvorteile zu generieren.

- *Umfang von Managementkapazitäten:* beschreibt das Humankapital eines Unternehmens, welches zur Bewältigung unternehmensinterner Problemlösungsprozesse notwendig ist. Es ist dabei eine Ressource, die über die Beschaffung am Humankapitalmarkt uneingeschränkt in ein EVU transferierbar ist. Eine Imitation anderer EVU durch interne Bereitstellung des gleichen Umfanges an Managementkapazitäten ist nur eingeschränkt möglich. So können kleine Unternehmen durch Umstrukturierung in der Regel nicht so viel Managementkapazität bereitstellen, wie bei einem großen EVU zur Bearbeitung einzelner Themenkomplexe eingesetzt werden. Eine Substitution von Humankapital durch den Einsatz finanzieller Ressourcen ist in der Regel ebenfalls nur begrenzt möglich, so dass der Umfang an verfügbaren Managementkapazitäten gut geeignet ist, komparative Wettbewerbsvorteile zu ermöglichen.

- *Immaterielle Ressourcen:* hingegen weisen hinsichtlich ihrer Abnutzungsbeständigkeit eine inverse Beziehung zu ihrer Nutzungsintensität auf, d.h. je häufiger sie zum Einsatz kommen, desto mehr steigt ihr Wert, bzw. je weniger intensiv sie genutzt werden, desto mehr verlieren sie an Wert, wie bspw. die Anwendung von Know How.

- *Infrastruktur des Risikomanagements:* beschreibt die aufbau- und ablauforganisatorischen Gegebenheiten weniger die technische Ausrüstung der EVU, die im Rahmen des Risikomanagementprozesses genutzt werden können. Das Spektrum der Infrastruktur umfasst dabei die organisatorische Einbindung des Risikocontrollings, die Gewährleistung der Funktionstrennung von Handel und anderen Geschäftseinheiten sowie die Hard- und Softwareausrüstung zur Risikosteuerung. Diese Ressource ist hochgradig unternehmensspezifisch und fast völlig immobil. Vollständig immobile Ressourcen sind nicht fungibel, d.h. sie können nicht gehandelt werden. Der Grund hierfür kann die unzureichende Formulierung von Verfügungsrechten sein oder die Tatsache, dass die Ressource aufgrund ihrer hohen Spezifität außerhalb eines bestimmten Unternehmens keiner ökonomisch sinnvollen Verwendung zugeführt werden kann. Entsprechend hoch ist ihr Potenzial, Quelle eines nachhaltigen Wettbewerbsvorteils zu sein. Hinsichtlich ihrer Imitierbarkeit bestehen jedoch keine Limitationen. Vollständige Informationen vorausgesetzt, ist die Infrastruktur vollständig imitierbar. Eine Substituierbarkeit der Infrastruktur ist ebenfalls teilweise gegeben. So sind zwar gesetzlich geregelte Vorschriften identisch zu realisieren, die weitere Gestaltung der Infrastruktur des Risikomanagements kann hingegen vollkommen unternehmensindividuell erfolgen. In Summe ist die Infrastruktur des Risikomanagements eine bedingt geeignete Ressource zur Erzielung nachhaltiger Wettbewerbsvorteile.

– *Know How:* ist in Bezug zum Management wetterinduzierter Risiken das unternehmensintern verfügbare Wissen, Wetterrisiken analysieren, bewerten, steuern und kontrollieren zu können. Das verfügbare Wissen setzt sich dabei aus Methodenwissen und der verfügbaren Bewertungsmodelle zusammen. Know How ist eine Ressource, welche sich im Zusammenhang mit dem finanzwirtschaftlichen Management von Wetterrisiken durch vollständige Transferier- und Imitierbarkeit auszeichnet. Fehlendes Know How kann über die Beschaffung am Humankapitalmarkt oder durch externe Beratung problemlos in ein EVU transferiert werden oder durch Weiterbildung des unternehmensinternen Humankapitals imitiert werden. Eine Substitution des notwendigen Know Hows zum Management wetterinduzierter Risiken durch Know How in anderen Spezialgebiete ist hingegen nicht möglich.

– *Lokal diversifiziertes Erzeugungs- und Kundenportfolio:* ist die Gesamtheit aller Geschäftätigkeiten eines EVUs, welche durch ihre Verteilung in einem weiträumigen Versorgungsgebiet Portfolioeffekte erzeugt. Somit ist ein Gesamtrisiko auf Unternehmensebene gegeben, dass geringer ist als die Summe der Einzelrisiken. Diese Ressource zeichnet sich dadurch aus, dass sie nur im Rahmen einer vollständigen Unternehmensübernahme transferierbar, ansonsten aber vollständig immobil ist. Eine Imitierbarkeit der Ressource ist aufgrund der historischen Entwicklung und der Interdependenz der einzelnen Bestandteile des Portfolios ebenfalls nicht möglich. Bei der historischen Entwicklung eines Unternehmens geht man davon aus, dass seine spezifische Ressourcenausstattung in der Regel einzigartig und damit für andere nicht imitierbar ist. Für die imitationswillige Konkurrenz ist es zumeist unmöglich, bestimmte unternehmensspezifische Ressourcen durch interne Entwicklung nachzuahmen, da sie hierzu denselben strategischen Pfad[326] einschlagen und die exakt gleiche Entwicklung nachvollziehen müsste, wie sie das Unternehmen in der Vergangenheit durchlaufen hat. Da die langfristige Entwicklung eines Unternehmens jedoch im Zeitablauf auch von historischen Zufällen begleitet wird, kann von einer solchen Wiederholbarkeit nicht ausgegangen werden[327]. Auch die Interde-

---

[326] Vgl. BARNEY, J. B. (1991), S. 108; COLLIS, D. J. (1991), S. 50-51.
[327] Vgl. BARNEY, J. B. (1991), S. 107-108.

pendenz einzelner Faktoren bestimmt die Imitierbarkeit einer Ressource. Einzelne Elemente der Ressourcenausstattung eines Unternehmens können dabei so eng miteinander verknüpft sein, dass sie getrennt voneinander nicht die gleichen Potenziale entfalten. Dieser Fall tritt insbesondere dann auf, wenn materielle und immaterielle Komponenten der Faktorausstattung dergestalt zusammenwirken, dass aus ihrer komplementären Interaktion ein kombiniertes, komplexes Ressourcenbündel entsteht, das die Basis für einen nachhaltigen Wettbewerbsvorteil bildet[328].

Neben dem schwer realisierbaren Transfer und einer fast vollständig auszuschließenden Imitation ist auch eine Substitution nicht möglich. Die Nachbildung des realwirtschaftlichen Portfolios durch ein finanzwirtschaftliches ist in der Regel nicht realisierbar, so dass festzustellen ist, dass die Ressource lokal diversifiziertes Erzeugungs- und Kundenportfolio sehr gut geeignet ist, komperative Wettbewerbsvorteile zu generieren.

7.2.2.4 Strategieoptionen der EVU anhand der Ressourcenausstattung

Aufbauend auf die vorangegangenen Analysen der Ressourcennotwendigkeit der einzelnen Risikomanagementstrategien und der Bewertung der einzelnen Ressourcen hinsichtlich ihrer Fähigkeit, nachhaltige Wettbewerbsvorteile zu generieren, sind nun beide Analysen zusammenzuführen und Aussagen im Rahmen des ressourcenorientierten Ansatzes hinsichtlich der Fähigkeit der unterschiedlichen Energieversorgungsunternehmen zur Umsetzung verschiedener Strategien zu formulieren.

Im ressourcenorientierten Ansatz des strategischen Managements wird das Unternehmen als ein Bündel von Ressourcen angesehen. Auf der Basis dieser spezifischen Ressourcenausstattung versucht das Unternehmen innerhalb einer strategischen Gruppe strategisch vorteilhafte und schwer angreifbare Positionen zu erlangen, die sich in nachhaltigen Wettbewerbsvorteilen für das Unternehmen niederschlagen. Nachhaltige Wettbewerbsvorteile wiederum schaffen die Grundlage für die Erfolgspotenziale des Unternehmens, die ihm die Realisierung von dauerhaft überdurchschnittlich hohen Gewinnen in Form einer Aneignung von Renten ermöglicht und somit seine langfristige Existenzsicherung gewährleisten. Vor diesem Hintergrund weisen die verschiedenen Typen der Energieversorgungsunternehmen spezifische Merkmale auf, die es nachfolgend unter Effektivitätsgesichtspunkten näher zu betrachten gilt.

Internationale Energieversorgungsunternehmen

Bezugnehmend auf die erstellten wetterbedingten Risikoprofile im Abschnitt 5.2.3.1. ist festzustellen, dass internationale EVU fast über das gesamte Marktvolumen an Erzeugungs- und Speicherkapazitäten verfügen. Diese Kapazitäten sind dabei, wie die zu versorgenden Kunden auch, in einem weiträumigen nationalen und internationalen

---

[328] Vgl. RASCHE, C./WOLFRUM, B. (1994), S. 504.

Versorgungsgebiet angesiedelt. Infolge des großen Versorgungsgebietes ist eine Vielzahl von Kunden Abnehmer der umfassend angebotenen Nutzenergieträger, so dass ein signifikantes Absatzvolumen bei Gas, Strom und Fernwärme gegeben ist. Die internationalen EVU verfügen somit über ein umfangreiches, lokal diversifiziertes Erzeugungs- und Kundenportfolio, das durch den natürlichen Hedge der Einzelrisiken zu einem geringen, in der Regel akzeptablen, wetterinduzierten Gesamtrisiko auf Unternehmensebene führt.

Die für die Steuerung der unternehmerischen Risiken notwendige Infrastruktur ist dabei fest in der Aufbau- und Ablauforganisation des EVUs etabliert. So verfügt jedes Unternehmen über ein Risikocontrolling und eine Handelsabteilung, wobei die Funktionentrennung des Handels von anderen Risikomanagementabteilungen organisatorisch umgesetzt worden ist.

Hinsichtlich des notwendigen Know Hows ist von einer uneingeschränkten Verfügbarkeit auszugehen. Unter Nutzung der umfangreich verfügbaren Managementkapazitäten sind regelmäßig Projektgruppen initiiert worden, die Wetterrisiken und die damit verbundenen Chancen und Risiken evaluiert haben. Sollten Know How und Managementkapazitäten in Ausnahmefällen nicht in ausreichendem Umfang zur Verfügung stehen, sind sie jedoch als vollständig immobile Ressource unmittelbar über den Markt in das Unternehmen transferierbar.

Die dafür notwendige Verfügbarkeit an finanziellen Mitteln kann als uneingeschränkt bewertet werden. Neben umfangreicher Liquidität und Eigenkapital ist der Zugang zu Fremdkapital, aufgrund der guten Bonität-Ratings ebenfalls ohne Einschränkungen möglich.

Für die Umsetzungsfähigkeit der unterschiedlichen Risikosteuerungsstrategien im Rahmen des Managements von wetterinduzierten Risiken ist somit festzustellen, dass aus der Ressourcenausstattung internationaler EVU keine Limitationen resultieren. Die für die einzelnen Optionen der unterschiedlichen Risikomanagementstrategien notwendigen Ressourcen sind in den EVU regelmäßig vorhanden oder können schnell über den Markt bezogen werden. Internationale Energieversorgungsunternehmen können somit aufgrund ihrer Ressourcenausstattung uneingeschränkt jede Strategieoption im Rahmen des wetterinduzierten Risikomanagements umsetzen und damit jede gewünschte Risiko-Rendite-Position einzunehmen.

Nationale Energieversorgungsunternehmen

Nationale EVU verfügen nur über begrenzte Erzeugungs- und Speicherkapazitäten. Für die Versorgung ihrer Endkunden müssen sie somit regelmäßig die Fehlmengen über fixierte Bezugsverträge oder den Spotmarkt beziehen. Die Versorgung der Kunden erstreckt sich dabei auf regionales, mittelmäßig großes Versorgungsgebiet. Die Versorgung von Auslandskunden ist nicht gegeben. Dies bedeutet, dass die nationalen EVU über ein Erzeugungs- und Kundenportfolio verfügen, welches nur begrenzt lokal diversifiziert und hinsichtlich des Geschäftsvolumens nicht sehr umfangreich ist. Daraus resultiert, dass die risikominimierenden Portfolioeffekte nicht sehr ausgeprägt sind und somit das Gesamtrisikoniveau nur geringfügig reduzieren.

Die für das Risikomanagement notwendige Infrastruktur ist nicht so etabliert wie bei internationalen EVU. So verfügen nur ein Drittel der nationalen EVU über eine Handelsabteilung. Trotzdem kann davon ausgegangen werden, dass grundlegende Strukturen eines Risikomanagementsystems in den meisten nationalen EVU realisiert worden sind. Eine Etablierung in der Größenordnung der internationalen EVU wäre vor dem Hintergrund eines sinnvollen Aufwand-Nutzen-Verhältnisses und einer optimalen Nutzung der Managementkapazitäten auch nicht zu rechtfertigen. So sind Managementkapazitäten nicht uneingeschränkt verfügbar, was wiederum Rückwirkungen auf den Know How Aufbau hat. Die eingeschränkte Verfügbarkeit von Managementkapazitäten hat dazu geführt, dass sich einige Unternehmen ausführlich dem Thema Wetterrisikomanagement gewidmet haben und somit über ein umfassendes Know How verfügen. Andere Unternehmen haben wiederum nur Grundlagenkenntnisse.

Hinsichtlich der Verfügbarkeit an finanziellen Mitteln kann davon ausgegangen werden, dass diese in ausreichendem Umfang jedoch nicht uneingeschränkt verfügbar sind.

Das Fehlen der beiden Ressourcen, Erzeugungs- und Speicherkapazität sowie lokal diversifiziertes Erzeugungs- und Kundenportfolio, führt zu Einschränkungen bei der Umsetzbarkeit einzelner Strategieoptionen. Da diese Ressourcen nur sehr eingeschränkt transferierbar sind und nicht imitiert oder substituiert werden können, ist bei dem Fehlen der Ressourcen ein operatives Vermindern von Risiken sowie eine gezielte Risikoübernahme nicht oder nur eingeschränkt möglich. Das gering diversifizierte Erzeugungs- und Kundenportfolio verhindert durch seine begrenzte Risikoaufnahmefähigkeit in der Regel eine gezielte Veränderung der Risiko-Rendite-Position. Eine finanzwirtschaftliche Risikominimierung im Sinne des Übertragens von Risiken ist aufgrund des verfügbaren Know Hows und der finanziellen Mittel hingegen möglich.

Eine Risikoübernahme im Rahmen von Handelsaktivitäten ist bei einer günstigen Konstellation der Ressourcenausstattung vorstellbar. Ist eine Handelsabteilung und die organisatorische Infrastruktur, Managementkapazitäten und entsprechendes Know How gleichzeitig verfügbar, kann aus ressourcenorientierter Sicht Risikoübernahme durch Handelsaktivitäten realisiert werden. Fehlt hingegen eine der ersten beiden Ressourcen ist eine Risikoübernahme nicht mehr möglich. Es ist in jedem Fall stets eine Einzelfallprüfung notwendig. Diese ist ebenfalls notwendig für eine Risikoübernahme im Rahmen einer Projektfinanzierung.

Das Tragen von Risiken ist hingegen uneingeschränkt für die nationalen EVU möglich. Die dazu notwendigen Ressourcen sind in der Regel in vollem Umfang verfügbar.

Für die Umsetzungsfähigkeit der unterschiedlichen Risikosteuerungsstrategien im Rahmen des Managements von wetterinduzierten Risiken ist somit festzustellen, dass aus der Ressourcenausstattung nationaler EVU Limitationen resultieren. So können nur einige Optionen im Rahmen von Risikominimierungs- und Risikoübernahmestrategien realisiert werden. Bei der Risikoübernahmestrategie ist insbesondere noch das gleichzeitige Vorhandensein der verschiedenen Ressourcen notwendig, was in der Praxis nur in Ausnahmefällen anzutreffen ist. Prädestiniert sind insbesondere solche Unternehmen, die innerhalb der Kategorie der nationalen EVU an der Trennlinie zu den internationalen EVU angesiedelt sind. Eine Risikotragung ist hingegen meistens problemlos möglich.

Hervorzuheben ist, dass bei den nationalen Unternehmen stets eine Einzelfallbetrachtung notwendig ist. In Abhängigkeit von Nähe der Unternehmenscharakteristika zu den anderen Unternehmenstypen können erheblich Unterschiede in den Möglichkeiten der Strategierealisation gegeben sein. Grundsätzlich kann jedoch aufgrund der eingeschränkten Ressourcenausstattung nicht jede Risiko-Rendite-Position eingenommen werden.

Kommunale Energieversorgungsunternehmen

Kommunale Energieversorgungsunternehmen haben fast keine Erzeugungs- und Speicherkapazitäten und sind durch ein sehr kleines, lokal fixiertes Versorgungsgebiet gekennzeichnet. Ein natürlicher Hedge zwischen verschiedenen Einzelrisiken ist somit nicht möglich, da eine Verschiedenheit von Kunden und Örtlichkeiten nicht gegeben ist. Vielmehr ist teilweise bei dem Angebot von nur einem Energieträger eine extreme Wetterreagibilität der Erlösstrukturen gegeben.

Diesem hohen Wetterrisiko steht eine bedingt vorhandene Infrastruktur des Risikomanagements gegenüber. Die Existenz von Handelsabteilungen ist nur in sehr wenigen Ausnahmefällen gegeben. Eine Funktionentrennung innerhalb der Aufbauorganisation des Risikomanagements ist aufgrund des zu bewältigenden Aufgabenvolumens in der Regel nicht notwendig und wegen der eingeschränkten Managementkapazitäten auch vielfach nicht möglich.

Trotz der eingeschränkten Managementkapazitäten ist aufgrund der sehr hohen Wetterabhängigkeit vielfach signifikantes Know How hinsichtlich des Wetterrisikomanagements vorhanden.

Der Zugang zu finanziellen Ressourcen ist im Vergleich zu den nationalen und internationalen eingeschränkter. Zwar ist die oft gegebene Trägerschaft der öffentlichen Hand bei der Kapitalbeschaffung hilfreich, mit zunehmender Anspannung der Finanzlage der öffentlichen Haushalte wird die Kapitalverfügbarkeit zunehmend geringer.

Das Fehlen der Ressourcen Erzeugungs- und Speicherkapazität, lokal diversifiziertes Erzeugungs- und Kundenportfolio sowie die eingeschränkte Verfügbarkeit der Ressourcen Infrastruktur des Risikomanagements, Managementkapazitäten und finanzielle Mittel führt zu erheblichen Limitationen bei der Umsetzbarkeit einzelner Strategieoptionen. Die fehlenden Ressourcen sind nur sehr eingeschränkt oder überhaupt nicht transferierbar, imitierbar oder substituierbar. Infolgedessen sind Risikoübernahmestrategien von kommunalen EVU nicht realisierbar. Ein bewusstes Tragen von Risiken ist nur bei einer ausreichenden Verfügbarkeit von finanziellen Mitteln gegeben. Eine finanzwirtschaftliche Risikominimierung ist hingegen aufgrund des verfügbaren Know Hows und der für diese Zwecke ausreichenden finanziellen Mittel möglich.

Für die Umsetzungsfähigkeit der unterschiedlichen Risikosteuerungsstrategien im Rahmen des Managements von wetterinduzierten Risiken ist somit festzustellen, dass aus der Ressourcenausstattung kommunaler EVU erhebliche Limitationen resultieren. So kann nur eine Risikominimierungsstrategie und in Ausnahmefällen ein Tragen der Risiken umgesetzt werden. Grundsätzlich können somit aufgrund der sehr eingeschränkten Ressourcenausstattung nur wenige Risiko-Rendite-Positionen eingenommen werden.

In den vorangegangenen Abschnitten wurde die Fragestellung untersucht, welche Risikomanagementstrategien von den einzelnen Unternehmenstypen der Energiewirtschaft vor dem Hintergrund ihrer individuellen Ressourcenausstattung angewandt werden können. Als Ergebnis der Analyse ist festzuhalten, dass für internationale EVU ein komparativer Wettbewerbsvorteil gegenüber kommunalen EVU dadurch entsteht, dass die internationalen EVU hinsichtlich ihrer Gestaltungsmöglichkeiten bei der Strategierealisation vollkommen uneingeschränkt sind. Sie sind aufgrund ihrer spezifischen Ressourcenausstattung in der Lage, auf Grundlage einer Entscheidung der Unternehmensleitung jede beliebige Risiko-Rendite-Position hinsichtlich ihrer wetterinduzierten Risiken einzunehmen. Kommunale EVU sind hingegen nur in der Lage, eine Risikominimierungsstrategie und teilweise die Strategie des Risikentragens zu realisieren.

Im Zentrum der aus der Perspektive des ressourcenorientierten Ansatzes vorgenommenen Ausführungen der vorangegangenen Abschnitte standen mögliche Effektivitätsvorteile und -nachteile für die unterschiedlichen Unternehmenstypen der Energiewirtschaft bei der Umsetzung möglicher Risikostrategien. Nachdem damit die Diskussion über eine Realisierung der Strategien aufgrund der unternehmensindividuellen Ressourcenausstattung abgeschlossen ist, tritt nun die Fragestellung in den Vordergrund, wie die Risikomanagementstrategien unter Effizienzgesichtspunkten vorteilhaft umgesetzt werden können. Ein für diesen Zweck geeignetes Analyseinstrumentarium ist der Argumantationsrahmen des effizienzorientierten Transaktionskostenansatzes. Seine Argumentationslogik wird den weiteren Ausführungen dieses Abschnittes als theoretisch-konzeptionelles Fundament zugrundegelegt.

7.2.2.5 Transaktionskosten der Ressourcen

Im Transaktionskostenansatz werden Antworten auf die Fragestellung gesucht, warum bestimmte ökonomische Austauschbeziehungen im Rahmen spezifischer institutioneller Regelungen effizient oder ineffizient abgewickelt und organisiert werden. Als Effizienzkriterium für die Bestimmung der relativen Vorteilhaftigkeit einer institutionellen Regelung im Vergleich zu einer anderen wird die Summe aus den Produktions- und Transaktionskosten herangezogen, die in einem durch eine Verfügungsrechtestruktur definierten institutionellen Arrangement bei der Durchführung von ökonomischen Tauschvorgängen anfallen[329]. Wird die Gültigkeit der drei zentralen Verhaltensannahmen des Transaktionskostenansatzes[330] unterstellt, so ist seine zentrale These, dass eine effiziente Abwicklung und Organisation der durchzuführenden Transaktionen nur dann gewährleistet werden kann, wenn die Eigenschaften der in Frage kommenden institutionellen Arrangements (bspw. Markt, Hybride, Organisation) kompatibel mit den Anforderungen sind, die aus den Charakteristika der Transaktionen abzuleiten sind. Die Realisation der einzelnen Risikomanagementstrategien sind institutionelle Arrangements, die in Abhängigkeit einer operativen oder finanzwirtschaftlichen Umsetzung der Risikomanagementstrategien, auf der hierarchischen oder der marktlichen Koordination von ökonomischen Austauschbeziehungen beruht. Im Vergleich zu institutionellen Regelungen, die stärker durch marktliche Elemente geprägt sind, zeichnet sich die hierarchische Koordination durch schwächere Anreize für einen effizienten Ressourceneinsatz, umfangreichere Möglichkeiten zur direkten Verhaltenskontrolle, eine geringere autonome und eine höhere bilaterale Anpassungsfähigkeit sowie durch höhere Kosten für ihre Etablierung und Nutzung aus.

Die vier relevanten Charakteristika von Transaktionen, anhand derer die Effizienzanalyse der Risikomanagementstrategien erfolgt, sind die Faktorspezifität, die strategische Relevanz der Transaktionen, die in Verbindung mit der Durchführung der Transaktion bestehende Unsicherheit sowie ergänzend die Transaktionshäufigkeit. Je nach ihrer Ausprägung erhöhen oder verringern die z. T. interdependenten Transaktionscharakteristika die Eignung der Risikomanagementstrategien für die verschiedenen Unternehmenstypen. *Tabelle 7-2* fasst die Kostenwirkungen der vier im Transaktionskostenansatz hervorgehobenen Transaktionscharakteristika zusammen.

Tab. 7-2: Kostenwirkungen c.p. von zunehmenden Ausprägungen der Transaktionscharakteristika

Kostenart	Charakteristikum			
	Faktorspezifität	Strategische Relevanz	Unsicherheit	Transaktionshäufigkeit
Transaktionskosten	+	+	+	-

Legende: + = Zunahme; - = Abnahme; 0 = kein Einfluss
Quelle: in Anlehnung an EBERS, M./GOTSCH, W. (2002), S. 230.

Anhand der Transaktionscharakteristika wird nachfolgend untersucht, in welcher Höhe Transaktionskosten anfallen, wenn die Beschaffung bzw. Bereitstellung der für die

---

[329] Vgl. KOGUT, B. (1988), S. 320. Für den weiteren Verlauf der hier zu bearbeitenden Themenstellung werden die Produktionskosten als konstant angenommen.
[330] Siehe Abschnitt 3.1.3.2.

Strategieumsetzung notwendigen Ressourcen über den Markt oder unternehmensintern (Hierarchie) realisiert werden muss.

- *Umfang der notwendigen transaktionsspezifischen Investitionen*: Die Durchführung einer bestimmten Art von Transaktion erfordert in der Regel transaktionsspezifische Investitionen in mehr oder weniger großem Umfang. Die Spezifität der Investitionen kann sich dabei auf Standorte, Sachkapital, Humankapital, einzelne Kunden oder die Reputation des Unternehmens beziehen. Ein hohes Maß an Transaktionsspezifität der Investitionen bedeutet eine Abhängigkeit vom Transaktionspartner, die in Anbetracht von dessen eventuell opportunistischem Verhalten Probleme aufwerfen kann und deshalb transaktionskosteninduzierende Absicherungsmaßnahmen erforderlich macht[331]. Absicherungsmaßnahmen gegen opportunistisches Verhalten zielen im allgemeinen auf eine Verbesserung der Kontrollmöglichkeiten hinsichtlich des Verlaufes der Transaktion und insbesondere des Verhaltens des Transaktionspartners ab. Das höchste Maß an diesbezüglicher Absicherung stellt die Option der vollständigen Internalisierung der Transaktion dar, da über eine hierarchische Organisation eine weitreichende direkte Verhaltenskontrolle des dann organisationsinternen Transaktionspartners im Zielmarkt ausgeübt und so eine Abhängigkeit von einem organisationsexternen Transaktionspartner nahezu völlig vermieden werden kann. Für die einzelnen Ressourcen bedeutet dies:

  - *Erzeugungs- und Speicherkapazitäten sowie lokal diversifiziertes Erzeugungs- und Kundenportfolio*: hohe Faktorspezifität, da beide Ressourcen weder imitierbar noch substituierbar ist, kann eine Bereitstellung nur über den Markt erfolgen. Diese Art von Transaktion ist damit stets mit einer Akquisition oder einem Eigenbau der Ressource verbunden und erfordert somit umfangreiche Absicherungsmaßnahmen gegen opportunistisches Verhalten der Transaktionspartner.

  - *Finanzielle Mittel*: sehr geringe Faktorspezifität, da eine Transaktion zur Bereitstellung der Ressource unternehmensintern bzw. über den Markt zur gewöhnlichen Geschäftstätigkeit gehört und deshalb keiner bzw. sehr geringer Absicherungsmaßnahmen bedarf.

  - *Infrastruktur des Risikomanagements*: mittlere bis hohe Faktorspezifität, da die Ressource imitierbar und teilweise substituierbar ist, kann eine unternehmensinterne Bereitstellung erfolgen, was keine umfassenden Absicherungsmaßnahmen erforderlich macht. Zum anderen ist die Ressource fast vollständig immobil, was bei einer Transaktion über den Markt nur über eine Unternehmensakquisition realisierbar ist und somit in diesem Fall umfangreiche Absicherungsmaßnahmen erfordert.

---

[331] Vgl. WEISS, C. A. (1996), S. 55-56; WILLIAMSON, O. E. (1993), S. 13-14.

- *Know How:* geringe Faktorspezifität, da bei einer unternehmensinternen Weiterbildung von Mitarbeitern sowie bei einem Bezug über den Markt die Überprüfbarkeit des Know Hows durch Nachweise oder Tests möglich ist, sind nur geringfügige Absicherungsmaßnahmen in beiden Fällen erforderlich.

- *Managementkapazitäten:* geringe Faktorspezifität, da bei einer unternehmensinternen Umstrukturierung zur Freisetzung der Ressource oder einem Bezug über den Markt durch Neueinstellung keine umfangreichen Absicherungsmaßnahmen gegen opportunistisches Verhalten notwendig sind.

- *Strategische Relevanz der Transaktion:* Transaktionen, die eine signifikante Auswirkung auf die Wettbewerbsposition eines Unternehmens in einer strategischen Gruppe haben, sind aus Sicht des Unternehmens strategisch relevante Transaktionen. Für ihre Abwicklung ist regelmäßig der Einsatz von Komponenten der Ressourcenausstattung des Unternehmens notwendig. Für die einzelnen Ressourcen bedeutet dies:

  - *Erzeugungs- und Speicherkapazitäten sowie lokal diversifiziertes Erzeugungs- und Kundenportfolio:* hohe strategische Relevanz, da eine Erweiterung der Geschäftstätigkeit durch Akquisition oder Eigenbau der Ressource eine grundsätzliche strategische Entscheidung ist, welche signifikante Auswirkungen auf die Wettbewerbsposition hat.

  - *Finanzielle Mittel:* geringe strategische Relevanz, da der Umfang der benötigten finanziellen Mittel zur Etablierung eines Wetterrisikomanagements entweder keine oder bei der Einrichtung einer Kreditlinie für einige Wetterderivate nur geringe Auswirkung auf die Wettbewerbsposition hat.

  - *Infrastruktur des Risikomanagements:* hohe strategische Relevanz, da eine Umstrukturierung der Unternehmensorganisation für den Aufbau der gewünschten Infrastruktur sowie eine Unternehmensakquisition bei einem Bezug über den Markt stets eine grundsätzliche strategische Entscheidung ist und erhebliche Auswirkungen auf die Wettbewerbsposition des EVU hat.

  - *Know How:* geringe strategische Relevanz, da die Ressource leicht transferierbar und imitierbar ist und somit kein nachhaltiger Wissensvorsprung aufgebaut werden kann.

  - *Managementkapazitäten:* geringe strategische Relevanz, da die Ressource leicht transferierbar ist und somit keine nachhaltige Verbesserung der Wettbewerbssituation erzielt werden kann.

- *Grad der externen und internen Unsicherheit:* Während der Abwicklung von Transaktionen können zahlreiche unvorhergesehene Änderungen der situativen Bedingungen oder des Verhaltens des Transaktionspartners eintreten. Die Änderungen können entweder zufällig und nicht beeinflussbar oder auf das Verhalten der Transaktionspartner zurückzuführen sein. Entsprechend umfangreich sind die Maßnahmen, die vom Unternehmen ergriffen werden können, um die mit den Transaktionen verbundene primäre bzw. sekundäre Unsicherheit auf ein aus Sicht der Entscheidungsträger akzeptables Maß zu reduzieren. Diese Maßnahmen verursachen sowohl Ex-ante- (Such-, Informations-, Verhandlungs- und Vertragskosten) als auch Ex-post-Transaktionskosten (Kontroll-, Konfliktlösungs- und Nachverhandlungskosten). In Analogie zu den oben geschilderten Transaktionscharakteristika Faktorspezifität ist auch bei Unsicherheit die vollständige Internalisierung der Transaktion dasjenige institutionelle Arrangement, das einem Unternehmen die größtmögliche Sicherheit bietet. Die hierarchische Organisation weist einen hohen Grad an bilateraler Anpassungsfähigkeit auf, d.h. auf unvorhergesehen eintretende Änderungen, die eine mehr oder weniger aufwendige Abstimmung zwischen den Transaktionspartnern erfordern, kann ein die Transaktionen vollständig internalisierendes Unternehmen mit Maßnahmen reagieren, die einen Koordinationsaufwand verursachen, der deutlich geringer ausfällt als bei Abstimmungsprozessen, die in marktlichen Austauschbeziehungen notwendig und nicht selten konfliktträchtig sind. Zudem kann die hierarchische Organisation angesichts einer besseren Kenntnis der ihr für eine zeitnahe Reaktion zur Verfügung stehenden Ressourcen rascher adäquate Anpassungen über hierarchische Anweisungen vornehmen, als dies in marktlichen Austauschbeziehungen möglich wäre. Für die einzelnen Ressourcen bedeutet dies:

– *Erzeugungs- und Speicherkapazitäten sowie lokal diversifiziertes Erzeugungs- und Kundenportfolio:* hohe Unsicherheit, da der langfristige und nur über den Markt zu realisierenden Transaktionsprozess Änderungen der situativen Bedingungen begünstigt und somit zur Bewältigung der Transaktion hohe ex-ante- und ex-post-Transaktionskosten anfallen.

– *Finanzielle Mittel:* geringe Unsicherheit, da sich der kurzfristige und sich ständig wiederholende, bekannte marktliche oder unternehmensinterne Transaktionsprozess nur geringe ex-ante- und ex-post-Transaktionskosten verursachen.

– *Infrastruktur des Risikomanagements:* mittlere bis hohe Unsicherheit, da der langfristige Transaktionsprozess auch bei einer unternehmensinternen Bereitstellung der Ressource Änderungen der situativen Bedingungen begünstigt, fallen zur Bewältigung der Transaktion nicht zu unterschätzende ex-ante- und ex-post-Transaktionskosten an, die sich vornehmlich aus Agency-Konflikten ergeben. Bei einer Beschaffung der Ressource über den Markt fallen aber dennoch im Vergleich höhere ex-ante- und ex-post-Transaktionskosten an, da die Abstimmungsprozesse mit den Transaktionspartner in der Regel zeitintensiver und konfliktträchtiger sind.

– *Know How sowie Managementkapazitäten:* geringe Unsicherheit, da der bekannte, kurze unternehmensinterne oder über der Markt zu realisierende Transaktionsprozess zur Beschaffung der Ressourcen aufgrund seiner oftmaligen Durchführung nur moderate ex-ante- und ex-post-Transaktionskosten verursacht.

- *Häufigkeit der Transaktion:* Mit einem Transaktionspartner kann ein Unternehmen entweder ein einziges Mal eine bestimmte Transaktion durchführen und danach die Zusammenarbeit beenden, oder es kann mit dem selben Transaktionspartner mehrere Male hintereinander gleichartige bzw. ähnliche Transaktionen abwickeln. In Abhängigkeit von der Transaktionshäufigkeit treten demzufolge unterschiedliche Kosteneffekte auf. So sind bei einer Vielzahl von Transaktionen Größendegressions- und Lern(kurven)effekte realisierbar, was zu sinkenden Transaktionskosten führt. Für die einzelnen Ressourcen bedeutet dies:

- *Erzeugungs- und Speicherkapazitäten sowie lokal diversifiziertes Erzeugungs- und Kundenportfolio:* geringe Transaktionshäufigkeit, da eine Akquisition oder ein Eigenbau auf Basis einer strategischen Festlegung weder häufig noch gleichartig von einem EVU durchgeführt wird.

- *Finanzielle Mittel:* sehr hohe Transaktionshäufigkeit, da diese unternehmensinternen oder marklichen Transaktionen Bestandteil der gewöhnlichen Geschäftstätigkeit sind und somit in gleichartigen Prozessen, häufig durchgeführt werden.

- *Infrastruktur des Risikomanagements:* geringe Transaktionshäufigkeit, da der unternehmensinterne oder über den Markt realisierte Aufbau einer Infrastruktur des Risikomanagements auf Basis einer strategischen Festlegung in der Regel ein einmaliger Prozess ist.

- *Know How sowie Managementkapazitäten:* hohe Transaktionshäufigkeit, da diese Transaktionen über den Markt oder unternehmensintern zur Weiterentwicklung der Unternehmen in einem kontinuierlichen Prozess durchgeführt werden.

Bei der Transaktionshäufigkeit handelt es sich im Gegensatz zu den drei anderen genannten Transaktionscharakteristika nicht um eine eigenständige Einflussdimension, d.h. sie wirkt erst in Verbindung mit zunehmender Faktorspezifität, strategischer Relevanz und Unsicherheit verstärkend in Richtung eines institutionellen Arrangements auf der Basis hierarchischer Koordination. Geringe Ausprägungen von Faktorspezifität, strategischer Relevanz und Unsicherheit führen dagegen unabhängig von der Transaktionshäufigkeit zu einer Vorteilhaftigkeit marktlicher bzw. kooperativer Koordinationsformen der wirtschaftlichen Aktivitäten. Die Transaktionshäufigkeit ist somit für die Wahl eines institutionellen Arrangements zur Ressourcenbereitstellung nur von untergeordneter Bedeutung, besonders zumal bei zunehmender Transaktionshäufigkeit die (fixen) Transaktionskosten sowohl hierarchischer als auch marktlicher Koordinationsformen sinken[332].

7.2.2.6 Strategieoptionen der EVU anhand der Transaktionskosten

Für die nachfolgende Bewertung der einzelnen Risikomanagementstrategien hinsichtlich ihrer kostenoptimalen Umsetzung wird davon ausgegangen, dass die verschiedenen Unternehmenstypen der Energiewirtschaft unabhängig von den Ergebnissen der Strategiebewertung anhand der Ressourcenausstattung eine Realisation aller Strategien

---

[332] Vgl. WEISS, C. A. (1996), S. 62-63; PICOT, A. (1982), S. 272.

anstreben. Zu untersuchen ist deshalb, inwieweit die Realisation effizient geschehen kann.

Internationale Energieversorgungsunternehmen

Wie bereits im Rahmen der Strategiebewertung anhand der Ressourcenausstattung festgestellt wurde, verfügen die internationalen EVU über alle Ressourcen, die für die Umsetzung aller Risikostrategien notwendig sind. Daraus folgt, dass die Transaktionen für die Bereitstellung der Ressourcen entweder unternehmensintern oder über den Markt erfolgen kann, d.h. im Rahmen einer hierarchischen oder marktlichen Koordination. Die hierarchische Koordination verursacht die geringsten Transaktionskosten, wenn eine Ressource in hohem Maße faktorspezifisch, strategisch relevant und unsicher ist. Die Ressourcen Erzeugungs- und Speicherkapazitäten, diversifiziertes Erzeugungs- und Kundenportfolio sowie die Infrastruktur des Risikomanagements zeichnen sich durch diese Eigenschaften aus. Infolgedessen können internationale EVU diese Ressourcen für die Strategierealisation kostenoptimal im Rahmen der hierarchischen Koordination zur Verfügung stellen. Im Gegensatz dazu sind die Ressourcen finanzielle Mittel, Know How und Managementkapazitäten nur in geringem Maße spezifisch, strategisch und unsicher, d.h. eine vollständige Internalisierung der Ressourcentransaktionen würde nicht kostenoptimal sein. Hier wäre eine marktliche Koordination aufgrund der höheren Anreize zu einem effektiven Ressourceneinsatz und der geringeren Kosten für die Etablierung und Nutzung vorteilhafter. Es kann davon ausgegangen werden, dass trotz der eingeschränkten Rationalität der Akteure, als grundlegende Verhaltensannahme des Transaktionskostenansatzes, die internationalen EVU fähig sind, entsprechend der individuellen Situation den effizientesten Bezug der Ressourcen zu realisieren.

Daraus folgt, dass die internationalen EVU in der Lage sind, alle Optionen der einzelnen Risikomanagementstrategien kostenoptimal umsetzen können. So ist auch unter Effizienzgesichtspunkten festzustellen, dass keine Limitationen hinsichtlich Strategierealisierbarkeit gegeben sind.

Nationale Energieversorgungsunternehmen

Im Gegensatz zu den internationalen EVU verfügen die nationalen nicht uneingeschränkt über alle Ressourcen, die für eine Umsetzung aller Risikostrategien notwendig sind. So sind die Erzeugungs- und Speicherkapazitäten, das lokal diversifizierte Erzeugungs- und Kundenportfolio und die notwendige Infrastruktur des Risikomanagements nur begrenzt bzw. eingeschränkt verfügbar. Daraus folgt, dass eine Bereitstellung der Ressourcen im Rahmen einer hierarchischen Koordination nur in Ausnahmefällen möglich ist. Die überwiegende Bereitstellung der Ressourcen müsste über den Markt erfolgen. Da diese Ressourcen bei einem Bezug über dem Markt aber in hohem Maße faktorspezifisch, strategisch relevant und unsicher sind, fallen somit sehr hohe Transaktionskosten an. In vielen Fällen wird aufgrund der sehr starken Immobilität der Ressourcen überhaupt kein oder nur ein zeitlich langwieriger Transfer möglich sein. Das hat zur Folge, dass die Strategieoptionen operatives Vermindern von Risiken, Tragen von Risiken aufgrund geringfügiger Wetterrisiken sowie Risikoübernahme mit Änderung der Risiko-Rendite-Position, welche das Vorhandensein der vorabgenannten Voraussetzungen benötigen, nicht effizient gestaltet werden können.

Die im Vergleich zu internationalen EVU eingeschränkte interne Verfügbarkeit von Know How und Managementkapazitäten ist bei Bedarf über den Markt korrigierbar. So haben die nationalen EVU grundsätzlich auch die Möglichkeit, diese Ressourcen unternehmensintern oder über den Markt zur Verfügung zu stellen. Ein Kostenvorteil gegenüber den internationalen EVU wird somit zwar nicht erreichbar sein, dennoch kann die Transaktion der Ressourcen effizient gestaltet werden. Die verbliebenen Optionen der einzelnen Risikomanagementstrategien sind somit realisierbar.

Es ist somit festzuhalten, dass die nationalen EVU nicht in der Lage sind, alle Optionen der einzelnen Risikomanagementstrategien kostenoptimal umsetzen zu können. Limitationen sind unter Effizienzgesichtspunkten bei allen Strategien gegeben.

Kommunale Energieversorgungsunternehmen

Kommunale Energieversorgungsunternehmen sind dadurch gekennzeichnet, dass sie über keine Erzeugungs- und Speicherkapazitäten verfügen, sie kein diversifiziertes Erzeugungs- und Kundenportfolio sondern vielmehr hohe Einzelrisiken haben und die notwendige Infrastruktur des Risikomanagements nur gering ausgeprägt ist. Im Vergleich zu nationalen EVU sind diese Ressourcen somit noch weniger verfügbar. Infolgedessen müssten die kommunalen EVU noch höhere Transaktionskosten aufwenden als die nationalen EVU, um ein vergleichbares Niveau wie die beiden anderen Unternehmenstypen erreichen zu können. Die Beschaffung der Ressourcen über den Markt kann somit nicht effizient realisiert werden, was zur Folge hat, dass ebenfalls ein operatives Vermindern von Risiken, das Tragen von Risiken aufgrund geringfügiger Wetterrisiken und eine grundsätzliche Risikoübernahme nicht kostenoptimal gestaltet werden können.

Die eingeschränkte interne Verfügbarkeit von Know How und Managementkapazitäten bedingt ebenfalls höhere Transaktionskosten bei der Ressourcenbeschaffung. Dennoch ist davon auszugehen, dass der unternehmenstypbedingte geringere Bedarf an Ressourcen eine Beschaffung ermöglicht, so dass finanzwirtschaftliche Risikominimierung und teilweise Risikotragung effizient realisiert werden können.

Es ist somit festzuhalten, dass die kommunalen EVU nicht in der Lage sind, alle Optionen der einzelnen Risikomanagementstrategien kostenoptimal umsetzen zu können. Limitationen sind unter Effizienzgesichtspunkten wie auch bei den nationalen EVU bei allen Strategien gegeben.

7.2.3 Ergebnisse der Strategieauswahl

In den vorangegangenen Abschnitten wurden die Möglichkeiten der verschiedenen Unternehmenstypen hinsichtlich der Umsetzung unterschiedlicher Managementstrategien zur Steuerung der wetterinduzierten Risiken der Energiewirtschaft aus Sicht der Praxis und im Rahmen der wirtschaftswissenschaftlicher Theorien diskutiert. Dabei ist festzustellen, dass die Analyseergebnisse des ressourcenbasierten Ansatzes und des

Transaktionskostenansatzes das Meinungsbild der Praxis stützen und untermauern. Als Ergebnisse der Untersuchungen können deshalb folgende Thesen aufgestellt werden:

- Internationale Energieversorgungsunternehmen können wetterinduzierte Risiken minimieren, tragen oder zusätzlich übernehmen und somit entsprechend ihrer Risikopräferenz unternehmenswertsteigernd agieren. Hinsichtlich der Realisierbarkeit der Strategieoptionen im Rahmen der einzelnen Risikomanagementstrategien sind internationale EVU keinen Limitationen ausgesetzt, weil:
    - die für die Umsetzung der Strategien notwendigen Ressourcen uneingeschränkt im Unternehmen verfügbar sind
    - vor dem Hintergrund ihrer Ressourcenausstattung eine Realisation zu den geringsten Transaktionskosten möglich ist
- Nationale Energieversorgungsunternehmen können wetterinduzierte Risiken nur eingeschränkt minimieren und tragen sowie nur im Einzelfall zusätzlich übernehmen. Hinsichtlich der Realisierbarkeit der Strategieoptionen im Rahmen der einzelnen Risikomanagementstrategien bestehen für die nationalen EVU Limitationen insbesondere bei dem operativen Vermindern, dem Tragen aufgrund geringfügiger Risiken sowie der Übernahme zur Veränderung der Risiko-Rendite-Position, weil:
    - die für die Umsetzung der Strategien notwendigen Ressourcen nur eingeschränkt im Unternehmen verfügbar sind
    - vor dem Hintergrund ihrer Ressourcenausstattung eine Realisation der oben aufgezählten Strategieoptionen nur mit sehr hohen Transaktionskosten möglich ist
- Kommunale Energieversorgungsunternehmen können wetterinduzierte Risiken nur minimieren oder im Einzelfall tragen, jedoch nicht zusätzlich übernehmen unter der Prämisse, unternehmenswertsteigernd zu agieren. Hinsichtlich der Realisierbarkeit der Strategieoptionen im Rahmen der einzelnen Risikomanagementstrategien bestehen für die kommunalen EVU neben der Nichtdurchführbarkeit einer Risikoübernahme Limitationen bei dem operativen Vermindern und dem Tragen von wetterinduzierten Risiken, weil:
    - die für die Umsetzung der Strategien notwendigen Ressourcen nicht oder nur eingeschränkt im Unternehmen verfügbar sind
    - vor dem Hintergrund ihrer Ressourcenausstattung eine Übernahme von Risiken nur zu ökonomisch nicht sinnvollen Kosten und die oben aufgezählten Strategieoptionen nur mit sehr hohen Transaktionskosten möglich sind

Konkret bedeutet dies, dass ein internationales EVU insbesondere durch sein lokal diversifiziertes Erzeugungs- und Kundenportfolio, welches zu einen geringen Wetterrisiko auf Unternehmensebene führt, sowie durch die organisatorischen Voraussetzungen und das umfangreiche Know How in der Lage ist, entsprechend der

Risikopräferenz zusätzliche Wetterrisiken zu übernehmen und seine Risiko-Rendite-Position aktiv zu gestalten. Kommunale EVU sind hingegen signifikanten Einzelrisiken ausgesetzt, die unmittelbar Einfluss auf die unternehmerischen Erfolgsgrößen haben, was somit ein Übernehmen weiterer wetterinduzierter Risiken unmöglich macht. Vielmehr sollten die kommunalen EVU im Idealfall ihre Wetterrisiken stets minimieren. Im Einzelfall können bei der Verfügbarkeit ausreichender finanzieller Mittel die wetterinduzierten Risiken auch getragen werden. Bei nationalen EVU ist durch die fließende Abgrenzung zu internationalen und kommunalen Energieversorgungsunternehmen stets eine Einzelfallprüfung vorzunehmen. Dennoch konnte grundsätzlich festgestellt werden, dass nationale EVU nur in Ausnahmefällen, wenn eine günstige Kombination der verfügbaren Ressourcen gegeben ist, zusätzlich geringfügige Risiken übernehmen können. Durch das im Vergleich zu kommunalen EVU diversifiziertere Erzeugungs- und Kundenportfolio wird es weiterhin möglich, bestehende Wetterrisiken leichter zu tragen. *Abbildung 7-1* fasst die Ergebnisse einmal zusammen.

Abb. 7-1: Realisierbare Risikomanagementstrategien der unterschiedlichen Unternehmenstypen der Energiewirtschaft

Unternehmenstyp / Risikostrategie	Minimierung bestehender Risiken	Tragen bestehender Risiken	Übernahme zusätzlicher Risiken
International	Optionen: • Verminderung • Übertragung	Optionen: • Risikoakzeptanz • Risikofinanzierung	Optionen: • Handel • Änderung Risikoposition • Projektfinanzierung
National	Optionen: • Übertragung	Optionen: • Risikoakzeptanz • Risikofinanzierung	Optionen: • in Ausnahmefällen Handel
Kommunal	Optionen: • Übertragung	Optionen: • in Ausnahmefällen Risikofinanzierung	

☐ Realisierbare Strategie ▨ Bedingt realisierbare Strategie ■ Nicht realisierbare Strategie

Quelle: eigene Darstellung

7.3 Strategieumsetzung

Nachdem in den vorangegangenen Ausführungen festgestellt worden ist, welche Strategien von welchem Unternehmenstyp der Energiewirtschaft in Abhängigkeit der individuellen Ressourcenausstattung und der Transaktionskosten realisierbar sind, soll in diesem Kapitel die wichtigsten Möglichkeiten der Strategieumsetzung eingehender beleuchtet werden. Dabei wird sich auf die Darstellung der finanzwirtschaftlichen Strategierealisation beschränkt. Das Risikomanagement wetterinduzierter Risiken mittels operativer Maßnahmen durch Optimierung der Erzeugungs- und Speicherkapazitäten gehört seit vielen Jahren zur normalen Geschäftstätigkeit eines EVUs. Zur Vermeidung unnötiger Redundanz wird deshalb von einer Darstellung im Rahmen diese Abschnittes abgesehen.

Die Flexibilität des auf finanzwirtschaftlichen Instrumenten beruhenden Wetterrisikomarktes erlaubt es den Nutzern von Wetterderivaten, eine weite Spanne von individuell angepassten Risiko-Rendite-Positionen einzunehmen. Dabei ist zu beachten, dass die Strategien für Risikonehmer als auch für Risikominimierer (Hedger) nutzbar sind. In den nachfolgenden Ausführungen wird die Realisation einer Risikominimierungsstrategie aus Sicht einer Hedgers dargestellt. Für die Umsetzung einer Risikoübernahmestrategie ist bei den dargestellten Beispielen die Position des jeweiligen Vertragspartners des Hedgers von dem EVU einzunehmen.

7.3.1 Risikominimierung und Risikoübernahme

Die einzelnen Optionen im Rahmen des Managements wetterinduzierter Risiken lassen sich auf vielfältige Weise einteilen. Für die Einbettung in den Gesamtkontext scheint hier die Einteilung in Positions- und Volatilitätsstrategien angemessen zu sein.

7.3.1.1 Positionsstrategien

Positionsstrategien werden genutzt, um eine "long" oder "short" Position zu erreichen. In einer long Position profitiert das EVU von einem steigenden Index, bei einer short Position hingegen von einem fallenden Index. Die wichtigsten Instrumente für die Positionsstrategien sind Call- und Put-Optionen, Collar sowie Swaps.

Call-Option

Eine Call-Option verbrieft das Recht, aber nicht die Pflicht, innerhalb oder am Schluss eines Zeitraumes eine festgelegte Menge eines Basiswertes zu einem im Voraus vereinbarten Basispreis zu kaufen. Als Gegenleitung für dieses Recht muss der Käufer eine Prämie an den Verkäufer zahlen. Am Beispiel eines Stromerzeugers soll die Wirkung eines Calls beschrieben werden.

Ein Stromerzeuger benötigt ein Spitzenlastkraftwerk jedes Mal dann, wenn die Temperatur unter 10°C sinkt. Durch das Anfahren des Kraftwerkes werden Kosten in Höhe von 50.000 € verursacht. Für das EVU sind 10 Starts oder 500.000 € in einer Periode akzeptabel. Darüber hinausgehende Kosten sollen abgesichert werden. Das EVU kauft dafür einen Call mit folgenden Spezifika:

- Index: Wettervorhersage des Vortages mit einer Temperatur < 10°C
- Strike: 10 Anfahrvorgänge
- Tick size: 50.000 € pro Anfahrvorgang
- Cap: 1 Mio. € (20 Anfahrvorgänge)

Sind aufgrund der niedrigen Temperaturen mehr als 10 Anfahrvorgänge notwendig, erhält das EVU aus dem abgeschlossenen Call Kompensationszahlungen von 50.000 € pro weiteren Anfahrvorgang. Die Zahlungswirkungen des Calls gleichen somit die Kosten ab dem zehnten Anfahrvorgang aus. Die Betriebskosten für das EVU sind bei 500.000 € verstetigt.

Abb. 7-2: Zahlungswirkung einer Call-Option

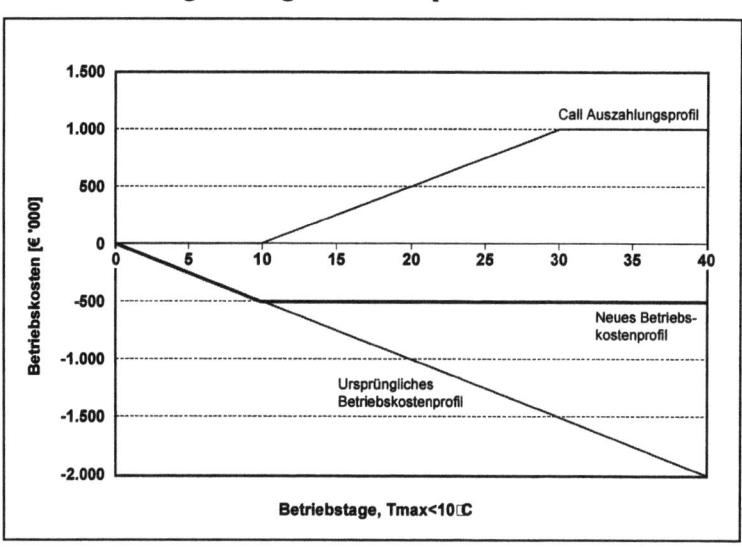

Quelle: eigene Darstellung

Put-Option

Eine Put-Option verbrieft das Recht, aber nicht die Pflicht, innerhalb oder am Schluss eines Zeitraumes eine festgelegte Menge eines Basiswertes zu einem im Voraus vereinbarten Basispreis zu verkaufen. Als Gegenleitung für dieses Recht muss der Käufer des Puts eine Prämie an den Verkäufer der Put-Option zahlen. Am Beispiel eines EVU soll die Wirkung eines Puts beschrieben werden.

Das EVU plant für einen normalen Winter eine bestimmte Menge Gas zu verkaufen. Wird der Winter zu warm, wird weniger Gas verkauft und die geplanten Erlöse sind nicht erzielbar. Als Ergebnis des Risikoanalyseprozesses legt das EVU das maximal tragbare Risikolimit von 7,5 Mio. € fest, was einer, anhand von historischen Daten ermittelten, 5%igen Abweichung von den geplanten Erlösen entspricht. Unter der Voraussetzung, dass der normale Winter 3000 HDDs entspricht, darf die Temperaturabweichung somit nicht unter 2850 HDDs fallen, um noch akzeptabel zu sein.

Das EVU strukturiert zur Absicherung deshalb folgenden Put:

- Index: HDD
- Strike: 2850 HDD
- Tick size: 50.000 € pro HDD
- Cap: 37,5 Mio. €

Um die Gewinnschwelle zu erreichen, muss das EVU mindestens die Menge an Gas verkaufen, die im Durchschnitt 3000 HDDs entspricht. Je wärmer der Winter wird, desto geringer ist der Umsatz bei gleichbleibenden Kosten. Ist am Ende der Abrechnungsperiode der Index unter 2850 HDDs geblieben, setzt die Zahlung des Puts ein. So erhält das EVU 50.000 € für jeden HDD der unter dem Strike von 2850 HDDs liegt bis zu einer Maximalauszahlung von 37,5 Mio. €. Damit werden die, dem Auszahlungsprofil des Puts proportional entgegenlaufenden Kosten kompensiert und eine Stabilisierung der Kosten bei maximal 7,5 Mio. € erreicht.

Abb. 7-3: Zahlungswirkung einer Put-Option

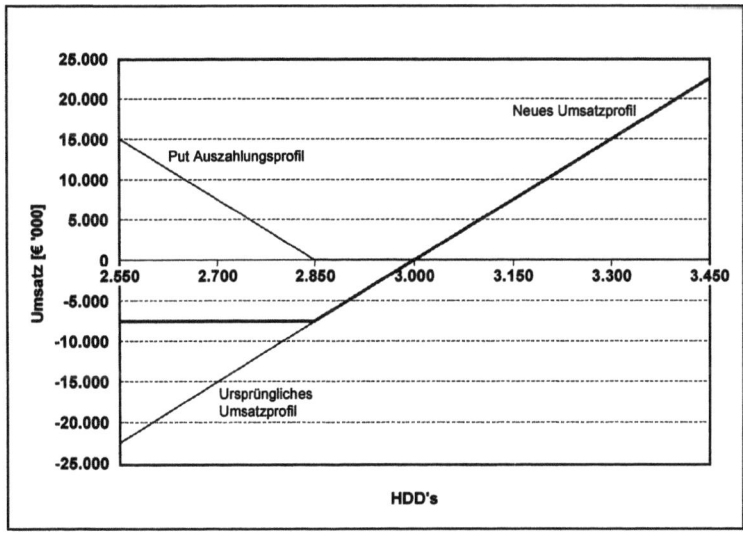

Quelle: eigene Darstellung

Collar

Die Kombination eines "long" Positionen Puts und eines "short" Positionen Calls (oder vice-versa) wird als Collar bezeichnet. Mit einem Collar kann, bei gleichzeitiger Reduktion oder Elimination der Absicherungskosten, das Wetterrisiko minimiert werden. Anstatt für die negative Abweichung vom Erwartungswert eine Prämie zu zahlen, tritt das EVU Potenzial der positiven Abweichung vom Erwartungswert ab. In dem vorangegangenen Beispiel bedeutet dies, dass das EVU an den Anbieter des Puts (Schutz gegen warmes Wetter) einen Call verkauft und ihm damit Schutz gegen zu kaltes Wetter gewährt. Das EVU verzichtet somit für den Schutz bei warmen Wetter auf die überdurchschnittlichen Verdienstmöglichkeiten bei kalten Wetter. Werden beide Finanzinstrumente so konstruiert, dass sie mit den gleichen Charakteristika ausgestattet sind, erfolgt für das EVU eine kostenlose Absicherung wie *Abbildung 7-4* zeigt.

Für das vorangegangene Beispiel bedeutet dies, dass das EVU einen Call verkauft, das dem Verkäufer des Puts ab 3150 HDDs 50.000 € pro weiterem HDD bis zu einem Maximum von 37,5 Mio. € garantiert.

Abb. 7-4: Zahlungswirkung eines Collars

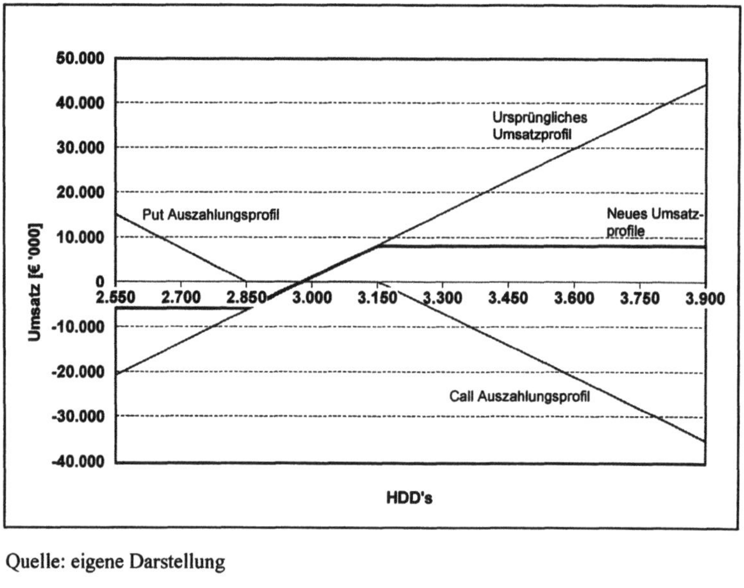

Quelle: eigene Darstellung

Das EVU hat somit die Festschreibung des Maximalverlustes bei 7,5 Mio. € ohne Vorabkosten erreicht. Das EVU erhält weiterhin aus dem Put Kompensationszahlungen, wenn der Index unter 2850 HDDs ist, muss aber bei kalten Wetter ab 3150 HDDs selber Kompensationszahlungen leisten. Diese Kompensationszahlungen werden aus den überdurchschnittlichen Erlösen generiert.

Swap

Ein Swap ist ein Wetterderivat was nur im OTC-Markt gehandelt wird. Um einen Swap konstruieren zu können, bedarf es zweier Unternehmen, die einen gegenläufigen Risikoverlauf bei gleicher Wetterabhängigkeit haben. In Abhängigkeit vom vereinbarten Strike und dem erreichten Indexwert am Laufzeitende, nimmt das eine Unternehmen oder das andere Unternehmen Auszahlungen vor. Mit Hilfe eines Swaps werden somit die Risiken zwischen zwei Vertragsparteien für eine festgelegte Periode getauscht, ohne Vorauszahlungen bei der Absicherung tätigen zu müssen. Für das bisher verwendete Beispiel bedeutet dies, dass das EVU Umsätze aus einen "normalen" Winter plant. Wird der Winter wärmer erhält es Kompensationszahlungen von dem anderen Unternehmen.

Abb. 7-5: Zahlungswirkung eines Swaps

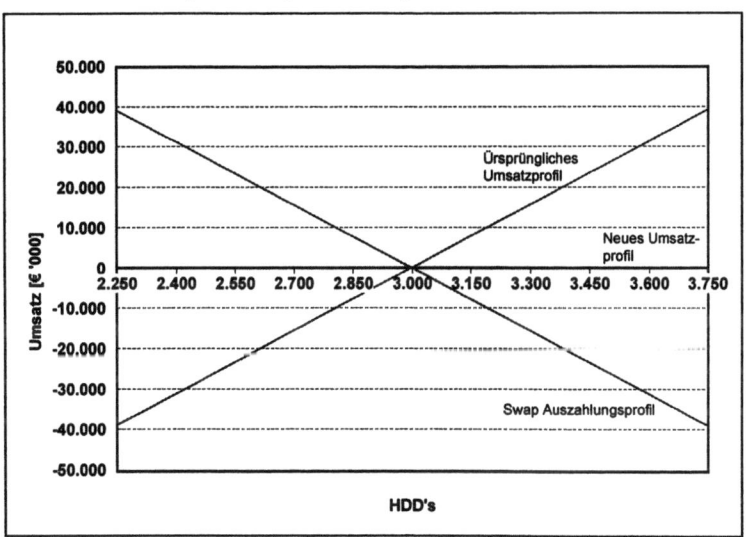

Quelle: eigene Darstellung

Stellt sich jedoch ein kälterer Winter ein, werden zwar mehr Umsätze generiert, die aber in ihrem Wert als Kompensationszahlungen an das andere Unternehmen zu zahlen sind. Das EVU generiert in dem Winter somit genau die geplanten Umsätze, nicht mehr aber auch nicht weniger. Die *Abbildung 7-5* illustriert die Zahlungsverläufe des Swaps.

7.3.1.2 Volatilitätsstrategien

Durch die Umsetzung von Volatilitätsstrategien sollen Vorteile aus den Schwankungen um einen festgelegten Wert gezogen werden. Es geht im Gegensatz zu den Positionsstrategien nicht darum, aus dem Steigen oder Fallen eines Indexes Gewinn zu erzielen, sondern an geringfügigen Schwankungen um den Erwartungswert zu partizipieren. Volatilitätsstrategien sind deshalb für Risikominimierer interessant, die eine zweiseitige Risikoabsicherung haben wollen oder für Risikonehmer die ein zweiseitiges Risiko benötigen. Die zwei Hauptstrategien der Volatilitätsstrategien sind Straddle und Strangle, die nachfolgend beschrieben werden.

Straddle

Ein straddle ist bspw. die Kombination von einer Verkaufs (Put)- und Kaufoption (Call), bei denen der Index, der Ort, der Strike, die Tick Size und die Laufzeit gleich sind. Die Technik kann ein EVU anwenden, wenn es Wetterschwankungen nur in einem geringen Schwankungsrahmen erwartet. Das EVU bleibt dann verlustfrei, wenn der Indexkurs in der erwarteten Spanne der Wetterschwankungen bleibt und zumindest die gezahlten Prämien und Nebenkosten gedeckt sind. Eine Kurssteigerung des Indexes über den Strike hinaus wird den Wert der Verkaufsoption für den Verkäufer mindern oder ganz ausschalten. Die Verkaufsoption hingegen wird immer wertvoller, je weiter sich der Indexkurs dem Strike nähert. Das gleiche gilt umgekehrt, wenn sich der Index unterhalb des Strikes befindet.

Abb. 7-6: Zahlungswirkung eines Straddles

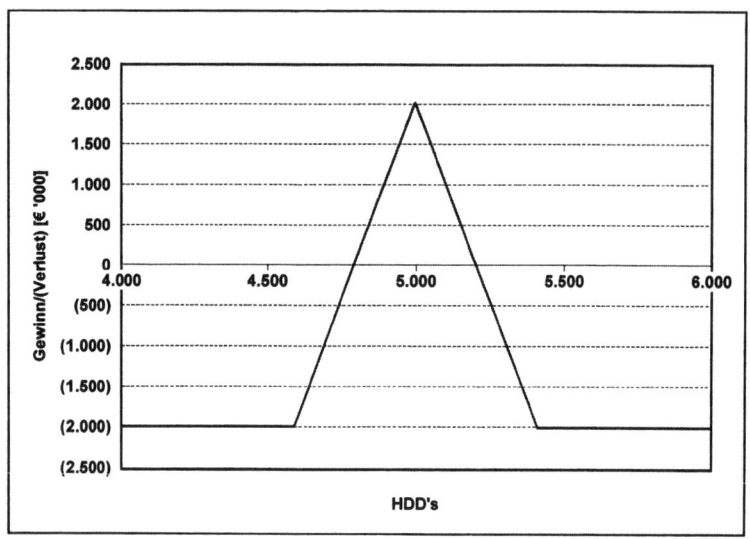

Quelle: eigene Darstellung

Abbildung 7-6 zeigt das Beispiel eines EVU, das einen Straddle verkauft. Es verkauft einen Put und einen Call mit folgenden Spezifikationen:

- Strike: 5000 HDD
- Tick size: 10000 € je HDD
- Caps: 4 Mio.€

Der maximale Profit bei dieser Strategie liegt bei 2 Mio. € und tritt ein, wenn der HDD Index genau den Strike bei 5000 € erreicht. Der maximale Verlust von 2 Mio. € tritt ein, wenn der HDD Index entweder über 5400 HDDs steigt oder unter 4600 HDDs fällt liegt. Der maximale Verlust ergibt sich aus dem zu zahlenden Cap des einen Wetterderivates minus dem maximalen Gewinn des anderen Wetterderivates.

Erwartet das EVU hingegen große Wetterschwankungen ohne dabei die Richtung der Abweichung festlegen zu können, tritt das EVU als Käufer des straddles auf. Die Zahlungsverläufe in der Abbildung 7-6 würden sich dabei umkehren.

Strangle

Ein strangle ist wie der oben beschriebene staddle eine Kombination von einer Verkaufs (Put)- und Kaufoption (Call), bei denen der Index, der Ort, die Tick Size und die Laufzeit gleich sind, jedoch der Strike variiert.

Die Funktionsweise soll an einem Beispiel illustriert werden. Ein EVU mit limitierten Erzeugungskapazitäten möchte die Nachfrageschwankungen im Sommer absichern. In einigen Märkten kann einem EVU durch zu heiße oder zu kalte Sommertemperaturen ein zweiseitiges Risiko entstehen. Die Grundannahme für die Absicherung ist eine lineare Abhängigkeit des Stromabsatzes von der Außentemperatur. Wenn hohe Temperaturen bei dem EVU zu einer verstärkten Nachfrage führen, so dass die Erzeugungskapazitäten überschritten werden, muss das EVU am Spotmarkt Strommengen zu höheren Preisen nachkaufen. Sind die Temperaturen zu kalt, verfehlt das EVU die benötigten Erlöse. Um sich gegen dieses zweiseitige Risiko zu schützen, kann das EVU einen strangle mit dem Profil aus *Abbildung 7-7* konstruieren.

Das EVU baut sich den strangle durch den Kauf eines Calls und Puts mit folgenden Parametern zusammen:

- Strike: Call 30°C ; Put 23°C
- Tike size: 1 Mio. € für jedes Grad Celsius über (Call) bzw. unter (Put) dem strike
- Cap: 12 Mio. €
- Kosten: je 2 Mio. € für Call und Put

Der Call schützt das EVU vor den Margenverlusten bei heißen Temperaturen und der Put vor den Umsatzausfällen bei kalten Temperaturen. Der maximale Gewinn des strangle sind 8 Mio. €. Innerhalb der Spanne von 23°C bis 30°C erhält das EVU keine Auszahlungen und verliert die Kosten für Call und Put. Innerhalb diese Spanne arbeitet das EVU aber mit der höchsten Profitabilität und kann die Kosten mühelos absorbieren.

Abb.: 7-7 Zahlungswirkungen eines Strangles

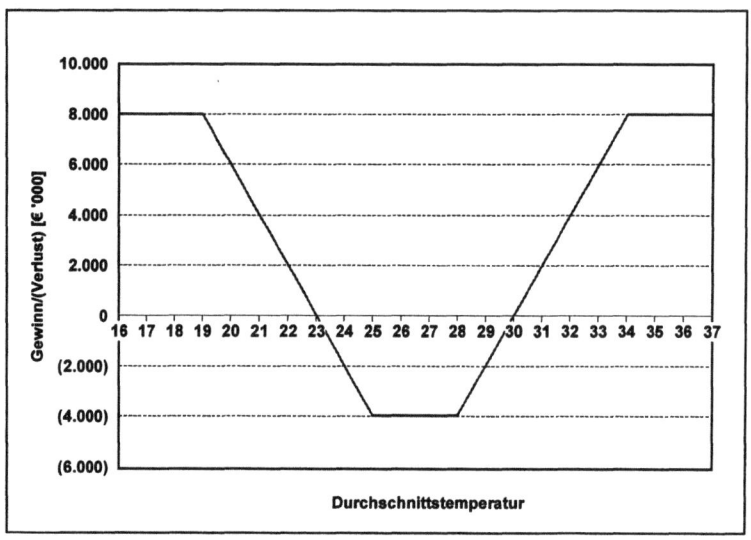

Quelle: eigene Darstellung

Die hier vorgestellten Strategieumsetzung stellen die grundlegenden Möglichkeiten dar, wetterinduzierte Risiken finanzwirtschaftlich zu minimieren oder zu übernehmen. Wenn man berücksichtigt, dass ¾ aller gehandelten Wetterderivate Variationen aus Call und/oder Put Optionen sind und die verbliebenen ¼ durch Swaps repräsentiert werden[333], haben andere Variationen nur theoretischen Charakter.

7.3.2 Risikotragung

Die Risikotragung als Form des passiven Risikomanagements wird angewandt, wenn die Instrumente der aktiven Risikosteuerung nicht anwendbar oder deren Anwendung ökonomisch nicht vertretbar sind[334]. Im Gegensatz zur ursachenbezogenen Risikosteuerung bei Risikominimierungs- und Risikoübernahmestrategien handelt es sich bei der Risikotragung um eine wirkungsbezogene Form der Risikosteuerung. Hierbei bleibt die existierende Form des Risikos bestehen und nur die finanziellen Konsequenzen der Risiken werden gedeckt.

---

[333] Vgl. MEYER, N. (2002), S. 76.
[334] Vgl. HÖLSCHER, R. (2000), S. 330.

Die Risikotragung kann mit oder ohne Reservenbildung erfolgen. Wird auf eine Reservenbildung verzichtet, erfolgt die Finanzierung potenzieller Schäden aus dem Cashflow des Energieversorgungsunternehmens. Insbesondere geringe wetterinduzierte Risiken auf Unternehmensebene können so finanziert werden. Eine Risikotragung mit Reservenbildung ist hingegen anzuwenden, wenn die Wetterrisiken nicht mehr vernachlässigbar sind, die Kosten einer Absicherung aber ökonomisch nicht sinnvoll oder die Unternehmensleitung ein bewusstes Tragen der Risiken festgelegt hat. Über die Möglichkeiten der Bildung von Rücklagen, der Bilanzrückstellungen und stillen Reserven ist der Aufbau eines Risikopuffers und somit eine Vorfinanzierung möglicher Schäden möglich.

8. Risikoüberwachung

Als abschließender Bestandteil des Risikomanagementprozesses für wetterinduzierte Risiken wird im Rahmen der Risikoüberwachung die Durchführung der ergriffenen Risikosteuerungsmaßnahmen kontrolliert. Mit der Überprüfung der Maßnahmendurchführung und der daraus resultierenden Sicherstellung der Zielerreichung gewährleistet die Risikoüberwachung die Übereinstimmung der tatsächlichen mit der angestrebten Risiko-Rendite-Position. Zur Realisierung einer effizienten und effektiven Risikoüberwachung sind die organisatorische Umsetzung und das Reportingsystem für das Management wetterinduzierter Risiken sowie die Bilanzierung der Wetterderivate festzulegen.

8.1 Organisatorische Umsetzung

Die organisatorische Umsetzung der Risikoüberwachung wetterinduzierter Risiken muss auf ablauf- und aufbauorganisatorischer Ebene erfolgen. Damit die wetterinduzierten Risiken, mit denen ein EVU konfrontiert ist, nicht isoliert von anderen Unternehmensrisiken betrachtet werden, ist bei der organisatorischen Umsetzung der Risikoüberwachung eine Einbindung in das unternehmensweite Risikomanagementsystem notwendig. Dadurch werden die Zusammenhänge zwischen den verschiedenen Einzelrisiken des EVU adäquat berücksichtigt und eine ganzheitliche, gesamtunternehmensbezogene Perspektive ermöglicht. Wesentliches Merkmal der Risikoüberwachung ist die Wahrnehmung der Aufgabe durch Dritte, nicht risikoauslösende oder davon betroffene Personen bzw. Gremien.

8.1.1 Ablauforganisatorische Maßnahmen

Ablauforganisatorische Maßnahmen im Rahmen der Risikoüberwachung wetterinduzierter Risiken sind die Ergebnis- und Verfahrenskontrolle[335]. Im Rahmen der *Ergebniskontrolle* werden die in einem bestimmten Zeitraum ermittelten Risiken, die sich nach der Risikosteuerung ergeben haben, mit den Sollvorgaben der Risikolimite verglichen. Die Ergebniskontrolle stellt somit eine reine Risikokontrolle dar. Da die hier zugrundegelegte Philosophie des Risikomanagements wetterinduzierter Risiken eine Verwirklichung einer gewünschten Risiko-Rendite-Position vorsieht, erstreckt sich die Ergebniskontrolle auch auf einen Vergleich der Performance mit dem vorgegebenen Sollwert. Dies bedeutet bei der Umsetzung einer Risikoübernahmestrategie die Gegenüberstellung der erzielten Erträge mit einer Performancekennzahl.

Die Ergebniskontrolle kann Auslöser für die *Verfahrenskontrolle* sein, wenn z.B. die Soll/Ist-Abweichung einen bestimmten Toleranzbereich überschreitet. Verfahrenskontrollen sind aber auch dann unabhängig von der Ergebniskontrolle vorzunehmen, wenn

---

[335] Vgl. LAUX, H./LIERMANN, F. (1993), S. 473ff.

Tempo und Art der Risikoanalyse und -steuerung dies erfordern. Gegenstand der Verfahrenskontrolle kann jeder im Rahmen des Risikomanagements durchgeführte Prozess sein, wenn z.b. geprüft wird, ob bei der Risikoanalyse mit einheitlichen Wetterdaten und Bewertungsmodellen gearbeitet wurde oder, ob die verwendeten Parameter sowie errechneten Risiken die Realität hinreichend korrekt abbilden. Dies ist bei der Anwendung von Wetterderivaten wichtig, um das signifikante Modellrisiko, welches bei der Bewertung der Wetterderivate aufgrund der fehlenden allgemein akzeptierten Bewertungsmodelle entsteht, zu minimieren. Des weiteren ist das durch die Nutzung von OTC-Kontrakten entstehende Gegenparteirisiko regelmäßig zu überprüfen. Ferner ist zu prüfen, inwiefern die Qualifikation der Mitarbeiter den Anforderungen genügen und, ob Notfallpläne ausgearbeitet wurden. Auch die Effizienzsteigerung der Steuerungsmaßnahmen und die Einhaltung der fest vorgegebenen und adjustierten Risikolimite bedürfen der Kontrolle[336]. Im Rahmen der internen Revision sollte Unabhängigkeit und Wirksamkeit des Risikomanagements und des Risiko-Controllings regelmäßig geprüft werden. Dies umfasst auch eine Beurteilung der Organisationsstrukturen und der angemessenen Aufgabentrennung.

8.1.2 Aufbauorganisatorische Maßnahmen

Die wichtigste Voraussetzungen für die Funktionsfähigkeit des Risikomanagements ist eine sachgerechte Aufbauorganisation. Diese sollte dabei jeweils in Abhängigkeit der Organisationsstruktur des EVU entweder zentral, dezentral oder als Mischform gestaltet werden. Um wetterinduzierte Risiken umfassend steuern und kontrollieren sowie die Integration des Wetterrisikomanagements in die Aufbauorganisation des EVU realisieren zu können, müssen grundlegende Voraussetzung gegeben sein. Sind diese im bestehenden Risikomanagementsystem des Unternehmens nicht vorhanden, muss dieses entsprechend angepasst werden. Die wichtigste aufbauorganisatorische Voraussetzung ist der Grundsatz der Funktionentrennung. Demnach dürfen unvereinbare Tätigkeiten nicht in eine disziplinarische Verantwortung gelegt werden[337].

Dabei kann auf die organisatorischen Strukturen des Energiehandels zurückgegriffen werden[338]. Funktional sind deshalb idealerweise die Bereiche

- Front Office (Handel)
- Middle Office
- Back Office

strikt zu trennen. Das Front Office führt die aktive Risikosteuerung, die Abwicklung von Vertragsverhandlungen mit OTC-Kontraktpartnern und die Börsengeschäfte durch. Das Middle Office erstellt Kraftwerkseinsatzpläne und Austauschpläne mit an-

---

[336] Vgl. RUDOLPH, B. (1993), S. 127.
[337] Vgl. KPMG (1995), S. 79.
[338] Vgl. NABE, C. A./BORCHERT, J. (1999), S. 209.

deren EVU und ermöglicht somit das operative Risikomanagement der Wetterrisiken. Risicocontrolling und Rechnungswesen sind im Back Office angesiedelt. Das übergeordnete Risikomanagement für die wetterinduzierten Risiken ist dabei ebenfalls dem Back Office anzugliedern, da es einerseits Anweisungen für Handelsgeschäfte gibt, andererseits dem gesamten betrieblichen Controlling untersteht.

Sollte aufgrund einer zu geringen Betriebsgröße eine derartige Funktionentrennung nicht realisierbar sein, so muss mindestens gewährleistet werden, dass die Aufgaben des Handels von den übrigen Funktionen strikt getrennt sind oder bei der Abwicklung der Geschäfte die Geschäftsleitung unmittelbar eingeschaltet wird. Wird im Rahmen einer Risikoübernahmestrategie der Handel von Wetterderivaten angestrebt, so ist diese Mindestanforderung bis hinauf zur Geschäftsführung vorgeschrieben. Zur Gewährleistung eines KonTraG-konformen Wetterrisikomanagementsystem sind außerdem die Berichtswege zum Vorstand und Aufsichtsrat bzw. zur Geschäftsführung festzulegen. Zu den originären, durch das KonTraG definierten, Aufgaben der Geschäftsleitung zählt die Definition der mit dem Einsatz von Finanzinstrumenten verfolgten Geschäftspolitik, die in die umfassenden geschäftspolitischen Zielsetzungen des Unternehmens eingebunden sein muss[339]. Die Komplexität und die damit einhergehenden potenziellen Risiken derivativer Produkte und im speziellen von Wetterderivaten, machen eine enge Einbindung der Geschäftsleitung notwendig. Die Geschäftsleitung darf die Genehmigung zur Durchführung derivativer Geschäfte nur erteilen, wenn für sie selbst umfassende und permanente Risikotransparenz gewährleistet ist.

Diese Risikotransparenz ist dabei vom Risikocontrolling zu gewährleisten. Aufgabe des Risikocontrollings ist es, sämtliche Risiken, die durch Schwankungen unterschiedlicher Wetterparameter hervorgerufen werden, geschäftsübergreifend zu analysieren und die Geschäftsleitung neutral zu informieren. Dies erfordert die Einrichtung eines unabhängigen Risikocontrollings das unternehmensweit das Risikomanagement der wetterinduzierten Risiken durchführt. Ziel des Risikocontrollings ist es, die Risiken konsistent über alle Wetterrisiken zu analysieren und zu kontrollieren. Die Bedeutung des Risikocontrollings wird durch die aufbauorganisatorische Stellung in der ersten oder zweiten Führungsebene dokumentiert. Die Risikosteuerung fällt hingegen nicht in den Controllingbereich, sondern wird, wie oben dargestellt, von der Geschäftsleitung unter Nutzung der operativen Gestaltungsmöglichkeiten von Front und Middle Office durchgeführt.

Das Risikocontrolling sollte sich bei der Risikoüberwachung dabei auf ein internes Kontrollsystem stützen. Ein gut ausgestaltetes Kontrollsystem überlagert wie das Risikomanagement selbst alle Strukturen und Abläufe eines Unternehmens und stellt somit sicher, dass Arbeitsabläufe für ihren Zweck geeignet, wirksam, leistungsfähig und sicher sind. Der im Kontrollsystem institutionalisierte Soll-Ist-Vergleich führt zu schnellem Erkennen der Wetterrisiken und zu mehr Prozesssicherheit bei deren Steuerung.

---

[339] Vgl. BUSCHMANN, E. F. (1992), S. 724.

Ferner unterstützt das interne Kontrollsystem die zeitnahe und korrekte Auswertung des Rechnungswesens und liefert somit zuverlässige Informationen über Lage und Entwicklung des Unternehmens.

8.2 Reporting

Ziel des Reportings ist es, das Management mit entscheidungsrelevanten Informationen zu versorgen, um eine aktive Steuerung der wetterinduzierten Risiken zu ermöglichen. Die Qualität des Reportings ist dabei ein entscheidender Faktor für die Wirksamkeit des Risikomanagements. Dabei ist die technische Plattform zur Präsentation grundsätzlich zweitrangig. Vielmehr sollte sich die Ausgestaltung des Reportings für wetterinduzierte Risiken zum einen an den bisher schon bestehenden Strukturen des Reportingsystems des Unternehmens orientieren. Zum anderen sollte das Reporting den Dimensionen des Wetterrisikomanagements entsprechen.

Die im Rahmen des Reportings erzeugten Informationen sind, abhängig vom Nutzerkreis, unterschiedlich zu strukturieren, um den individuellen Informationsbedürfnissen gerecht zu werden. Grundsätzlich ist die Geschäftsleitung zumindest über die folgende Inhalte zu unterrichten[340]:

– die Risikopositionen nach Geschäftsfeldern, Unternehmensteilen und Wetterparametern

– die festgesetzten Limite und ihre Auslastung

– die aufgelaufenen realisierten und unrealisierten Gewinne oder Verluste

– die Entwicklung der Risiko- und Ertragslage

– die festgestellten Pflichtverletzungen von Mitarbeitern

Auf Basis dieser grundlegenden Informationen können dann Angaben zu den aktuellen Marktwerten der Wetterderivate sowie deren Veränderung gegenüber der Vorberichtsperiode erstellt werden. So können Gewinne oder Verluste der gewählten Risikostrategie z.B. im Vergleich zur Nichtabsicherung oder zu Standardabweichungen kalkuliert werden. Es bietet sich an, nachfolgend durch unterschiedliche Szenarien Simulationen für künftige Entwicklungen zu berechnen. Diese sollte zum einen auf den üblichen Konfidenzintervallen beruhen und zum anderen sogenannte Crash-Szenarien umfassen. Ergänzt werden sollten die Analysen durch die Darstellung der zukünftig zu erwartenden Liquiditätswirkungen der Wetterderivate werden. Falls Kontrahenten- oder Emittentenrisiken aufgrund der OTC-lastigen Risikosteuerung eine relevante Größenordnung erreichen, ist es ebenfalls notwendig, zu jedem Wetterderivat eine detaillierte Darstellung der Daten der Vertragspartner zu erstellen.

---

[340] Vgl. SCHARPF, P./LUZ, G. (1996), S. 45-49.

Neben den Auswertungen der Absicherungsperioden und kurzfristiger Handelsrisiken sind ebenfalls mittelfristige und langfristige Auswirkungen auf den Geschäftserfolg zu untersuchen. Typische Fragen, die ein Reportingsystem in diesem Zusammenhang beantworten muss, sind z.B.:

- Wie ist das Kosten-Nutzen-Verhältnis unterschiedlicher/alternativer Absicherungsstrategien?
- Welche Auswirkungen auf das Unternehmen ergeben sich bei Extremszenarien?
- Wie müssen langfristige Klimatrends in unserer strategischen Planung Berücksichtigung finden?

Die Erstellung und Qualitätssicherung der unterschiedlichen Berichte des Reporting sind in der Regel Aufgaben des (Risiko-)Controllings, welches die definierten Berichte verteilt und Überschreitungen der Limitvorgaben kontrolliert und festgelegte Maßnahmen auslöst. Wichtig für eine angemessene Berichterstattung ist, dass den Entscheidungsträgern die relevanten Informationen zeitnah zur Verfügung gestellt werden. Dabei sollte im Zweifel der Grundsatz Aktualität vor Genauigkeit gelten. Das Berichtswesen sollte zudem Bestandteil des Prüfumfanges der Revision und des Wirtschaftsprüfers sein. Letzterer hat dabei auch die Bilanzierung der Wetterderivate zu prüfen, deren Bilanzierungsvorschriften im nächsten Abschnitt dargestellt werden.

8.3 Bilanzierung von Wetterderivaten

Spezifische Bilanzierungsvorschriften für Wetterderivate existieren weder bei der Rechnungslegung nach HGB noch nach US-GAAP oder IAS. Vielmehr werden Wetterderivate wie herkömmliche derivative Finanzinstrumente behandelt und bilanziert.

8.3.1 Bilanzierung nach HGB

Grundsätzlich werden die drei Formen des Hedge Accounting Micro,- Portfolio- und Macro Hedges unterschieden und buchungstechnisch umgesetzt. Werden Einzelrisiken aus Grundpositionen durch einzelne, genau bestimmte Hedge-Transaktionen abgesichert und anschließend gemeinsam bewertet, spricht man von *Micro Hedges*. Sind verschiedene Risiken im Unternehmen vorhanden und werden diese auf Gesamtunternehmensebene erfasst und gesteuert, erfolgt ein Portfoliomanagement der Risiken. Dabei ist ein partieller gegenseitiger Wertausgleich innerhalb von Gruppen gleichartiger Geschäfte möglich. Wird dieser bilanziell berücksichtigt, liegt ein *Portfolio Hedge* vor. Im Unterschied zum Micro Hedge können hier Wertzuwachse oder Wertminderung eines Geschäfts nicht genau zugeordnet werden. Wird nur die Netto-Risikoposition für die Gesamtunternehmung abgesichert und bilanziell berücksichtigt spricht man von einem *Macro Hedge*. Die Netto-Risikoposition wird dabei durch Aufrechnung von Long und Short-Positionen der einzelnen Risiken bestimmt. Wie bereits beim Portfolio Hedge ist auch hier eine Zuordnung der Wertentwicklung von Sicherungsgeschäften zur Wertentwicklung einzelner Grundgeschäfte nicht möglich.

Die dargestellten Hedge-Accounting-Verfahren implizieren, dass drohende Verluste gesicherter Positionen nicht antizipiert werden. Um eine den tatsächlichen Verhältnissen entsprechende Bilanzierung möglich zu machen, wird auf Ebene der einzelnen Posten auf eine strenge Anwendung des Imparitätsprinzips verzichtet. Somit ist die Bewertung der Grundgeschäfte und ihrer derivativen Absicherungsinstrumente davon abhängig, ob sie bestimmten Sicherungszusammenhänge oder Portfolios zugeordnet werden können. Dies ist in der Praxis mit schwierigen Abgrenzungsfragen verbunden. Die Zuordnung von Portfolios oder Sicherungszusammenhängen ist rein subjektiv und kann sich im Zeitverlauf zusätzlich noch verändern. Eine Überprüfbarkeit von Außenstehenden ist damit praktisch nicht möglich[341].

Die Bildung von Bewertungseinheiten gilt heute bei der Rechnungslegung nach HGB als allgemein akzeptiert. Zunehmend werden auch Portfolio Hedges als Bewertungseinheiten akzeptiert. Macro Hedges hingegen werden nach herrschender Meinung mit dem geltenden deutschen Bilanzrecht als nicht vereinbar angesehen[342]. Bei der Bilanzierung von Wetterderivaten tritt das zusätzliche Problem auf, dass kein realwirtschaftliches Grundgeschäft der derivativen Instrumente zugrunde liegt. Eine gemeinsame Bewertungseinheit aus realwirtschaftlichem Grundgeschäft und Wetterderivat ist somit nicht herstellbar. Einzig verschiedene einzelne Wetterderivate lassen sich zu einer Bewertungseinheit zusammenfügen. Es ist somit festzuhalten, dass die Bilanzierung von Wetterderivaten nach HGB nicht geregelt ist. Faktisch besteht wie bei anderen Derivaten auch, ein rechtsfreier Raum[343]. Hedge Accounting bietet somit Spielräume für Bilanz- und Ergebnispolitik[344].

8.3.2 Bilanzierung nach US-GAAP

Auch in den USA sind die Bilanzierungsvorschriften für derivative Finanzinstrumente und die damit verbundenen Publizitätsanforderungen Gegenstand intensiver Diskussionen gewesen. Das Financial Accounting Standards Board (FASB) hat 1998 schließlich mit SFAS 133 einen Standard verabschiedet, der detaillierte Vorschriften für die Bilanzierung von derivativen Finanzinstrumenten vorgibt. SFAS 133 basiert auf zwei zentralen Grundsätzen:

- Derivate sind zu bilanzieren, da diese nach Ansicht des FASB Rechte bzw. Verpflichtungen darstellen, die als Vermögenswerte bzw. Schulden anzusehen sind.

- Derivative Finanzinstrumente sollten zum *Fair Value* bewertet werden, d.h. zu Marktwerten. Sollten für bestimmte Instrumente keine Marktwerte ermittelbar sein, müssen entsprechende Modellwerte zugrundegelegt werden. Wertänderungen der Derivate sind dabei grundsätzlich erfolgswirksam zu behandeln.

---

[341] Vgl. GLAUM, M. (2000), S. 64.
[342] Vgl. LANGENBUCHER, D. (1995), S. 311f.
[343] Vgl. GLAUM, M. (2000), S. 72.
[344] Vgl. STEINER, F./WALLMEIER, M. (1998), S. 311f.

Im Rahmen des SFAS 133 wurden dabei allerdings vielfältige Ausnahmeregelungen für Derivate geschaffen, die zu Kurssicherungszwecken eingesetzt werden. Dabei gelten unterschiedliche Detailregelungen, wie Fair Value Hedges, Cashflow Hedges und Foreign Currency Hedges für verschiedene Kategorien von Sicherungsgeschäften[345].

Für die Bilanzierung von Wetterderivaten wurden ebenfalls Ausnahmeregelungen geschaffen. So verfügt Paragraph 10(e) des SFAS 133 ein Bilanzierungsverbot von Kontrakten, die nicht an der Börse gehandelt werden. Dies gilt auch für Kontrakte die klimatische oder geologische Parameter als Underlying haben. Demnach sind OTC-Wetterderivate nicht bilanzierungsfähig. Börsennotierte Wetterderivate sind hingegen zum Fair Value, in Abhängigkeit von dem zugrundeliegenden Recht oder der Verpflichtung, als Anlagevermögen oder Verbindlichkeiten zu bilanzieren[346].

Neben diesen Bilanzierungsvorschriften gibt es strikte Publikationspflichten die von einem Unternehmen erfüllt werden müssen. Im Rahmen dieser Vorschriften müssen umfangreiche quantitative und qualitative Angaben über Finanzmarktpositionen und über die Risiken, die von diesen Positionen ausgehen, sowie über die zugrundeliegenden Risikomanagement-Strategien veröffentlicht werden.

Die Vorschriften der US-Rechnungslegung zur Bilanzierung von Derivaten sind sehr detailliert und gelten als die kompliziertesten Rechnungslegungsvorschriften die jemals in Kraft getreten sind[347]. Das FASB bezeichnet deshalb die gegenwärtigen Regelungen auch nur als einen Zwischenschritt hin zu einer umfassenden, konsistenten und einfacheren Regelung der Bilanzierung von Finanzinstrumenten.

8.3.3 Bilanzierung nach IAS

Das International Accounting Standards Committee (IASC) verabschiedete 1998 für die Bilanzierung derivativer Finanzinstrumente den „Interim Standard" IAS 39, welcher sich eng an die US-GAAP Regelung SFAS 133 anlehnt. Danach sind „Financial Assets", zu denen Derivate zuzurechnen sind, zum Fair Value zu bewerten. Bis auf selbstgeschaffene Kreditinstrumente, „Held-to-Maturity Investments" und Instrumente, für die eine Bestimmung des Fair Value nicht möglich ist, sind keine Ausnahmen zulässig. Passivseitig werden Finanzinstrumente grundsätzlich zu (fortgeführten) Anschaffungskosten bilanziert[348]. Werden Finanzinstrumente zu Handelszwecken gehalten, sind Marktwertänderungen erfolgswirksam auszuweisen. Bei anderen, zum Fair Value bewerteten Instrumenten, besteht ein Wahlrecht. Marktwertänderungen können entweder erfolgswirksam über die GuV oder erfolgsneutral über das „Statement of Changes in Equity" ausgewiesen werden. Weiterhin enthält IAS 39 umfangreiche Re-

---

[345] Vgl. GLAUM, M. (2000), S. 66.
[346] Vgl. BANKS, E. (2002), S. 248.
[347] Vgl. BANKS, E. (2002), S. 247.
[348] Ausnahmen sind hier die sog. „Trading Liabilities" und Derivate, die aufgrund ihres negativen Marktwerts den Charakter einer Verbindlichkeit angenommen haben.

gelungen zum Hedge Accounting, die sich eng an die Vorschriften des SFAS 133 anlehnen[349].

Dem rechtfreien Raum der HGB Bilanzierungsregeln stehen somit die sehr umfassenden und komplizierten internationalen Bilanzierungsregeln von US-GAAP und IAS gegenüber. Diese widersprechen grundsätzlich den traditionellen Grundsätzen der deutschen Bilanzierung und sind somit auch kaum kompatibel. Da jedoch das FASB die derzeit geltenden Regeln als Zwischenstadium definieren und im Rahmen des IAS nur ein Interim Standard beschlossen wurde, ist zu erwarten, dass zukünftig Veränderungen der Bilanzierungsregeln für derivative Finanzinstrumente erfolgen werden, die dann hoffentlich eine einheitliche Bewertung ermöglichen.

8.4 Zusammenfassung Teil C

Im zweiten Teil dieser Arbeit wurde festgestellt, dass wetterinduzierte Risiken unterschiedliche, teilweise erhebliche Auswirkungen auf die Erfolgsstrukturen der unterschiedlichen Unternehmenstypen der Energiewirtschaft haben. Die Wetterrisiken können im Rahmen des grundlegenden Risikomanagementprozesses zur Steuerung wetterinduzierter Risiken mit Wetterderivaten und vereinzelt auch durch operative Maßnahmen entsprechend gesteuert werden. Anhand des grundlegenden Risikomanagementprozesses wurde im vorangegangenen dritten Teil diese Arbeit die unterschiedlichen Managementmöglichkeiten für die Energieversorgungsunternehmen eingehender betrachtet.

Um wetterinduzierte Risiken steuern zu können, muss im ersten Schritt eine Risikoanalyse stattfinden, in deren Rahmen die Wetterrisiken identifiziert und bewertet werden. Bei der Risikoidentifikation sind die bereinigten historischen Wetterdaten den historischen Daten der Geschäftsfelder gegenüberzustellen, um die Einflüsse der einzelnen Wetterparameter zu ermitteln. Ist die betriebswirtschaftliche Erfolgsgröße identifiziert, die im Rahmen des Wetterrisikomanagements gesteuert werden soll, sind die einzelnen Zusammenhänge in eine Risikomatrix einzufügen. Durch Regression der Datenreihen und durch den Vergleich zu den normalen Wetterausprägungen können die einzelnen Wetterrisiken quantifiziert und bewertet werden. Bestehen mehrere Einzelrisiken sind diese sowohl zeitlich horizontal als auch vertikal zu aggregieren, um Portfolioeffekte und ein Gesamtrisiko auf Unternehmensebene zu ermitteln.

Auf Basis der so erarbeiteten existierenden wetterbasierten Risiko-Rendite-Position können die EVU im Vergleich mit der angestrebten entsprechende Risikostrategien anwenden, um eine Anpassung der Position zu erreichen. Grundsätzlich sind dabei Risikominimierung, -tragung oder -übernahme möglich, die durch die verschiedenen Unternehmenstypen jedoch aufgrund ihrer Ressourcenausstattung und der damit einhergehenden unterschiedlich hohen Transaktionskosten nicht in identischen Ausmaßen

---

[349] Vgl. GLAUM, M. (2000), S. 69.

realisiert werden können. So sind internationale EVU in der Lage, ohne Limitationen alle Strategien entsprechend ihrer Risikopräferenz zu realisieren und dabei jede gewünschte Risiko-Rendite-Position einzunehmen. Dies ist insbesondere auf das Vorhandensein eines lokal diversifiziertes Erzeugungs- und Kundenportfolio, welches zu einen geringen Wetterrisiko auf Unternehmensebene führt, sowie durch die organisatorischen Voraussetzungen und das umfangreiche Know How zurückzuführen. Nationale EVU sind hingegen Limitationen bei der aktiven Gestaltung ihrer Risiko-Rendite-Position unterworfen. So ist es nur in Ausnahmefällen möglich, bei einer günstigen Kombination der verfügbaren Ressourcen die Umsetzung alle drei Strategien zu realisieren. Insbesondere gilt dies für die Risikoübernahme, die nur vereinzelt und dann auch nur in geringerem Umfang als bei internationalen EVU möglich ist. Kommunale EVU sind dagegen signifikanten Einzelrisiken ausgesetzt, die unmittelbaren Einfluss auf die unternehmerischen Erfolggrößen haben und somit ein Übernehmen weiterer wetterinduzierter Risiken nicht ermöglichen, sondern vielmehr ein Risikominimierung als zwingend notwendig erscheinen lassen. Die Umsetzung der einzelnen Strategien erfolgt mit Wetterderivaten. Diese ermöglichen im Rahmen der Risikominimierung und Risikoübernahmen die Umsetzung von Positions- und Volatilitätsstrategien. Um zu gewährleisten, dass die durch die Strategien erreichte Risiko-Rendite-Position auch der angestrebten entspricht, müssen die Risikoanalyse und die Risikosteuerung fortlaufend kontrolliert werden. Dafür muss das Risikomanagement der wetterinduzierten Risiken ablauf- und aufbauorganisatorisch gestaltet und in das gesamte Risikomanagementsystem des Unternehmens integriert werden. Die Information der einzelnen internen Anspruchsgruppen erfolgt durch das Reporting, das durch zeitnahe Berichterstattung eine funktionsfähige Risikoüberwachung ermöglicht. Diese Informationsqualität kann bei der Information der externen Anspruchsgruppen z.Z. noch nicht erreicht werden. Die unterschiedlichen Bilanzierungsrechte und Wahlmöglichkeiten geben dem EVU vielfältige Möglichkeiten der Bilanzierung von Wetterderivaten, so dass ein der Realität entsprechendes Bild nur sehr schwer zu vermitteln ist.

9. Resümee

In dieser Arbeit wurde eine umfassende Betrachtung des Managements wetterinduzierter Unternehmensrisiken und ihre individuelle Ausrichtung an verschiedenen Unternehmenstypen der Energiewirtschaft vorgenommen. Dabei lag der Schwerpunkt der Arbeit auf der Beurteilung von unterschiedlichen Risikomanagementstrategien hinsichtlich ihrer Realisierbarkeit für die verschiedenen Unternehmenstypen der Energiewirtschaft.

9.1 Zusammenfassung

Unternehmerische Aktivitäten sind stets mit der Übernahme von Risiken verbunden, die aus der Unvollkommenheit der zukunftsgerichteten Informationen resultieren und zu Ziel- und Planabweichungen führen. Die Abweichungen können dabei Dimensionen annehmen, die vernachlässigbar, tragbar, vertretbar oder nicht annehmbar sind und strategische, operative oder finanzwirtschaftliche Ziele beeinflussen. Die Risikoaversion der Unternehmen hat zur Folge, dass im Rahmen eines Risikomanagementprozesses die auftretenden Risiken analysiert, gesteuert und überwacht werden. Dabei sind die Risiken des Unternehmens so zu steuern, dass eine Unternehmenswertsteigerung im Sinne des Shareholder Value erzielt wird. Die Wertsteigerung resultiert vor allem daraus, das die Unternehmen unter realen Kapitalmarktbedingungen zum einen die gewünschten Risiko-Rendite-Positionen kostenminimaler als ein Investor erreichen und zum anderen Vorteile aus einer Glättung des Cashflows im Zeitablauf realisieren können.

Um diese Wertsteigerungen realisieren zu können, muss das Risikomanagement vom Einzelrisiko abstrahieren und das Gesamtrisiko auf Unternehmensebene betrachten. Dazu müssen die Risiken, die sich in Form von positiven und negativen Abweichungen vom Erwartungswert darstellen, im ersten Schritt systematisch und strukturiert erfasst werden. Nachfolgend ist eine qualitative und quantitative Beurteilung der Einzelrisiken und deren Wechselwirkungen untereinander vorzunehmen. Im Anschluss erfolgt die Steuerung der Risiken indem die existierende Risiko-Rendite-Position der gewünschten angepasst wird. Die Unternehmen können diese Anpassungen realisieren, indem sie die vorhandenen Risiken verringern, tragen und weitere Risiken übernehmen. Dabei sind Risiken und Chancen derart voneinander zu trennen, dass eine gegenseitige Kompensation nicht notwendigerweise zur Vernachlässigung der Existenzsicherung des Unternehmens im Rahmen des Risikomanagements führt. Im letzten Schritt des Risikomanagementprozesses wird im Rahmen der Risikoüberwachung die Umsetzung der einzelnen Risikosteuerungsmaßnahmen durch Soll-Ist-Vergleiche auf ihre Wirksamkeit hin überprüft.

Um eine Beurteilung über die Realisierbarkeit unterschiedlicher Risikomanagementstrategien durch verschiedene Unernehmenstypen vornehmen zu können, wurde im Rahmen der hier zu bearbeitenden Themenstellung ein theoretischer Bezugsrahmen erarbeitet. Dessen Bestandteile sind die Argumentationslogik des ressourcenbasierten

Ansatzes und des Transaktionskostenansatzes, die somit eine Bewertung unter effektivitäts- und effizienzorientierten Fragestellungen ermöglichen. Innerhalb von diesem theoretischen Bezugsrahmen erfolgte im weiteren Verlauf der Arbeit eine Analyse der Managementstrategien für wetterinduzierte Risiken in der Energiewirtschaft.

Wetterinduzierte Risiken resultieren aus den nicht-katastrophenbedingten Schwankungen verschiedener Wetterparameter, die Einfluss auf die betriebswirtschaftlichen Erfolgsgrößen von Unternehmen haben. Energieversorgungsunternehmen sind im besonderen Maße von diesen Risiken betroffen. So verursachen unterschiedliche Wetterparameter Volumenrisiken auf der Nachfrage- und Erzeugungsseite. Die Energiewirtschaft hat dabei schon über lange Zeit hinweg Erfahrungen mit Wetterrisiken gesammelt und besitzt ein weit fortgeschrittenes Verständnis für dessen Auswirkungen auf ihre Geschäftstätigkeit. In der Vergangenheit wurden die Auswirkungen regelmäßig im Rahmen technischer Optimierungsmaßnahmen begrenzt. Aufgrund physischer Besonderheiten beim Versorgungsprozess von Strom, Gas und Fernwärme und durch die Gewährleistung der Versorgungssicherheit ist ein Begrenzen der Wetterrisiken auf den Unternehmenserfolg jedoch nur eingeschränkt möglich gewesen. Seit ein paar Jahren existieren finanzwirtschaftliche Instrumente die es ermöglichen, die Wetterrisiken aus der Risikostruktur der EVU herauszulösen und über den Kapitalmarkt auf andere Marktteilnehmer zu transferieren. Diese Wetterderivate haben als derivative Finanzinstrumente Wettervariablen als Underluying, wie bspw. Temperatur und Niederschlag, und ermöglichen es, die Volumenrisiken der EVU zu begrenzen. Die EVU sind dabei durch unterschiedliche Risikoprofile gekennzeichnet. So sind internationale EVU signifikanten Wetterrisiken ausgesetzt, die aber durch Portfolioeffekte des umfangreichen, lokal diversifizierten Erzeugungs- und Kundenportfolio ausgeglichen werden und zu einem geringen Wetterrisiko auf Unternehmensebene führen. Kommunale EVU sind hingegen lokalen Einzelrisiken ausgesetzt, die durch die fehlende Diversifikationsmöglichkeit zu erheblichen finanziellen Risiken führen. Nationale EVU haben als Bindeglied zwischen den internationalen und kommunalen EVU nicht das ausgeglichene Portfolio aber auch nicht die erheblichen Einzelrisiken. Hier ist in vielen Fällen eine Einzelfallprüfung notwendig, um eine exakte Aussage treffen zu können. Für die Steuerung der wetterinduzierten Risiken haben sich die operative und finanzwirtschaftliche Risikosteuerung als bedingt und gut geeignet herausgestellt. Die strategische Risikosteuerung ist hingegen ungeeignet, da sie insbesondere aufgrund der unzureichend genauen und schnellen Zielerreichung sowie der hohen Transaktionskosten eine Erreichung der gewünschten Risiko-Rendite-Position nur unzureichend ermöglicht.

Wetterinduzierte Risiken werden unter Zugrundelegung des Risikomanagementprozesses in den EVU gesteuert. Innerhalb der Risikoanalyse werden die Risiken identifiziert und anschließend bewertet. Für die Identifizierung der Wetterrisiken werden die bereinigten historischen Wetterdaten den historischen Daten der Geschäftsfelder gegenübergestellt und so die Einflüsse der einzelnen Wetterparameter ermittelt. Im Anschluss werden die einzelnen Zusammenhänge und ihre Auswirkungen auf die betriebswirtschaftlichen Steuergröße in einer Risikomatrix zusammengefasst. Die Bewertung der wetterinduzierten Risiken erfolgt durch die Regression der Datenreihen und durch den Vergleich zu den normalen Wetterausprägungen. Die so quantifizierten Einzelrisiken sind sowohl zeitlich horizontal als auch vertikal zu aggregieren, um Portfolioeffekte und eine gesamthafte Risiko-Rendite-Position auf Unternehmensebene zu ermitteln. Diese Risiko-Rendite-Position wird durch die Umsetzung entsprechender Risikostrategien der gewünschten Risiko-Rendite-Position angepasst. Aufgrund der individuellen Ressourcenausstattung und der damit einhergehenden unterschiedlich hohen Transaktionskosten bei der Strategierealisation können nicht alle Strategien von den unterschiedlichen Unternehmenstypen in identischen Ausmaßen realisiert werden. So sind internationale EVU in der Lage ohne Limitationen alle Strategien entsprechend ihrer Risikopräferenz zu realisieren und dabei jede gewünschte Risiko-Rendite-Position einzunehmen, wohingegen kommunale EVU signifikanten Einzelrisiken ausgesetzt sind, die unmittelbaren Einfluss auf die unternehmerischen Erfolgsgrößen haben und somit in erster Linie zu minimieren sind. Bei nationale EVU ist in der Regel eine Einzelfallprüfung notwendig, da in Ausnahmefällen bei einer günstigen Kombination der verfügbaren Ressourcen die Umsetzung alle drei Strategien möglich ist, bei einer ungünstigen Kombination Risikominimierung betrieben werden sollte.

Die Umsetzung der einzelnen Strategien erfolgt größtenteils mit Wetterderivaten, die im Rahmen der Risikominimierung und Risikoübernahmen die Umsetzung von Positions- und Volatilitätsstrategien ermöglichen. Für die Gewährleistung, dass die erreichte Risiko-Rendite-Position auch der angestrebten entspricht, müssen die Maßnahmen der Risikoanalyse und der Risikosteuerung im Rahmen der Risikoüberwachung fortlaufend kontrolliert werden. Dafür müssen die ablauf- und aufbauorganisatorischen Voraussetzungen geschaffen werden, um ein Controlling der Risiken und ein Reporting an interne und externe Anspruchsgruppen zu ermöglichen. Wesentlich für die Effektivität der Risikoüberwachung ist dabei eine klare Zuordnung der entsprechenden Aufgaben, Kompetenzen und Verantwortungen zu Stellen bzw. Personen innerhalb der Unternehmung.

Je stärker die Auswirkungen der wetterinduzierten Risiken auf den Unternehmenserfolg sind, desto notwendiger wird deren Management. Welche Dringlichkeit ein Unternehmen seinem Wetterrisiko beimessen sollte, wird neben der Höhe des Wetterrisikos insbesondere von der Zielsetzung des Risikomanagements bestimmt. Insofern ist ein aktives Management von wetterinduzierten Risiken an die betriebswirtschaftlichen Notwendigkeiten der Existenzsicherung und der Unternehmenswertsteigerung geknüpft.

9.2 Ausblick

Wie sich die Anwendung von Wetterderivaten und die damit verbundenen strategischen Optionen zukünftig entwickeln werden, ist weiterhin schwierig einzuschätzen. Der Einsatz von Wetterderivaten als finanzwirtschaftliches Risikosteuerungsinstrument steht immer noch am Anfang. Trotz der bisher zügigen Entwicklung insbesondere in den USA und des enormen prognostizierten Wachstumspotenzials, wird der Markt noch eine notwendige Reifezeit benötigen. So fehlt insbesondere dem europäischen Markt noch deutlich Liquidität. Da Liquidität das "Lebensblut" für erfolgreiches und wertsteigerndes Risikomanagement ist, existieren für die Bildung und das aktive Management eines Portfolios von Wetterderivaten derzeit noch erhebliche Marktbeschränkungen.

Die wichtigste Voraussetzung für die Schaffung von mehr Liquidität ist die Bereitstellung von mehr Risikokapazität. Sollten die Anbieter von Risikokapazität über ihre derzeitige Größe hinaus nicht wachsen, werden sie aufgrund der zunehmenden Margenerosion zukünftig nicht mehr profitabel im Markt agieren können[350]. Sie müssen ihre Aktivitäten demzufolge vergrößern oder sich vom Markt zurückziehen. Da der Markt aber nicht in der Lage ist, weitere Rückzüge zu verkraften, wäre ein völliger Stillstand bzw. Zusammenbruch die Folge. So ist die Erweiterung außerhalb des derzeit relativ kleinen Anwenderspektrums in der Energiewirtschaft notwendig. Durch das Schaffen eines breiten Bewusstseins dafür, dass wetterbedingte Gewinnvolatilitäten nicht mehr länger als Bestandteil der gewöhnlichen Geschäftätigkeit anzusehen sind, können auch außerhalb der Energiebranche erhebliche Marktpotenziale erschlossen werden. Mangelnde Markt- und Preistransparenz, Probleme selbst bei der Verfügbarkeit der notwendigen Wetterdaten und nicht zuletzt der weitgehend ungeklärte bilanztechnische Rahmen erzeugen aber immer noch eine große Unsicherheit, die viele potenzielle Anwender von den neuen Instrumenten des Wettermarktes zurückschrecken lassen. So ist bei der Bewertung und Bilanzierung von Wetterderivaten sowie der Modulierung von zukünftigen Wetterverläufen der größte wissenschaftliche Handlungsbedarf gegeben.

Aber auch innerhalb des Energiesektors ist weiterhin großes Marktpotenzial vorhanden. Die Klima- und Wettervolatilität wird weiter zunehmen und es ist wahrscheinlich, dass mehr Endnutzer aus verschiedenen Nationen im Zuge der fortschreitenden Liberalisierung der Branche die Möglichkeiten zur Neutralisierung der wetterbedingten Erlösvolatilitäten ergreifen werden. Hilfreich wäre hier ein weiter zunehmender Druck des Kapitalmarktes, die Wetterrisiken nicht mehr als Bestandteil der gewöhnlichen Geschäftätigkeiten anzusehen.

Der Vergrößerung der Nachfrage muss mit einem äquivalenten Wachstum der Risikokapazität einhergehen. Eine Möglichkeit zur Schaffung von mehr Kapazität wäre die

---

[350] Vgl. DISCHEL, B. (2002), S. 317.

Bündelung der Wetterderivate in Wetterbonds und dem anschließenden Verkauf an Investoren[351]. So sind deren potenzielle Anbieter, wie bspw. Banken und Versicherungen, in letzter Konsequenz für den Erfolg des Wetterrisikomarktes verantwortlich. Auch die zunehmende Bereitschaft von internationalen Energieversorgungsunternehmen Risikokapazität im Rahmen der hier beschriebenen Risikoübernahmestrategie bereitzustellen, kann die Möglichkeiten von Banken und Versicherungen nicht kompensieren. So bleibt abzuwarten, ob das Bewusstsein der Unternehmen mit wettersensitiven Erlösstrukturen weiter zunehmen wird, diese Risiken zu begrenzen und ob ausreichend Risikokapazität durch Banken und Versicherungen bereitgestellt wird. Profitieren würden letztlich beide Seiten.

---

[351] Für eine ausführliche Erläuterung vgl. DISCHEL, B. (2002), S. 317-318.

Literaturverzeichnis

ALCHIAN, A. A./DEMNITZ, H. (1972): Production, Information Costs, and Economic Organization, in: American Economic Review 1972, Vol. 63, S. 777-795.

ALLNOCH, N. (2000): Zur weltweiten Entwicklung der regenerativen Energien, in: Energiewirtschaftliche Tagesfragen 2000, Heft 5, S. 344-348.

AMEND, F. (2000): Flexibilität und Hedging: Realoptionen in der Elektrizitätswirtschaft, Diss., Bern u.a. 2000.

ARE (2002): Regionale Energieversorgung in Zahlen 2000, Ausgabe Januar, Hannover 2002.

BANKS, E. (2002): Weather Risk Management: Markets, products and applications, New York 2002.

BAMBERG, G./COENENBERG, A. G. (1992): Betriebswirtschaftliche Entscheidungslehre, 7. Aufl., München 1992.

BAMBERGER, I./WRONA, T. (1996a): Der Ressourcenansatz und seine Bedeutung für die strategische Unternehmensführung, in: Schmalenbachs Zeitschrift für betriebswirtschaftliche Forschung 1996, 48. Jg., Nr. 2, S. 130-153.

BAMBERGER, I./WRONA, T. (1996b): Der Ressourcenansatz im Rahmen des Strategischen Managements, in: Wirtschaftswissenschaftliches Studium 1996, 25. Jg., Nr. 8, S. 386-391.

BARNEY, J. B. (1991): Firm Resources and Sustained Competitive Advantage, in: Journal of Management 1991, Vol. 17, Nr. 1, S. 99-120.

BECKER, H./BRACHT, A (1999): Katastrophen- und Wetterderivate – Finanzinnovationen auf der Basis von Naturkatastrophen und Wettererscheinungen, Diskussionsreihe Bank & Börse, Band 16, Wien 1999.

BERGSCHNEIDER, C./KARASZ, M./SCHUMACHER, R. (1999): Risikomanagement im Energiehandel, Stuttgart 1999.

BGW (2002): 123. Statistik 2001, Berlin 2002.

BOGASCHEWSKY, R. (1995): Vertikale Kooperationen – Erklärungsansätze der Transaktionskostentheorie und des Beziehungsmarketing, in: KAAS, K.P. (Hrsg.): Kontrakte, Geschäftsbeziehungen, Netzwerke, Düsseldorf 1995, S. 159-177.

BOWIE, M. (2001): Will the big dealers make a difference? in: ENERGY & POWER RISK MANAGEMENT (Hrsg.): Weather Risk Special Report 2001, Vol. August, S. 6-9.

BRAUN, H. (1984): Risikomanagement – eine spezifische Controllingaufgabe, in: Controlling-Praxis 1984, o. Jg., Heft 7.

BREALEY, R. A./MYERS, S. C. (1996): Principles of Corporate Finance, 5. Aufl., New York 1996.

BRIX, A./JEWSON, S./ZIEHMANN, C. (2002), Weather Derivative Modeling and Valuation: A Statistical Perspective, in: DISCHEL, B. (Hrsg.):Climate risk and the weather market: Financial risk management with weather hedges, Risk Books 2002, S. 127-150.

BRIX, A./JEWSON, S./ZIEHMANN, C. (2002), Use of Meteorological Forecasts in Weather Derivative Pricing, in: DISCHEL, B. (Hrsg.): Climate risk and the weather market: Financial risk management with weather hedges, Risk Books 2002, S. 169-184.

BRONNER, R. (1989): Planung und Entscheidung. Grundlagen-Methoden-Fallstudien, 2. Aufl., München/Wien 1989.

BRÜHWILER, B. (1988): Risk Management – eine Aufgabe der Unternehmensführung, in: Dokumentation zur Betriebswirtschaft 1988, Heft 2, S. 77- 90.

BRÜHWILER, B. (1979): Risiko-Management, in: IO Management Zeitschrift 1979, 48. Jg., Heft 7-8, S. 353-357.

BÜHLER, W. (1998): Risikocontrolling in Industrieunternehmen, in:
COENENBERG, A./BÖRSIG, C. (Hrsg.): Controlling und Rechnungslegung für Unternehmen im internationalen Wandel, Stuttgart 1998, S. 205-233.

BÜHLMANN, B. (1998): Corporate Hedging: über die Wertsteigerungsmöglichkeiten durch finanzwirtschaftliches Risikomanagement, Diss., Zürich 1998.

BÜLOW, S. (1997): Das Allfinanz-Netzwerk im Lichte der Neuen Institutionenökonomie, in: BLUM, U. et al. (Hrsg.): Erweiterung der Markträume: 2. Dresdner Kolloquium an der Fakultät Wirtschaftswissenschaften der Technischen Universität Dresden, Stuttgart 1997, S. 71-91.

BÜRGEL, H. D. (1979): Risk Management aus Sicht der Unternehmenspraxis, in: GOETZKEN, W./SIEBEN, G. (Hrsg.): Risk Management-Strategien zur Risikobeherrschung, GEBERA-Schriften, Bd. 5, Köln 1979, S. 39-52.

BURGER, K.-M. (1998): Risk-Management in der Energiewirtschaft – Chancen und Risiken in liberalisierten Märkten, Wiesbaden 1998.

BUSCHMANN, E. F. (1992): Risiko-Controlling – Anforderungen an die Steuerung von derivativen Finanzinstrumenten, in: Die Wirtschaftsprüfung 1992, 45. Jg., S. 720-729.

BUSSMANN, K. F. (1955): Das betriebswirtschaftliche Risiko, Meissenheim am Glan 1955.

CHATTERJEE, S./WERENERFELT, B. (1991): The Link Between Resources and Type of Diversification: Theory and Evidence, in: Strategic Management Journal 1991, Vol. 12, Nr. 1, S. 33-48.

CLEMMONS, L./HRGOVIC, J. H./KAMINSKI, V. (1999): Weather Derivatives, in: GEMAN, H. (Hrsg.): Insurance and Weather Derivatives, Risk Books, London 1999, S. 179-182.

COASE, R. H. (1990): The Nature of the Firm, in: COASE, R. H. (Hrsg.): The Firm, the Market, and the Law, Chicago/London, S. 33-55.

COASE, R. H. (1937): The Nature of the Firm, in: Economica 1937, Nr. 4, S. 386-405.

COLLIS, D. J. (1991): A Resource-Based Analysis of Global Competition: The Case of the Bearings Industry, in: Strategic Management Journal 1991, Vol. 12, Special Issue, S. 49-68.

COLQUITT, L. L. (1995): Determinants of corporate Risk Reduction: Empirical Evidence, Diss., Georgia 1995.

CONNER, K. R. (1991): A Historical Comparison of Resource-Based Theory and Five Schools of Thought Within Industrial Organization Economics: Do We Have a New Theory of the Firm?, in: Journal of Management 1991, Vol. 17, S. 1, S. 121-154.

COPELAND, T. E./KOLLER, T./MURRIN, J. (1994): Valuation - Measuring and Managing the Value of the Companies, 2. Aufl., New York u.a. 1994.

COPELAND, T. E./WESTON, J. F. (1988): Financial Theory and Corporate Policy, 3. Aufl., Reading 1988.

CORREY, M. (2000): Bond Storm, in: Global Finance 2000, Vol. 3, S. 39-41.

CRCM (2001): COMMERCIAL RISK CAPITAL MARKETS, in: ENERGY & POWER RISK MANAGEMENT (Hrsg.): Weather Risk Special Report 2001, Vol. August, S. 23-24.

CROCKFORD, V. (1982): An Introduction to Risk Management, Cambridge 1982.

CYERT, R. M./MARCH, J. G. (1963): A Behavioral Theory of the Firm, Englewood Cliffs (NJ) 1963.

CZEMPIREK, K. (1993): Risikomanagement und Unternehmensführung, in: Die Versicherungsrundschau, 1993, 48. Jg., S. 177-185.

DE ALESSI, L. (1990): Form, Substance, and Welfare Comparisons in the Analysis of Institutions, in: Journal of Institutional and Theoretical Economics/Zeitschrift für die gesamte Staatswissenschaft 1990, Vol. 146, Nr. 1, S. 5-23.

DE ALESSI, L. (1991): Development of the Property Rights Approach, in: FURUBOTN, E. G./RICHTER, R. (Hrsg.): The New Institutional Economics: A Collection of Articles from the Journal of Institutional and Theoretical Economics, Tübingen 1991, S. 45-53.

DENNEY, V. (2002): Banking on weather, in: Global Reinsurance 2002, Vol. 3, S. 20-21.

DEUTSCHE BANK RESEARCH (2003): Aktuelle Themen: Wachstumsmarkt Wetterderivate, Research paper 255, Frankfurt a.M. 2003.

DEUTSCHE BUNDESBANK (1996): Mindestanforderung an das Betreiben von Handelsgeschäften der Kreditinstitute, in Monatsbericht März 1996, 48. Jg., Nr. 3, S. 55-64.

DEUTSCHE BUNDESBANK (1994): Monatsbericht November 1994.

DIGGELMANN, P. (1999): Value at risk: kritische Betrachtungen des Konzepts – Möglichkeiten der Übertragung auf Nichtbanken, Diss., Zürich 1999.

DISCHEL, B. (2002): Speculations on the future of the weather market – Value based weather trades, in: DISCHEL, B. (Hrsg.): Climate risk and the weather market: Financial risk management with weather hedges, Risk Books 2002, S. 317-318.

DISCHEL, B. (2000): Is precipitation basis risk overstated?, in: ENERGY & POWER RISK MANAGEMENT (Hrsg.): Weather Risk Special Report 2001, Vol. August, S. 26-27.

DISCHEL, B. (1999): A Weather Risk Management Choice, in: GEMAN, H. (Hrsg.): Insurance and Weather Derivatives, Risk Books, London 1999, S. 183-196.

DISCHEL, B. (1998a): The Fledgling Weather Market Takes Off – Part 2: Weather Data for Pricing Weather Derivatives, in Applied Derivatives Training 1998, Nr. 12, S. 1-11.

DISCHEL, B. (1998b): Black-Scholes won't do, in: ENERGY & POWER RISK MANAGEMENT (Hrsg.): Weather Risk Special Report 1998, wieder abgedruckt
URL: http://www.wxpx.com/erpm/erpm98a_1(sowie 98a_2 und 98a_3).gif

DOHERTY, S./McINTYRE, R. (1999): An example from the UK, Speedwell Weather Derivatives Research Paper, wieder abgedruckt
URL: http://www.weatherderivs.com/Monte%20Carlo.htm [Stand 26.03.2002].

DOWD, K. (1998): Beyond value at risk: the new science of risk management, Chichester 1998.

DRUKARCZYK, J. (1993): Theorie und Politik der Finanzierung, 2. Aufl., München 1993.

DUTTON, J./DISCHEL, B. (2001): Weather and climate predictions: minutes to months, in: ENERGY & POWER RISK MANAGEMENT (Hrsg.): Weather Risk Special Report 2001, Vol. August, S. 30-32.

EBERS, M./GOTSCH, W. (2002): Institutionenökonomische Theorien der Organisation, in: KIESER, A. (Hrsg.): Organisationstheorien, 5. Aufl., Stuttgart 2002, S. 199-251.

EJC ENERGY (1999): Weather derivatives, London 1999.

ELLITHORPE, D./PUTNAM, S. (2000): Weather derivatives and Their Implications for Power Markets, in: Journal of Risk Finance 2000, Nr. Winter, S. 19-28.

ELLITHORPE, D./PUTNAM, S. (1999): The New Power Markets, Risk Books 1999, S. 169-174.

ELSCHEN, R. (1991): Gegenstand und Anwendungsmöglichkeiten der Agency-Theorie, in: Schmalenbachs Zeitschrift für betriebswirtschaftliche Forschung 1991, 43. Jg., Nr. 11, S. 1002-1012.

ENGELS, W. (1969): Risiko und Reichtum, Tübingen 1969.

ERFKEMPER, H.-D. (2000): Risikobereitschaft und Risikomanagement von Energieversorgern, in: Energiewirtschaftliche Tagesfragen 2000, 50. Jg., Heft 8, S. 570-572.

FALLY, M. (1998): Der Weg der STEWEAG/Energie Steiermark zum angewandten, betrieblichen Risk-Management, in: HINTERHUBER, H./SAUERWEIN, E./ FOHLER-NOREK, C. (Hrsg.): Betriebliches Risikomanagement, Berlin 1998, S. 219-229.

FAMA, E. F. (1980): Agency Problems and the Theory of the Firm, in: Journal of Political Economy 1980, Vol. 88, S. 288-307.

FARNY, D. (1979): Grundlagen des Risk Management, in: GOETZKEN, W./ SIEBEN, G. (Hrsg.), Risk Management-Strategien zur Risikobeherrschung, GEBERA-Schriften, Bd. 5, Köln 1979, S. 11-37.

FISCHER, M. (1995): Agency-Theorie, in: Wirtschaftswissenschaftliches Studium 1995, 24. Jg., Nr. 6, S. 320-322.

FISCHER, M. (1994a): Der Property Rights-Ansatz, in: Wirtschaftswissenschaftliches Studium 1994, 23. Jg., Nr. 6, S. 316-318.

FISCHER, M. (1994b): Die Theorie der Transaktionskosten, in: Wirtschaftswissenschaftliches Studium 1994, 23. Jg., Nr. 11, S. 582-584.

FISCHER, T. (1994): Risikomanagement im Investment Banking, in: Die Bank 1994, Heft November, S. 635-648.

FURUBOTN, E. G./PEJOVICH, S. (1974): Property Rights and Economic Theory: A Survey of Recent Literature, in: Journal of Economic Literature 1972, Vol. 10, o. Nr., S. 1137-1162.

GEBHARDT, G./MANSCH, H. (2001): Risikomanagement und Risikocontrolling in Industrie- und Handelsunternehmen, in: Zeitschrift für betriebswirtschaftliche Forschung 2001, Sonderheft 46.

GEMAN, H. (1999): The Bermuda Triangle, in: GEMAN, H. (Hrsg.): Insurance and Weather Derivatives, Risk Books, London 1999, S. 197-203.

GIBBS, M. (2000): Data debate heats up, in: ENERGY & POWER RISK MANAGEMENT (Hrsg.): Weather Risk Special Report 2001, Vol. August, S. 28-29.

GLAUM, M. (2000): Finanzwirtschaftliches Risikomanagement deutscher Industrie- und Handelsunternehmen, PwC Deutsche Revision AG Wirtschaftsprüfungsgesellschaft (Hrsg.), Frankfurt a.M. 2000.

GOTTWALD, R. (1990): Entscheidung unter Unsicherheit. Informationsdefizite und unklare Präferenzen, Wiesbaden 1990.

GRANT, R. M. (1991): The Resource-Based Theory of Competitive Advantage: Implications for Strategy Formulation, in: California Management Review 1991, Vol. 33, Nr. 3, S. 114-135.

GREBE, U. (1993): Finanzwirtschaftliche Risikomanagement von Nichtbanken, Diss., Frankfurt a.M. 1993.

GRÖNER, H. (1990): Energieversorgung in der Marktwirtschaft, in: SCHMITT, D./ HECK, H. (Hrsg.): Handbuch Energie, Pfullingen 1990, S. 302-311.

HÄRTERICH, S. (1987): Risk Management von industriellen Produktions- und Produktrisiken, Veröffentlichungen des Instituts für Versicherungswissenschaft der Universität Mannheim, Bd. 37, Karlsruhe 1987.

HAHN, D. (1987): Risiko-Management: Stand und Entwicklungstendenzen, in: Zeitschrift für Organisation 1987, 56. Jg., Heft 3, S. 137-150.

HAHN, D. (1985): Planungs- und Kontrollrechnung – PUK, 3. Aufl., Wiesbaden 1985.

HALLER, M. (1986): Risiko-Management Eckpunkte eines integrierten Konzeptes, in: Risiko-Management, Schriftenreihe zur Unternehmensführung 1996, Bd. 33, Wiesbaden 1986, S. 7-43.

HALLER, M. (o-J.): Sicherheit durch Versicherung? Gedanken zur zukünftigen Rolle der Versicherung, Schriftenreihe Risikopolitik, Bd. 1, Bern/Frankfurt a.M. o.J.

HANENBERG, L. (1996): Zur Verlautbarung über Mindestanforderungen an das Betreiben von Handelsgeschäften der Kreditinstitute des Bundesaufsichtsamtes für das Kreditwesen, in: Die Wirtschaftsprüfung 1996, 49. Jg., S. 637-648.

HARMS, W./METZENHIN, A. (1990): Energie und Recht, in: SCHMITT, D./HECK, H. (Hrsg.): Handbuch Energie, Pfullingen 1990, S. 289-279.

HAX, H. (1991): Theorie der Unternehmung – Information, Anreize und Vertragsgestaltung, in: ORDELHEIDE, D./RUDOLPH, B./BÜSSELMANN, E. (Hrsg.): Betriebswirtschaftslehre und ökonomische Theorie, Stuttgart 1991, S. 143-170.

HEDGES, B. A. (1985): Risk Management: Part 1 – Applying Procedures to Commercial Lending, in: The Journal of Commercial Bank Lending 1985, Heft 2-4, S. 23-44.

HENSING, I./PFAFFENBERGER, W./STRÖBELE, W. (1998): Energiewirtschaft: Einführung in Theorie und Politik, 1. Aufl., München u.a. 1998.

HERMANN, R. (1997): Ein gemeinsamer Markt für Elektrizität in Europa: Optionen einer Wettbewerbsordnung zwischen Anspruch und Wirklichkeit, Schriften zur Wirtschafttheorie und Wirtschaftspolitik, Bd. 4, Frankfurt a.M. 1997.

HICKS, J. R. (1939): Value and Capital, London 1939.

HIELSCHER, U. (1991): Asset Allocation, in: Kredit und Kapital 1991, 24. Jg., Heft 2, S. 254-270.

HÖFER, B./JÜTTEN, H. (1995): Mindestanforderungen an das Betreiben von Handelsgeschäften, in: Die Bank 1995, S. 752-756.

HÖLSCHER, R. (2000): Gestaltungsformen und Instrumente des industriellen Risikomanagements, in: SCHIERENBECK, H. (Hrsg.): Risk Controlling in der Praxis. Rechtliche Rahmenbedingungen und geschäftspolitische Konzeptionen in Banken, Versicherungen und Industrie, Stuttgart 2000, S. 297-363.

HÖRSCHGEN, H. (1992): Grundbegriffe der Betriebswirtschaftslehre, 3. Aufl., Stuttgart 1992.

HOMMEL, U./PRITSCH, G. (1998): Investitionsbewertung mit dem Realoptionsansatz, WHU-Forschungspapier Nr. 50, Vallendar 1998.

HUTCHISON, T. W. (1984): Institutional Economics Old and New, in: Journal of Institutional and Theoretical Economics/Zeitschrift für die gesamte Staatswissenschaft 1984, Vol. 140, Nr. 1, S. 20-29.

IMBODEN, C. (1983): Risikohandhabung: Ein entscheidungsbezogenes Verfahren, Schriftenreihe des Betriebswirtschaftlichen Instituts der Universität Bern, Bd. 9, Bern/Stuttgart 1983.

JENSEN, M. C./MECKLING, W. H. (1976): Theory of the Firm: Managerial Behavior, Agency Costs and Ownership Structure, in: Journal of Financial Economics 1976, Vol. 3., S. 305-360.

JOKISCH, J. (1987): Betriebswirtschaftliche Währungsrisikopolitik und internationales Finanzmanagement, Stuttgart 1987.

KAAS, K. P. (1995): Einführung: Marketing und Neue Institutionenökonomik, in: KAAS, K. P. (Hrsg.): Kontrakte, Geschäftsbeziehungen, Netzwerke, Düsseldorf 1995, S. 1-17.

KARMANN, A. (1992): Principal-Agent-Modelle und Risikoallokation. Einige Grundprinzipien, in: Wirtschaftswissenschaftliches Studium 1992, 21. Jg., Nr. 11, S. 557-562.

KARTEN, W. (1988): Schaden: B. Betriebswirtschaftliche Bewertung, in: FARNY, D. (Hrsg.): Handwörterbuch der Versicherung HdV, Karlsruhe 1988, S. 735-738.

KEPPEL, M. F. (1997): Netzwerkorganisation von Wirtschaftsprüfungsgesellschaften, Lohmar/Köln 1997.

KEYNES, J. M. (1930): A Treatise on Money, Aufl. 2, London 1930.

KOGUT, B. (1988): Joint Ventures: Theoretical and Empirical Perspectives, in: Strategic Management Journal 1988, Vol. 9, Nr. 4, S. 319-332.

KIM, T. (2000): Storm clouds over hedge instruments, in: Treasury & Risk Management 2000, Vol. 7, S. 53-54.

KNIGHT, F. H. (1971): Risk, Uncertainty and Profit, Chicago/London 1971.

KUPSCH, P. (1973): Das Risiko im Entscheidungsprozeß, Die Betriebswirtschaft in Forschung und Praxis 1973, Bd. 14, Wiesbaden 1973.

KPMG (2002): Integriertes Risikomanagement, wieder abgedruckt unter URL: http://www.kpmg.de/library/docs/IRM.pdf, vom 14.11.2002.

KPMG (1995): Financial Instruments: Einsatzmöglichkeiten. Risikomanagement und Risikocontrolling. Rechnungslegung. Besteuerung, Oktober 1995.

KROMSCHRÖDER, B./LÜCK, W. (1998): Grundsätze risikoorientierter Unternehmensüberwachung, in: DB 1998, Heft 32, S. 1573-1576.

LANGENBUCHER, G., (1995): Die Umrechnung von Fremdwährungsgeschäften, in: KÜTING, K./WEBER, C.-P. (Hrsg.): Handbuch der Rechnungslegung: Kommentar zur Bilanzierung und Prüfung. 4. Aufl., Stuttgart 1995, S. 287–339.

LAUX, H./LIERMANN, F. (1993): Grundlagen der Organisation, Berlin u.a. 1993.

LISOWSKY, A. (1947): Risiko-Gliederung und Risikopolitik I, in: Die Unternehmung 1947, 1.Jg., S. 97-110.

MACKENTHUN, W./MARESKE, A. (1994): Elektrizitätsversorgung, in: BISCHOFF, G./GOCHT, W. (Hrsg.): Energietaschenbuch, 2. Aufl., Braunschweig 1984, S. 313-348.

MADOCK, A. (1997): Cost, Value and Foreign Market Entry Mode: The Transaction and the Firm, in: Strategic Management Journal 1997, Vol. 18, S. 39-61.

MAG, W. (1977): Entscheidung und Information, München 1977.

MAHONEY, J. T./PANDIAN, J. R. (1992): The Resource-Based View Within the Conversation of Strategic Management, in: Strategic Management Journal 1992, Vol. 13, Nr. 5, S. 363-380.

MARCH, J. G./SIMON, H. A. (1976): Organisation und Individuum, Wiesbaden 1976.

MARKOWITZ, H. M. (1952): Portfolio Selection, in: Journal of Finance 1952, Vol. 7, S. 77-91.

MEGGINSON, W. L. (1997): Corporate Finance Theory, Reading 1997.

MEIßNER, D./SCHOLAND, M. (2000): Risiken und Risikomanagement in neuen Strommärkten, in: Energiewirtschaftliche Tagesfragen 2000, 50. Jg., Heft 8, S. 558-563.

MEYER, N. (2002): Risikomanagement von Wetterrisiken, Deloitte & Touche (Hrsg.), 1. Aufl., 2002.

MODIGLIANI, F./MILLER, M. H. (1958): The Cost of Capital, Corporation Finance and the Theory of Investment, in: American Economic Review 1958, Vol. 48, S.261-297.

MOSER, H./QUAST, W. (1995): Organisation des Risikomanagement in einem Bankkonzern, in SCHIERENBECH, H./MOSER, H. (Hrsg.): Handbuch Bankcontrolling, Wiesbaden 1995.

MUGLER, J. (1978): Risk Management – Aufgabenabgrenzung und Ausblick auf Forschungsnotwendigkeit, in: Journal für Betriebswirtschaft 1978, 28. Jg., Heft 1, S. 2-14.

NABE, C. A./BORCHERT, J. (1999): Risikomanagement von EVU in liberalisierten Strommärkten, in: HAKE, J.-F./KRAFT, A./KUGLER, K./PFAFFENBERGER, W./WAGNER, H.-J. (Hrsg.) Liberalisierung des Strommarktes, Schriften des Forschungszentrum Jülich, Reihe Energietechnik, Band 8, Jülich 1999.

NICKLISCH, H. (1912): Allgemeine kaufmännische Betriebslehre als Privatwirtschaftlehre des Handels (und der Industrie), Bd. 1, Leipzig 1912.

OFGEM (2000): Interactions of the Gas and Electricity Industries with the introduction of the new trading arrangements, wieder abgedruckt unter URL.: http://www.ofgem.gov.uk/elarch/retadocs/29-03.pdf, Stand 25.05.2002.

OLIVER, C. (1997): Sustainable Competitive Advantage: Combining Institutional and Resource-Based Views, in: Strategic Management Journal 1997, Vol. 18, Nr. 9, S. 697-713.

OTT, C. (1977): Recht und Realität der Unternehmenskorporation, Tübingen 1977.

PEDRONI, G./ZWEIFEL, P. (1988): Chance und Risiko. Messung, Bewertung, Akzeptanz, Studien zur Gesundheitsökonomie Nr.11, Pharma Information Basel 1988.

PETERAF, M. A. (1993): The Cornerstones of Competitive Advantage: A Resource-Based View, in: Strategic Management Journal 1993, Vol. 14, Nr. 3, S. 179-191.

PHILIPP, F. (1967): Risiko und Risikopolitik, Stuttgart 1967.

PICOT, A. (1992): Ronald H. Coase – Nobelpreisträger 1991. Transaktionskosten: Ein zentraler Beitrag zur wirtschaftswissenschaftlichen Analyse, in: Wirtschaftswissenschaftliches Studium 1992, 21. Jg., Nr. 2, S. 79-83.

PICOT, A. (1991a): Ökonomische Theorien der Organisation – Ein Überblick über neuere Ansätze und deren betriebswirtschaftliches Anwendungspotenzial, in: ORDELHEIDE, D./RUDOLPH, B./BÜSSELMANN, E. (Hrsg.): Betriebswirtschaftslehre und ökonomische Theorie, Stuttgart 1991, S. 143-170.

PICOT, A. (1991b): Ein neuer Ansatz zur Gestaltung der Leistungstiefe, in: Schmalenbachs Zeitschrift für betriebswirtschaftliche Forschung 1991, 43. Jg., Nr. 4, S. 336-357.

PICOT, A. (1982): Transaktionskostenansatz in der Organisationstheorie: Stand der Diskussion und Aussagewert, in: Die Betriebswirtschaft 1982, 42. Jg., Nr. 2, S. 267-284.

PICOT, A./NEUBURGER, R. (1995): Agency Theorie und Führung, in: KIESER, A. (Hrsg.): Handwörterbuch der Führung, 2. Aufl., Stuttgart 1995, Sp. 14-21.

PICOT, A./REICHWALD, R./WIGAND, R. T. (1996): Die grenzenlose Unternehmung: Information, Organisation und Management, 2. Aufl., München 1996.

PILIPOVC, D. (1998): Energy risk: valuing and managing energy derivatives, New York 1998.

RAMAMURTIE, S. (1999): Weather Derivatives and Hedging Weather Risks, in: GEMAN, H. (Hrsg.): Insurance and Weather Derivatives, Risk Books, London 1999, S. 173-178.

RASCHE, C. (1994): Wettbewerbsvorteile durch Kernkompetenzen: ein ressourcenorientierter Ansatz, Wiesbaden 1994.

RASCHE, C. (1993): Kernkompetenzen, in: Die Betriebswirtschaft 1993, 53. Jg., Nr. 3, S. 425-427.

RASCHE, C./WOLFRUM, B. (1994): Ressourcenorientierte Unternehmensführung, in: Die Betriebswirtschaft 1994, 54. Jg., Nr. 4, S. 501-517.

RAWLS, S. W./SMITHSON, C. W. (1993): Strategic risk management, in: CHEW, D. H. (Hrsg.): The new corporate finance – where theory meets practice, New York u.a. 1993, S. 348-356.

REICHMANN, T./RICHTER, H. J. (2001): Integriertes Chancen- und Risikomanagement mit der Balanced Chance and Risk Card auf der Basis eines mehrdimensionalen Informationsversorgungskonzeptes, in: Zeitschrift für betriebswirtschaftliche Forschung 2001, Sonderheft 47: Neuere Ansätze der Betriebswirtschaftslehre – in memoriam Karl Hax, S. 177-205.

RICHTER, R. (1994): Institutionen ökonomisch analysiert, Tübingen 1994.

RICHTER, R. (1991): Institutionenökonomische Aspekte der Theorie der Unternehmung, in: ORDELHEIDE, D./RUDOLP, B./BÜSSELMANN, E. (Hrsg.): Betriebswirtschaftslehre und ökonomische Theorie, Stuttgart 1991, S. 395-429.

RICHTER, R./BINDSEIL, U. (1995): Neue Institutionenökonomik, in: Wirtschaftswissenschaftliches Studium 1995, 24. Jg., Nr. 3, S. 132-140.

RINGLSTETTER, M. (1995): Strategische Allianzen, in: CORSTEN, H./REIß, M. (Hrsg.): Handbuch Unternehmensführung: Konzepte – Instrumente – Schnittstellen, Wiesbaden 1995, S. 695-704.

ROBINSON, L. J./BARRY, P. J. (1987): The Competitive Firm's Response To Risk, New York u.a. 1987.

ROHRER, M./NÖTZLI, C. (2000), Bedeutung von Wetterderivaten für die Energiewirtschaft: Risiko-Management im liberalisierten Markt, in: Elektrizitätswirtschaft 2000, Heft Nr. 21, S. 52-54.

ROULSTON, M. S./SMITH, L. A. (2002), Weather and Seasonal Forecasting, in: DISCHEL, B. (Hrsg.):Climate risk and the weather market: Financial risk management with weather hedges, Risk Books 2002, S. 115-126

RUDOLPH, B. (1995): Derivative Finanzinstrumente – Entwicklung, Risikomanagement und bankaufsichtsrechtliche Regelungen, in: RUDOLPH, B. (Hrsg.): Derivative Finanzinstrumente, Stuttgart 1995, S. 3-44.

RUDOLPH, B. (1995): Risikomanagement in Kreditinstituten, Betriebswirtschaftliche Konzepte und Lösungen, in: Zeitschrift für Bankrecht und Bankwirtschaft 1993, Jg. 6, Nr. 2, S. 117-130.

RÜHLI, E. (1985): Unternehmensführung und Unternehmenspolitik 1, Bern u.a. 1985.

SAALBACH, K. P. (1996): Das Konzept der Transaktionskosten in der Neuen Institutionenökonomik, Marburg 1996.

SAUERWEIN, E./THURNER, M. (1998): Der Risiko-Management-Prozess im Überblick, in: HINTERHUBER, H. H./SAUERWEIN, E./FOHLER-NOREK, C. (Hrsg.): Betriebliches Risikomanagement, Wien 1998, S. 19-39.

SAUNDERSON, E. (o. J.): Hedging outside the box, Environmental Finance, wieder abgedruckt unter URL.: http://www.i-wex.com/resources/ef290600.htm, Ausdruck 23.08.02.

SCHARPF, P./LUZ, G. (1996): Risikomanagement, Bilanzierung und Aufsicht von Finanzderivaten, Stuttgart 1996.

SCHEUENSTUHL, G. (1992): Hedging-Strategien zum Management von Preisänderungsrisiken, Bern 1992.

SCHIERENBECK, H. (1997): Ertragsorientiertes Bankcontrolling, Bd. 2: Risiko-Controlling und Bilanzstruktur-Management, 5. Aufl., Wiesbaden 1997.

SCHIERENBECK, H./LISTER, M./HERZOG, M. (1997): Risiko-Controlling auf Basis des Value at Risk-Ansatzes, WWZ-Forschungsbericht 3/97, Basel 1997.

SCHIFFER, H.-W. (2002): Energiemarkt Deutschland, 8. Auflage, Köln 2002.

SCHIRM, A. (2000): Wetterderivate – Finanzmarktprodukte für das Management wetterbedingter Geschäftsrisiken, in: Finanz Betrieb 2000, Nr. 11, S. 722-730.

SCHMIDT, R. H. (1992): Organisationstheorie, transaktionskostenorientierte, in: FRESE, E. (Hrsg.): Handwörterbuch der Organisation, 3. Aufl., Stuttgart 1992, Sp. 1854-1865.

SCHNEEWEIß, C. (1991): Planung Band 1: Systemanalytische und entscheidungstheoretische Grundlagen, Berlin u.a. 1991.

SCHNEIDER, D. (1993): Betriebswirtschaftslehre. Band 1: Grundlagen, München u.a. 1993.

SCHUY, A. (1989): Risiko-Management. Eine theoretische Analyse zum Risiko und Risikowirkungsprozess als Grundlage für ein risikoorientiertes Management unter besonderer Berücksichtigung des Marketing, Frankfurt a.M. u.a. 1989.

SCHWEIZERISCHE RÜCKVERSICHERUNGS-GESELLSCHAFT (1999): Alternativer Risikotransfer (ART) für die Unternehmen: Modererscheinung oder Risikomanagement des 21. Jahrhunderts?, Nr. 2, Zürich 1999.

SCLAFANE, S. (1998): Coverages change with the weather, in: National Underwriter 1998, Vol. 44, S. 9-12.

SEDLACEK, R. (2002): Untertage-Erdgasspeicherung in Deutschland, in: Erdöl Erdgas Kohle 2002, 118. Jg., Heft 11, S. 498-504.

SEGELMANN, F. (1959): Industrielle Risikopolitik, Berlin 1959.

SEIFERT, W. G. (1981): Risk Management – Die Zukunft hat noch kaum begonnen, in: Versicherungswirtschaft 1981, 36. Jg., Heft 11, S. 746-759.

SMITH, S. (2002): Weather and Climate – Measurement and Variability, in: DISCHEL, B. (Hrsg.): Climate risk and the weather market: Financial risk management with weather hedges, Risk Books 2002, S. 55-71.

SMITHSON, C. W./SMITH, C. W./WILFORD, S. D. (1995): Managing Financial Risk. A Guide to Derivative Products, Financial Engineering, and Value Maximation, Chicago u. a. 1995.

STEINER, M./WALLMEIER, M. (1998): Die Bilanzierung von Finanzinstrumenten in Deutschland und den USA unter Berücksichtigung von Absicherungszusammenhängen – Vom Hedge Accounting zur Marktwertbilanzierung? in: MÖLLER, H. P./SCHMIDT F. (Hrsg.): Rechnungswesen als Instrument für Führungsentscheidungen, Stuttgart 1998.

STEYER, R. (1997): Netzexternalitäten, in: Wirtschaftswissenschaftliches Studium 1997, 26. Jg., Nr. 4, S. 206-210.

STULZ, R. M. (1984): Optimal Hedging Policies, in: Journal of Financial and Quantitative Analysis 1984, Vol. 9, Nr. 2, S. 127-140.

SYDOW, J. (1991): Strategische Netzwerke und Transaktionskosten. Über die Grenzen einer transaktionskostentheoretischen Erklärung der Evolution strategischer Netzwerke, in: STAEHLE, W. H./CONRAD, P. (Hrsg.): Managementforschung 2, Berlin/New York 1991, S. 239-311.

TALLMANN, S. B. (1991): Strategic Management Models and Resource-Based Strategies Among MNEs in a Host Market, in: Strategic Management Journal 1991, Vol. 12, Special Issue, S. 69-82.

THIELE, M. (1994): Neue Institutionenökonomik, in: Das Wirtschaftsstudium 1994, 23. Jg., Nr. 12, S. 993-997.

THIELEN, C. A. L. (1993): Management der Flexibilität – Integriertes Anforderungskonzept für eine flexible Gestaltung der Unternehmung, Diss., Universität St. Gallen, 1993.

TUFANO, P. (1996): Who manages risk – an empirical examination of risk management practice in the gold mining industry, in: Journal of Finance 1996, Vol. 51., Nr. 4, S. 1197-1137.

ULRICH, P. (1995): Management: eine konzentrierte Einführung, 7. Aufl., Bern u.a. 1995.

VAUGHAN, E. J. (1997): Risk Management, New York u.a. 1997.

VDEW (2002): Jahresdaten der Stromversorger 2001, Ausgabe 2002, Frankfurt a.M. 2002.

VDEW (1988): Der europäische Strommarkt – Dokumentation der deutschen Elektrizitätswirtschaft, Frankfurt a.M. 1988.

VKU (1999): Kommunale Ver- und Entsorgungswirtschaft, Geschäftsbericht 1998/ 1999, Köln 1999.

WEISS, C. A. (1996): Die Wahl internationaler Markteintrittsstrategien: eine transaktionskostenorientierte Analyse, Wiesbaden 1996.

WERNER, E. (2000): Wetter als Börsenprodukt, in: Versicherungswirtschaft, 2000, Nr. 22, S. 1750-1754.

WERNERFELT, B. (1995): The Resource-Based View of the Firm: Ten Years After, in: Strategic Management Journal 1995, Vol. 16, Nr. 3, S. 171-174.

WERNERFELT, B. (1989): From Critical Resources to Corporate Strategy, in: Journal of General Management 1989, Vol. 14, Nr. 3, S. 4-12.

WILHELM, G. (1997): New Technologies in Power Generation, Vortragsmanuskript Financial Times Konferenz "European Electricity – To the Year 2000 and Beyond, Wien 1997.

WILLIAMS, K. C. (1992): Risk Assessment: An Employer's Perspective, in: International Insurance Report 1992, o. Jg., Heft November, S. 11-16.

WILLIAMSON, O. E. (1991): Strategizing, Economizing, and Economic Organization, in: Strategic Management Journal 1991, Vol. 12, Special Issue Winter, S. 75-94.

WILLIAMSON, O. E. (1990): Die ökonomischen Institutionen des Kapitalismus: Unternehmen, Märkte, Kooperationen, Tübingen 1990.

WILLIAMSON, O. E. (1975): Markets and Hierarchies: Analysis and Antitrust Implications, London/New York 1975.

WILLIAMSON, O. E. (1993): Transaktionskostenökonomik, Münster/Hamburg 1993.

WOLF, K./RUNZHEIMER, B. (1999): Risikomanagement und KonTraG: Konzeption und Implementierung, Wiesbaden 1999.

WOLFF, B./NEUBURGER, R. (1995): Zur theoretischen Begründung von Netzwerken aus der Sicht der Neuen Institutionenökonomik, in: JANSEN, D./ SCHUBERT, K. (Hrsg.): Netzwerke und Politikproduktion: Konzepte, Methoden, Perspektiven, Marburg, S. 74-94.

WOLL, A. (1996): Allgemeine Volkswirtschaftslehre, 12. Aufl., München 1996.

WORKING, H. (1953): Future Trading and Hedging, in: American Economic Review 1953, Vol. 43, S. 314-343.

ZENG, L. (2000): Pricing Weather Derivatives, in: Journal of Risk Finance 2000, Vol. Spring, S. 72-78.

ZIMMERMANN, H. (1997): Risiko. Eine ökonomische Fundierung, Stuttgart 1997.

Anhang

1. Liste der Interviewpartner
2. Interviewleitfaden

1 Liste der Interviewpartner

Firma (Land):	Branche:	Teilnahme an der Befragung
• ConEnergy, Essen (D)	• Consulting	X
• Dresdner Bank	• Bank	X
• Energy & Commodity Service GmbH	• Consulting	X
• E.ON AG, Düsseldorf (D)	• Energiewirtschaft	(X)
• Entergy-Koch Trading (USA)	• Energiewirtschaft	X
• GGEW	• Energiewirtschaft	X
• HEW AG, Hamburg (D)	• Energiewirtschaft	X
• MVV, Mannheim (D)	• Energiewirtschaft	X
• SMHI, Norrköping (SW)	• Meteorologen, market maker	(X)
• Spectron Future Limited (GB)	• Händler, market maker	X
• Vattenfall, Stockholm (SW)	• Energiewirtschaft	X

X vollumfängliche Teilnahme an der Befragung (ausführliches Experteninterview)
(X) keine vollumfängliche Teilnahme an der Befragung (verkürztes Experteninterview)

2 Interviewleitfaden

Teil I: Zur Unternehmung

1.1.   Adresse

Firma: _____

Strasse: _____

PLZ/Ort: _____

1.2.   Interviewpartner

Titel, Name, Vorname: _____

Funktion: _____

Im Unternehmen seit: _____

Telefon/E-Mail: _____

Wären Sie bei eventuellen Unklarheiten zu ergänzenden Auskünften bereit?

☐ Ja   ☐ Nein

1.3.   Branchenzugehörigkeit

☐ Energiewirtschaft
☐ Banken/Versicherung
☐ Unternehmensberatung
☐ Sonstige

1.4.   Erfahrungen mit Wetterderivaten

- Seit wie vielen Jahren haben Sie Erfahrung mit Wetterderivaten?
- In welcher Form sind Sie mit Wetterderivaten in Berührung gekommen? Als

☐ Anbieter
☐ Nachfrager
☐ Market Maker
☐ Sonstige

Teil II: Risiko, Ressourcen und Risikomanagement

- Die Höhe des wetterinduzierten Risikos von Energieunternehmen wird unter identischen Wettereinflüssen von welche Eigenschaften (z.B. Kundenstruktur, Erzeugungsstruktur, geographische Lage der Aktivitäten, etc.) beeinflusst?

- Welche Faktoren (z.B. Managerverhalten, bestehende Risikostruktur, vorhandenes Risikomanagementsystem, Know-How, Ressourcenausstattung, etc.) bestimmen die Risikopräferenz der Energieunternehmens bzgl. wetterinduzierter Risiken?

- Welche materielle / immaterielle Ressourcenausstattung ist für das Management von Wetterrisiken notwendig?

- Auf welche Motive ist Ihrer Meinung nach der Einsatz von Wetterderivaten in der Energiewirtschaft zurückzuführen?

- Welche Energieunternehmen sollten Management von Wetterrisiken betreiben?

- Welche Gründe für die Beendigung des Managements von wetterinduzierten Risiken sind Ihnen bekannt?

- Können alle Konzeptionen des Risikomanagements (strategisch, operativ, finanzwirtschaftlich) für das Management von wetterinduzierten Risiken genutzt werden?

- Wie sollte das Management von Wetterrisiken in das Risikomanagement-System des Unternehmens eingegliedert werden?

Teil III: Managementstrategien und Produkte

- Welche Managementstrategien (Risikominimierung, -tragung, -übernahme) sollten von Energieunternehmen angewandt werden?

- Sind für die unterschiedlichen Unternehmenstypen (Regional, National, International) alle Managementstrategien anwendbar?

- Unter welchen Voraussetzungen ist es für Unternehmen der Energiewirtschaft sinnvoll, das bestehende Wetterrisiko zu tragen und nicht zu hedgen?

- Welche Unternehmen der Energiewirtschaft könnten als Risikonehmer auftreten?

- Wie sollte das Management von Wetterrisiken erfolgen (Management von Einzelrisiken, des Gesamtrisikos oder eines festgelegten Risikomaßes)?

- Warum entscheiden sich Unternehmen für oder gegen bestimmte Produkte (Optionen, Swaps, Collars, etc.)?

- Welche Unternehmen sollten bei idealen Marktbedingungen OTC- und börsennotierte Wetterderivate nutzen?

- Worin sehen Sie die Grenzen und Gefahren wenn in Risikomanagement komplexe Instrumente, d.h. nicht Plain-Vanilla-Instrumente, verwendet werden?

- Wie sollten die Risiken, die durch den Einsatz der Wetterderivate neu entstehen, behandelt werden?

- Betreiben Unternehmen mit Kenntnissen im Management von Wetterrisiken grundsätzlich auch Hedging der Energiepreise?

AUS DER REIHE Gabler Edition Wissenschaft

„Schriften zum europäischen Management"
Herausgeber: Roland Berger Strategy Consultants –
Academic Network

Jörg Löffler
Entwicklung von globalen Konzernstrategien
Modell, Konzepte und Methoden

Zhen Huang
Transformation staatlicher Industriebetriebe in China
Eine organisationstheoretische und fallstudienbasierte Analyse

Bernd Hümmer
Strategisches Management von Kernkompetenzen im Hyperwettbewerb
Operationalisierung kernkompetenzorientierten Managements für dynamische Umfeldbedingungen

Sven Winkler
After-Sales-Feedback mit Kundenkonferenzen
Methodische Grundlagen und praktische Anwendung

Julian zu Putlitz
Internationalisierung europäischer Banken
Motive, Determinanten, Entwicklungsmuster und Erfolg

Alexander Ilgen
Wissensmanagement im Großanlagenbau
Ganzheitlicher Ansatz und empirische Prüfung

John-Christian Lührs
Strategische Unternehmensführung bei hoher Marktturbulenz
Entwicklung eines Systematisierungsmodells am Beispiel von Netzwerkbranchen

Birgit Kuhles
Interkulturelles Management westlicher Banken in Südostasien
Analyse und Konzept am Beispiel von Singapur, Malaysia und Vietnam

Katrin Vernau
Effektive politisch-administrative Steuerung in Stadtverwaltungen
Möglichkeiten und Grenzen einer Reform

Mandy Krafczyk
Quality Added Value
Wertorientiertes Qualitätscontrolling im Firmenkundengeschäft der Banken

Yves Meinhardt
Veränderung von Geschäftsmodellen in dynamischen Industrien
Fallstudien aus der Biotech-/Pharmaindustrie und bei Business-to-Consumer-Portalen

Nicolás Ebhardt
Privatbankiers im Elektronischen Markt
Herausforderungen und Strategien

(Weitere Titel dieser Reihe finden Sie auf der folgenden Seite.)

AUS DER REIHE Gabler Edition Wissenschaft

(Fortsetzung)

Ulrich H. Krause
Zielvereinbarungen und leistungsorientierte Vergütung
Gestaltungsmöglichkeiten und Restriktionen im Tarifbereich

Gregor Tjaden
Erfolgsfaktoren Virtueller Unternehmen
Eine theoretische und empirische Untersuchung

Vatchagan Vartanian
Innovationsleistung und Unternehmenswert
Empirische Analyse wachstumsorientierter Kapitalmärkte

Bernd Hochberger
Financial Planning
Eine Finanzdienstleistung für private Haushalte des Retail-Segmentes

Jens-Holger Dodel
Supply Chain Integration
Verringerung der logistischen Kritizität in der Automobilindustrie

Christian Krys
Erfolgreiche Wettbewerbsstrategien im westeuropäischen GSM-Markt
Eine fallstudienbasierte Untersuchung von Mobilfunknetzbetreibern

Ralf Moldenhauer
Krisenbewältigung in der New Economy
Sanierungsansätze und Handlungsempfehlungen für Gründungs- und Wachstumsunternehmen

Karsten Lafrenz
Shareholder Value-orientierte Sanierung
Ansatzpunkte und Wertsteigerungspotenzial beim Management von Unternehmenskrisen

Andreas Luber
Mobile Brokerage
Kundennutzen und Vertriebsimplikationen mobiler Vertriebstechnologien im Wertpapiergeschäft

Holger von Daniels
Private Equity Secondary Transactions
Chancen und Grenzen des Aufbaus eines institutionalisierten Secondary Market

Jens Köppen
Synergieermittlung im Vorfeld von Unternehmenszusammenschlüssen
Beurteilung der Vorgehensweise anhand eines Referenzmodells

Thomas Kempe
Management wetterinduzierter Risiken in der Energiewirtschaft

www.duv.de
Änderung vorbehalten.
Stand: September 2004.

Deutscher Universitäts-Verlag
Abraham-Lincoln-Str. 46
65189 Wiesbaden

Deutscher Universitäts-Verlag
Ihr Weg in die Wissenschaft

Der Deutsche Universitäts-Verlag ist ein Unternehmen der GWV Fachverlage, zu denen auch der Gabler Verlag und der Vieweg Verlag gehören. Wir publizieren ein umfangreiches wirtschaftswissenschaftliches Monografien-Programm aus den Fachgebieten

✓ Betriebswirtschaftslehre
✓ Volkswirtschaftslehre
✓ Wirtschaftsrecht
✓ Wirtschaftspädagogik und
✓ Wirtschaftsinformatik

In enger Kooperation mit unseren Schwesterverlagen wird das Programm kontinuierlich ausgebaut und um aktuelle Forschungsarbeiten erweitert. Dabei wollen wir vor allem jüngeren Wissenschaftlern ein Forum bieten, ihre Forschungsergebnisse der interessierten Fachöffentlichkeit vorzustellen. Unser Verlagsprogramm steht solchen Arbeiten offen, deren Qualität durch eine sehr gute Note ausgewiesen ist. Jedes Manuskript wird vom Verlag zusätzlich auf seine Vermarktungschancen hin geprüft.

Durch die umfassenden Vertriebs- und Marketingaktivitäten einer großen Verlagsgruppe erreichen wir die breite Information aller Fachinstitute, -bibliotheken und -zeitschriften. Den Autoren bieten wir dabei attraktive Konditionen, die jeweils individuell vertraglich vereinbart werden.

Besuchen Sie unsere Homepage: *www.duv.de*

Deutscher Universitäts-Verlag
Abraham-Lincoln-Str. 46
D-65189 Wiesbaden

If you have any concerns about our products,
you can contact us on
ProductSafety@springernature.com

In case Publisher is established outside the EU,
the EU authorized representative is:
**Springer Nature Customer Service Center GmbH
Europaplatz 3, 69115 Heidelberg, Germany**

Printed by Libri Plureos GmbH
in Hamburg, Germany